中南大学
地球科学
学术文库

丙申 何继善

中南大学地球科学学术文库

中南大学地球科学与信息物理学院　组织编撰

东昆仑那更银矿岩浆演化与成矿过程的矿物微区技术示踪

Mineral Micro-analysis Reveals Magmatic Evolution and Ore-forming
Process of Nageng Silver Deposit，East Kunlun Orogen

陈晓东　李斌　著

有色金属成矿预测与地质环境监测教育部重点实验室
有色资源与地质灾害探查湖南省重点实验室　　　**联合资助**

中南大学出版社
www.csupress.com.cn
·长沙·

内容简介

贫晶体和富晶体的火山(碎屑)岩在自然界广泛分布且密切共生，其中贫晶体端元通常被认为产生于晶粥体的熔体抽取过程。然而形成富晶体端元的岩浆由于黏度大且流动性差，其从岩浆储库的活化迁移机理一直是火成岩岩石学的难点。东昆仑那更地区密切共生的贫晶体流纹岩、富晶体英安玢岩(次火山岩相)和富晶体流纹英安岩是解决此科学问题的理想天然实验室。因此，本书以那更(次)火山岩为研究对象，以锆石原位微区 U-Pb 同位素和微量元素分析为主线，结合全岩主、微量元素和 Sr-Nd-Pb 同位素组成分析以及 MELTs-Excel 程序模拟等，揭示了那更(次)火山岩的岩浆来源及其相互之间的成因联系，初步查明了富晶体流纹英安岩的晶粥再活化形成机理。此外，矿物交代反应(溶解-再沉淀与固态扩散)在多种类型热液矿床中有大量报道，然而母矿物与子矿物之间的元素迁移过程以及不同类型交代反应的银富集机制尚不明晰。因此，本书还对东昆仑那更银矿不同世代黄铁矿和白铁矿的结构特征、原位微区主、微量元素与硫同位素组成开展了研究，揭示了含矿热液流体活化未完全固结(冷存储)晶粥是客观存在的事实；固态扩散机制可以发生于存在流体的低温环境，并且比溶解-再沉淀机制更高效地富集银等金属元素。本书对利用矿物演化微区分析技术揭示大陆地壳演化、示踪岩浆房过程及解析成矿作用过程提供了技术示范和参考借鉴。

作者简介

陈晓东 男，1988 年出生，博士，中南大学博士后（地质资源与地质工程流动站）。主要从事金银多金属矿床的矿产勘查和岩浆演化与成矿过程的研究工作。主持并参与多个青海省地质勘查基金项目和国家自然科学基金项目，已在 *Chemical Geology*、*Ore Geology Reviews*、《地质论评》《矿物岩石地球化学通报》等国内外权威期刊上发表论文 10 多篇。

李　斌 男，1985 年出生，博士，中南大学副教授，博士生导师。主要从事矿床学、矿床地球化学、流体成矿学及岩浆-构造-成矿学的研究工作。参与多个"973"项目和主持多个国家自然科学基金项目，已在 *Mineralium Deposita*、*Chemical Geology*、*Ore Geology Reviews*、*Gondwana Research*、*Tectonophysics*、*International Geology Review* 等国际权威和重要期刊上发表论文 20 多篇。

编辑出版委员会

Editorial and Publishing Committee 中南大学地球科学学术文库

总序

中南大学地球科学与信息物理学院具有辉煌的历史、优良的传统与鲜明的特色，在有色金属资源勘查领域享誉海内外。陈国达院士提出的地洼学说(陆内活化)成矿学理论，影响了半个多世纪的大地构造与成矿学研究及找矿勘探实践。何继善院士发明电磁法系统探测方法与装备，获得了巨大的找矿勘探效益。所倡导与践行的地质学与地球物理学、地质方法与物探技术、大比例尺找矿预测与高精度深部探测的密切结合，形成了品牌效应的"中南找矿模式"。

有色金属属于国家重要的战略资源。有色金属成矿地质作用最为复杂，找矿勘查难度最大。正是有色金属资源宝贵性、成矿特殊性与找矿挑战性，铸就了中南大学地球科学发展的辉煌历史，赋予了找矿勘查工作的鲜明特色。六十多年来，中南大学地球科学研究在地质、物探、测绘、探矿工程、地质灾害和地理信息等领域，在陆内活化成矿作用与找矿勘查、地球物理探测技术与装备制造、深部成矿过程模拟与三维预测、复杂地质工程理论与新技术以及地质灾害监测等研究方向，取得了丰硕的研究成果，做出了巨大的科技贡献，产生了广泛的社会影响。当前，中南大学地球科学研究，瞄准国际科技前沿和国家重大需求，立足于我国复杂地质背景下资源勘查与环境地质的理论与方法创新研究，致力于多学科联合开展有色金属资源前沿探索与应用研究，保持与提升在中南大学"地质、采矿、选矿、冶金、材料"特色与优势学科链中的地位和作用，已发展成为基础坚实、实力雄厚、特色鲜明、国际知名、国内一流的以有色金属资源为主兼顾油气、岩土、地灾、环境领域的人才培养基地和科学研究中心。

中南大学有色金属成矿预测与地质环境监测教育部重点实验室、有色资源与地质灾害探查湖南省重点实验室，联合资助出版"中南大学地球科学学术文库"，旨在集中反映中南大学地球科学与信息物理学院近年来取得的系列研究成果。所依托的主要研究机构包括：中南大学地质调查研究院、中南大学资源勘查与环境地质研究院和中南大学长沙大地构造研究所。

　　本书库内容主要涵盖：继承和发展地洼学说与陆内活化成矿学理论所取得的重要研究进展，开发和应用双频激电仪、伪随机和广域电磁法系统所取得的重要研究成果，开拓和利用多元信息找矿预测与隐伏矿大比例尺定位预测所取得的重要找矿成果，探明和研发深部"第二勘查空间"成矿过程模拟与三维定量预测方法所取得的重要研究成果，预警和防治复杂地质工程与矿山地质灾害所取得的重要技术成果。本书库中提出了有色金属资源勘查理论、方法、技术和装备一体化的系统研究成果，展示了多项突破性、范例式、可推广的找矿勘查实例。本书库对于有色金属资源预测、地质矿产勘探、地质环境监测、地质灾害探查以及地质工程预防，特别对于有色金属深部资源从形成规律到分布规律理论与应用研究，具有重要的借鉴作用和参考价值。

　　感谢中南大学出版社为策划和出版该文库所给予的大力支持。感谢何继善先生热情指导和题词。希望广大读者对本书库专著中存在的不足和错误提出宝贵的意见，使"中南大学地球科学学术文库"更加完善。

　　是为序。

2016 年 10 月

前言

本书的选题依托于青海省地质勘查基金项目"青海省都兰县那更康切尔沟银多金属矿普查"(编号：青地调勘〔2017〕72号)和国家自然科学基金青年项目"福建紫金山低硫化型银多金属矿成矿机制研究"(编号：41702073)。本书主要以那更康切尔沟超大型银多金属矿为研究载体，利用目前较成熟的矿物微区分析技术解决以下科学问题：富晶体火山(碎屑)岩的晶粥再活化形成机理；热液矿物交代反应过程中元素的迁移富集机理；东昆仑古特提斯俯冲时限及相关岩浆房过程。研究内容主要涉及火山岩-侵入岩的成因联系和岩浆来源、岩浆喷发前或深部冷却前的岩浆房过程、硫化物的结构指示意义、矿物交代反应中的银富集机制及微量元素行为、氧化还原条件及多期流体活动对成矿作用的制约等。研究工作技术路线主要为利用锆石、黄铁矿和白铁矿生长过程记录的形态、结构、微量元素和同位素信息还原岩浆演化和矿物交代反应过程，剖析地球动力学背景和大地构造演化。

主要研究成果包括：

(1)流纹岩、英安玢岩、流纹英安岩具有相似的球粒陨石标准化稀土元素配分曲线、高场强元素亏损、大离子亲石元素富集的特征，这暗示三种岩石具有潜在成因联系。三种岩石具有相似的 Pb - Nd - Hf 同位素组成，其中较亏损的全岩 $\varepsilon_{Nd}(t)$ 值 ($-9.74 \sim -7.37$)和锆石 $\varepsilon_{Hf}(t)$ 值 ($-7.16 \sim -3.48$)以及较老的锆石 Hf 二阶段模式年龄为 $1.7 \sim 1.5$ Ga，指示三种岩石的岩浆源区均为古老下地壳。

(2)流纹岩和英安玢岩的主量元素含量(如 SiO_2 质量分数分别为 74% ~ 80% 和 60% ~ 66%)和晶体含量(质量分数分别为约 5% 和约 45%)具有明显差异，且两者分别具有强负 Eu 异常和弱负 Eu 异常，表明贫晶体流纹岩和富晶体英安玢岩分别代表从晶粥中抽取的熔体和晶粥固结前沿。两种岩石中，锆石无明显再吸收结构,核部(约 228 Ma)和边部(约 220 Ma)具有较大的年龄间隔(约 8 Myr),表明晶粥在熔体抽取前可以存续数百万年的半固结状态。锆石 Ti 温度计揭示岩浆储库在较长周期内的温度状态接近花岗岩的固相线(650~700℃),即"冷"储存。

(3)富晶体流纹英安岩中的锆石具有溶解-再生长结构,核部属于再循环晶(约 220 Ma),边部为自生晶(约 213 Ma);且长石、石英具有溶蚀结构,并可见新生的自形角闪石,说明流纹英安岩继承了未熔残余并有新矿物生成,未完全冻结的晶粥堆晶体中矿物发生溶解,熔体含量增大,从而发生了再活化。

(4)三种岩石中均没有发现深部高温基性岩浆底侵加热的证据,主要表现为:缺乏暗色基性包体,富晶体流纹英安岩中锆石核边 Ti 含量和微量元素参数(如 Th/U、Yb/Gd、Zr/Hf 等,本书中元素比均指该元素质量分数比)无明显变化,指示升温作用并非导致晶粥再活化的主要动因。MELTs-Excel 程序模拟显示,与富晶体英安玢岩成分对应的初始晶粥需要加入约 4% 的水,才能产生足量的熔体形成富晶体流纹英安岩。含矿石英脉中的热液锆石年龄(约 215 Ma)与富晶体流纹英安岩的成岩年龄(约 213 Ma)耦合,暗示驱动晶粥再活化的流体可能是最后演化为含矿热液的深部初始高温流体。

(5)那更银矿热液期成矿作用包括 4 个阶段:(Ⅰ)石英-黄铁矿、(Ⅱ)石英-菱铁矿-硫化物、(Ⅲ)石英-萤石-菱锰矿-硫化物-硫盐、(Ⅳ)石英-碳酸盐。那更银矿具有典型的金属矿化分带,从深部到浅部分别为 Cu-Pb-Zn 和 Ag-Pb-Zn 矿化类型,分别对应(Ⅱ)和(Ⅲ)主成矿阶段。(Ⅱ)成矿阶段以发育胶状黄铁矿和集合体状黄铁矿为特征,比(Ⅲ)成矿阶段的黄铁矿和白铁矿有更高的 Co、Ni、W 金属元素。然而(Ⅲ)成矿阶段的硫化物更富集 Ag、Pb、Zn、Sb、Mn、Sn 等金属元素。

(6)粗粒黄铁矿 Py3 和细粒黄铁矿 Py4(或定向结构白铁矿 Mc1)之间存在明显的接触面,且 Py4 和 Mc1 中孔隙发育,表明 Py3 和 Py4/Mc1 分别代表溶解-再沉淀机制中的母矿物和子矿物相。Mc1 具有定向结构且富集包裹体,比其母矿物 Py3 和同时沉淀的 Py4 有更高的 Ag 含量,且产于隐爆角砾岩型矿石,表明溶解-再沉淀机制能够活化并富集 Ag 及相关金属元素,与水压致裂作用有关的流体氧化可能促进了溶解-再沉淀作用,并且白铁矿比黄铁矿有更高的金属元素相容性。

（7）非定向结构的白铁矿 Mc2 发育孔洞，且有均匀渐变的成分特征，与菱锰矿共生于脉状矿石中，表明 Mc2 在缓慢渐变的物理化学条件下由 Mc1 通过富 Mn 流体驱动的固态扩散机制转变而来。Mc2 具有最高的 Ag 含量（平均 1142×10^{-6}，除特殊说明外本书含量均指质量分数），表明固态扩散比溶解-再沉淀更有利于 Ag 的富集作用。

（8）那更黄铁矿和白铁矿总体具有较正的 $\delta^{34}S$ 值（$-1.09‰ \sim 8.50‰$），指示硫的岩浆来源特征。黄铁矿和白铁矿的 $\delta^{34}S$ 值变化可能反映了间歇性的岩浆流体补给与水压致裂作用以及与天水混合的共同制约。

基于矿物的原位微区分析，本研究揭示了含矿热液流体活化未完全冻结的晶粥是一种客观存在；固态扩散机制可以发生于存在流体的低温环境，并且比溶解-再沉淀机制更高效地富集银等金属元素；东昆仑古特提斯俯冲作用开始于约 270 Ma 前，结束于约 240 Ma 前。本研究对深入认识大陆地壳演化、监测现代火山活动以及阐明晶粥再活化与成矿作用的成因联系具有重要的理论和实践意义。本书为利用矿物微区分析示踪岩浆演化与成矿过程提供了技术示范和参考借鉴。

目录 / Contents

第 1 章 绪 论

1.1 研究意义

1.1.1 晶粥体再活化机制研究意义

火山岩和侵入岩之间的成因联系为长期争议的科学问题(Annen et al., 2015; Bachmann et al., 2007; Bachmann 和 Huber, 2016; Keller et al., 2015; Lu et al., 2022; Yan et al., 2018; Zhang et al., 2018; 徐夕生等, 2020; 王硕等, 2020; 贺振宇和颜丽丽, 2021; 马昌前等, 2020)。一种观点认为, 火山岩和侵入岩为相同岩浆而产状不同的产物(Glazner et al., 2015; Keller et al., 2015; Tappa et al., 2011); 另一种观点认为, 火山岩为从岩浆储库中抽取的熔体, 而侵入岩为熔体抽取后的残留堆晶体(Bachmann 和 Bergantz, 2004; Huber et al., 2012; Yan et al., 2018)。破解这一难题的关键在于查明侵入岩是否代表火山岩浆抽取后的残留堆晶体(Cashman et al., 2017; 贺振宇和颜丽丽, 2021; 马昌前等, 2020)。代表熔体抽取形成的火山岩和深部残留堆晶体的侵入岩很难同时在地表揭露(Bachmann et al., 2014; Gelman et al., 2014; Lu et al., 2022), 然而深部残留堆晶体再活化形成的富晶体火山(碎屑)岩提供了研究侵入岩与火山岩的成因联系的突破口。

形成富晶体火山(碎屑)岩的岩浆具有较大的黏度且流动性差, 其从岩浆储库的活化迁移过程一直是火成岩岩石学的研究热点与难点。贫晶体的端元通常被认为形成于晶体−熔体的原地分异所导致的晶粥体中熔体抽取过程(Bachmann 和 Bergantz, 2004; Bachmann 和 Huber, 2016; Hildreth, 2004; Miller 和 Wark, 2008); 而富晶体端元形成于熔体抽取后残余堆晶体的活化作用(Forni et al., 2016; Klaver et al., 2018; Lubbers et al., 2020; Tavazzani et al., 2020; Wolff et al., 2020)。目前大多学者认为高温岩浆(大多为基性)注入已部分冻结的晶粥体是驱动贫晶体流纹质熔体抽取的机制(Claiborne et al., 2010b; Miller 和 Wooden, 2004; Yan et al., 2018), 这种升温作用还可使"冷"储存的残余堆晶体发生再活化, 产生富晶体熔体喷发(Forni et al., 2016; Huber et al., 2012; Parmigiani et al.，2014；Wolff et al.，2020，2015）。一部分学者认为，升温作用是晶粥再活化的主要动因，而流体活化机制（以降低固相线温度的方式促进矿物的溶解）通常只起辅助作用（Boudreau，1999；Forni et al.，2016；Lubbers et al.，2020；Wolff et al.，2013）。另一部分学者却强调了这种活化机制的重要性与主导性，并认为其往往与大规模成矿作用有关（Behrens 和 Gaillard，2006；Yang，2012；Yang et al.，2014；程黎鹿，2014；罗照华等，2014，2010）。

笔者以富晶体火山（碎屑）岩的晶粥再活化形成机制为关键科学问题，以东昆仑那更地区密切共生的贫晶体流纹岩（220 Ma）、富晶体英安玢岩（次火山岩，220 Ma）及富晶体流纹英安岩（213 Ma）为研究载体，以锆石元素与同位素演化示踪晶粥再活化过程为研究思路，以高精度微区原位分析为技术支撑，定量约束从初始岩浆侵位到晶粥再活化过程的物理化学过程。此研究不仅对丰富和完善晶粥再活化机制理论，揭示火山岩与侵入岩的成因联系提供了线索与参考，而且对深入认识硅质大陆地壳的演化与监测现代火山活动具有重要的理论和实践意义。

1.1.2 矿物交代反应中元素迁移富集机制研究意义

矿物-流体界面的化学反应在所有地球化学过程中都至关重要，并且制约了地球内的元素循环（Adegoke et al.，2021；Ruiz-Agudo et al.，2014）。对于自然过程来说，充分认识矿物交代反应（从一个矿物相到另一个矿物相的转变）以及流体在此过程中的作用是最基础的环节（Ruiz-Agudo et al.，2014）。此外，矿物交代反应与人类活动息息相关，例如 CO_2 的储藏、酸性矿水的排泄、生物降解、玻璃侵蚀、材料合成和矿物加工等（Geisler et al.，2019；Knorsch et al.，2020；Nikkhou et al.，2021；Ram et al.，2021；Xia et al.，2009）。因此，深入认识矿物交代反应的机制和动力学过程，对于精细刻画地质过程和工业应用具有重要的理论和实践意义。

早期研究认为，矿物交代反应中新矿物的成核与生长主要通过元素的扩散机制进行，多余的元素从固体内部向固液界面扩散，而需要的元素从流体相扩散进入固体内部（Thornber，1975；Wilkin 和 Barnes，1996），并且固态扩散的速率通常以地质年代为尺度（Putnis，2014）。新的实验研究表明，大部分的矿物交代反应均由溶解-再沉淀机制控制（Duan et al.，2021；Harlov，2015；Spruzeniece et al.，2017；Tenailleau et al.，2006；Xia et al.，2009；Xing et al.，2019；Zhao et al.，2013）。

然而，在一些矿物交代反应中，固态扩散的速率可以和溶解-再沉淀速率相媲美，一些矿物复杂结构可以同时由固态扩散机制和溶解-再沉淀机制形成（Hidalgo et al.，2020；Zhao et al.，2013a）。出溶的片晶通常认为产生于通过固态扩散机制造成的固溶体化学分解过程（Adegoke et al.，2021）。在流体存在情况下，斑铜矿片晶从斑铜矿-蓝辉铜矿固溶体中出溶的速率比没有流体存在的情况高 1000 倍(Zhao et al., 2017)。然而片晶出溶后的生长过程受母矿物相中的流体包裹体制约, 而这些流体包裹体产生于溶解-再沉淀形成母矿物相的过程(Zhao et al., 2017)。Li et al. (2018)通过低温条件(150℃)的退火实验发现, 斑铜矿-蓝辉铜矿固溶体通过固态出溶方式分解为斑铜矿和蓝辉铜矿, 然后斑铜矿和蓝辉铜矿中再出溶黄铜矿片晶。因此, 固态扩散机制与溶解-再沉淀机制的相互作用, 对于理解矿物和岩石的结构、加深对地质过程的认识具有重要意义。

笔者博士后研究期间展开的第二个工作是以矿物交代反应中元素的迁移富集机制为关键科学问题, 以东昆仑具有深部 Cu-Pb-Zn 和浅部 Ag-Pb-Zn 矿化分带的那更银矿为研究载体, 以黄铁矿和白铁矿主微量元素与同位素演化示踪成矿过程为研究思路, 以高精度微区原位分析为技术支撑, 查明驱动溶解-再沉淀和固态扩散机制的流体条件差异, 剖析金属元素在不同交代反应中的地球化学行为及银富集机制, 厘定那更银矿的成矿物理化学过程。此研究不仅可以丰富对热液矿物交代反应的理论认识, 而且对深入认识那更银矿的成因机理和确定下一步找矿勘查方向具有重要的理论和实践意义。

1.2 研究进展及存在问题

1.2.1 晶粥体再活化机制研究进展及存在问题

近几年, 地学界正在形成一个新的共识, 即上地壳岩浆储库主要为"晶粥"(Bachmann 和 Bergantz, 2004; Bachmann 和 Huber, 2016; Cashman et al., 2017; Hildreth, 2004; Popa et al., 2021), 其是由晶体、晶间硅酸盐熔体及出溶挥发分组成的复杂多相混合物(Parmigiani et al., 2014; 马昌前等, 2020)。世界各地的活火山地球物理探测表明, 岩浆储库中的熔体比例通常低于"流变学临界熔体"值(体积分数为 40%~50%)(Bachmann 和 Bergantz, 2004; Miller 和 Wark, 2008; Parmigiani et al., 2014; 马昌前等, 2020), 例如: 利用大地电磁资料揭示的美国华盛顿州 St Helens、Adams 和 Rainier 火山熔体体积分数为 2%~12%(Hill et al., 2009); 南美洲安第斯中部 Altiplano-Puna 火山杂岩下面的地震成像显示其熔体体积分数为 25% 左右(Ward et al., 2014); 希腊 Santorini 火山地震成像显示其熔体体积分数为 4%~13%(McVey et al., 2020); 欧洲中东部 Ciomadul 休眠火山下面晶粥的部分区域有目前报道的最高熔体体积分数(20%~58%)(Laumonier et al., 2019)。综上可知, 未完全冻结的岩浆储库由于熔体少、晶体多, 因此黏度大且活动性差, 必须经历再活化过程(熔体含量增加, 岩浆黏度降低)才能形成火山喷发, 然而晶粥再活化的主要动因目前还存在较大的争议(Cooper 和 Kent, 2014; 罗照华等, 2014; 马昌前等, 2020)。

富挥发分流体的加入对晶粥再活化有一定的贡献，但还是主张升温作用为晶粥再活化的主要动因。晶粥再活化的升温模型主要包括：压实模型（compaction model）（Philpotts 和 Philpotts，2005）、气体鼓泡搅拌模型（gas sparging model）（Bachmann 和 Bergantz，2006）、解锁模型（unzipping model）（Burgisser 和 Bergantz，2011）、屈服面模型（yield surface model）（Karlstrom et al.，2012）、反应熔体流动模型（reactive melt flow model）（Jackson et al.，2018）、水热传递模型（heat 和 water transfer model）（Zou 和 Ma，2020）。这些升温活化模型可归纳为三种机制：（1）接触热传导活化机制，认为底侵岩浆在晶粥底部成池，与晶粥的相互作用仅仅是热传导，通过此方式在长英质晶粥底部形成一个对流活动层，当热边界层的厚度达到某个临界值时，整个晶粥发生对流自混合（Burgisser 和 Bergantz，2011；Couch et al.，2001）；（2）岩浆混合活化机制，这种机制起源于花岗质岩基，常含暗色微粒包体，后者被认为是注入花岗质岩浆中的铁镁质岩浆团，进而认为晶粥再活化的动因为深部更高温、更基性的新岩浆注入冷储存的岩浆储库后所引起的晶粥内的矿物溶解，熔体含量增大（Bouvet de Maisonneuve et al.，2021；Di Salvo et al.，2020；Foley et al.，2020；Mangler et al.，2022）；（3）挥发分渗透热传导活化机制，认为基性岩浆与晶粥的混合并不能有效传导热量，而来自高温铁镁质岩浆的挥发分亦具有高温性质，它们通过渗透作用使晶粥被快速加热（Bachmann 和 Bergantz，2006，2003）。

越来越多的学者认为侵入体提供的热量不足以使晶粥再活化，而主要动因是挥发分渗透（gas percolation）导致的超压产生了微裂隙，从而提高了岩浆储库的整体渗透性（Huber et al.，2011；Huppert 和 Woods，2002）。Hupper 和 Woods（2002）通过模拟岩浆储库的挥发分注入过程，发现溶解的挥发分注入可以提高两个数量级的岩浆储库火山喷发的规模和喷发持续时间。Huber et al.（2011）进一步指出，侵入体的出溶挥发分注入岩浆储库为其提供了机械能（超压），使冷储存的岩浆储库产生微破裂从而具有较高的渗透率，促进了大规模的熔体对流，从而使晶粥再活化。

还有观点认为流体活化机制不仅可作为晶粥再活化的主要动因，而且这种活化机制往往与成矿作用有关，并强调升温活化机制不总是必须的，流体活化机制是可能的选择（Behrens 和 Gaillard，2006；Yang，2012；罗照华等，2014，2010）。溶解的 H_2O 通过 $H_2O + O^{2-}_{melt} = 2OH^-_{melt}$ 形成 OH^- 来改变硅酸盐熔体结构，几个百分点的水的加入能降低岩石数百度的固相线温度且提高几个数量级的岩浆流动性（Behrens 和 Gaillard，2006），并且岩浆黏度随挥发分含量改变的幅度远大于随温度改变的幅度，例如：Baker（1998）在 800℃ 的条件下往干的铝质花岗岩熔体中加入 2% 的水，使其黏度下降了 6 个数量级，相当于升温 500℃ 的效果。此外，流体活化机制没有得到充分重视的主要原因可能是岩浆中的挥发分含量通常被认为十分有限，而可形成大规模成矿作用的流体则提供了这种活化机制所需的挥发分（罗照华等，2010；2014）。例如：周久龙（2012）认为马达加斯加 Ambatondraka Fe-V-Ti 矿床的形成与晶粥活化有关，富挥发分流体注入堆晶岩层，使得晶间熔体和挥发分含量升高，未完全固结的堆晶岩层远离固相线而活动能力大大增强；由于组分交换作用，流体中的金属元素含量大大提高，并于晶隙发生再次结晶作用。该模型较好地解释了铁矿体的晚期脉状贯入产状以及浸染状矿石中的钛铁氧化物的晶隙结构等。

综上所述，富晶体火山（碎屑）岩的晶粥再活化形成机制的争议在于：是升温活化还是流体活化起主导作用？

1.2.2 矿物交代反应中元素的迁移富集机制研究进展及存在问题

控制矿物相转变的机制主要有两种：一种是固态扩散机制。母矿物通过固态扩散的方式与另一种矿物相交换原子，相关扩散元素的扩散剖面表明扩散界面以固体相存在。由于这种类型的转换机制可用于金属、合金以及难熔陶瓷的生产上，因此目前已有充分的研究，并且认为无水高温环境促进了固态下的结构转变。判断固态扩散机制的依据主要为：一种矿物相对另一种矿物相的形态和结晶方向的继承。然而，尽管固态扩散机制在地球上广泛存在，尤其是地球深部高温区域，但由于地壳内的化学反应速率较快，因此不可能只以固态扩散的形式进行（Ruiz-Agudo et al.，2014）。

另一种是溶解-再沉淀机制。当一种溶剂存在的时候，不稳定的矿物相会发生溶解，并从流体相中生成一种更稳定的矿物相（Ruiz-Agudo et al.，2014）。Goldsmith 和 Laves（1954）提出，在缺水环境及较高温度下，不同种类长石之间的转换以固态扩散方式进行；然而在热液条件下，会以溶解-再溶淀机制进行。Wyart 和 Sabatier（1958）认为在 KCl 溶液中，拉长石转变为正长石和钙长石的机制主要为溶解-再沉淀作用。O'Neil 和 Taylor（1967）认为在热液条件下，钾长石被钠长石交代的过程主要为溶解-再沉淀机制，并且母矿物和子矿物的反应前峰与界面流体薄膜有关。Parsons（1978）认为侵入岩中，正长石转变为微斜长石的机制亦为溶解-再沉淀。

近些年，有学者认为反应界面溶解-再沉淀的耦合是产生假象交代的控制因素，并且对母矿物孔隙的产生条件进行了相关研究（Putnis，2002，2009；Putnis 和 Putnis，2007）。溶解-再沉淀的基本原则是水溶液会导致流体-矿物界面层的形成，此界面层相对于一些稳定矿物相来说处于过饱和状态。某些更稳定的矿物相会在母矿物的表面成核，开启自我催化反应，导致溶解和再沉淀发生耦合。如果在母矿物基底与子矿物之间存在取向附生的结晶匹配，新矿物相的成核会继承母矿物的晶体结构信息（Ruiz-Agudo et al.，2014）。为了保持假象交代前锋的存在，需要保持流体库和反应界面的质量交换路径。因此，交代过程会造成体积减小，且反应产物孔洞发育，从而有利于流体持续流入与母矿物相的接触面（Spruzeniece et al.，2017）。孔洞的产生既受母矿物和子矿物的体积差异控制，又受界面处特定流体的相对溶解度影响（Pollok et al.，2011）。

近些年，较多学者深入研究并总结了矿物交代反应的典型特征（Altree-Williams et al.，2015；Putnis，2009）。其中溶解-再沉淀的典型结构特征包括：（1）母矿物的溶解和子矿物的再沉淀在时空上紧密相关，子矿物对母矿物外部形态结构的保存；（2）母矿物和子矿物呈现出明显的接触界面，并且没有扩散剖面；（3）子矿物中存在渗透性的孔洞；（4）子矿物对母矿物晶体结构信息的继承及取向附生关系的存在（Altree-Williams et al.，2015；Putnis，2009）。

目前大多数学者认为溶解-再沉淀机制的有利条件为低温、富流体的环境，而固态扩散机制发生的有利条件为高温、贫流体的环境（Altree-Williams et al.，2015；Mehrer，2007；Melchiorre，2014）。固态扩散与晶体结构的缺陷有关，晶体缺陷表现为外在的杂质形式（数量与温度有关）或内在的空隙形式，后者的发育程度随温度的升高呈指数级的增长（Putnis，2002）。在可使缺陷增长的高温条件下，原子扩散成为再平衡过程的主要机制。换句话说，高温下的热能足以突破发生扩散的活化能屏障。然而在低温条件下，固态扩散由于较低的晶体缺陷而受到抑制，因此，溶解-再沉淀机制提供了更有优势的再平衡反应路径（Putnis，2002；Zhao et al.，2013a）。

然而，另外一些学者认为，在流体存在的情况下，固态扩散机制也能发生，并且相对于无流体条件，有流体存在的情况下固态扩散机制发生的速率会大大提高。Xia et al.（2020）通过铜的硫化物对黄铜矿的交代反应研究发现，即使在低温（160~200℃）条件下，固态扩散机制发生的速率也可以达到溶解-再沉淀的速率。由于没有证据表明在黄铜矿片晶从斑铜矿中出溶的时候存在流体进入无孔隙的斑铜矿内部的情况，因此这些片晶的形成为固态扩散机制形成（Xia et al.，2020）。实验发现，这些黄铜矿片晶刚出溶的时候就具有较快的速率，并且较均匀地分布于斑铜矿中（Xia et al.，2020）。由于没有流体存在的时候，没有片晶从斑铜矿出溶，且片晶的出溶速率和大小与流体成分有关，表明固态片晶的出溶是由于流体环绕在晶体表面（Xia et al.，2020）。Zhao et al.（2017）通过实验研究发现，在流体存在的条件下，出溶片晶生长的速率比无流体条件快近1000倍。

还有一些学者认为，固态扩散和溶解-再沉淀机制共同制约了矿物结构和成分的演化。条纹长石（一种钾长石和斜长石交生的长石）在熔体或水溶液流体存在的条件下可以增加两三个数量级的大小（Norberg，2013；Parsons和Lee，2009；Worden et al.，1990）。条纹长石的生长主要由应变能驱动，流体与矿物的初始接触会形成过渡层，这标志着生长的开始，然而过渡层富水物质中的 Na、K 元素加速扩散会形成连贯的片晶，表明固态扩散作用先于矿物–流体界面的溶解–再沉淀的发生（Norberg，2013）。在斑铜矿出溶均匀分布的黄铜矿片晶后，溶解–再沉淀机制从矿物颗粒的表面渗透内部，黄铜矿片晶被蓝辉铜矿交代，随后蓝辉铜矿又被铜蓝和辉铜矿交代，固态扩散与溶解–再沉淀机制的联合作用形成了复杂的交代反应路径（Adegoke et al.，2021）。

综上可知，目前关于矿物交代反应的固态扩散机制是否也能在流体存在的条件下发生还存在较大争议；虽然溶解再沉淀机制有利于成矿作用基本取得了共识，但固态扩散机制在成矿作用中扮演的角色还不清楚；同一个成矿体系中两种矿物交代反应的过程及相关的元素迁移富集机理还少有对比研究。

1.3　研究内容

1.3.1　晶粥体再活化机制研究内容

以那更地区密切共生的贫晶体流纹岩、富晶体英安玢岩、富晶体流纹英安岩为研究对象，以富晶体流纹英安岩的晶粥再活化形成机理为关键科学问题，以开展锆石微区原位主微量元素和 U–Pb–Hf 同位素地球化学研究为主线，结合岩石地球化学与 Sr–Nd–Pb 同位素地球化学，在野外地质工作的基础上，重点研究以下几个方面的内容：

（1）形成富晶体流纹英安岩的岩浆来源。

通过岩相学、岩石地球化学、Nd–Pb–Hf 同位素等研究从地球圈层尺度到那更矿区尺度制约富晶体流纹英安岩的岩浆来源，厘定形成富晶体流纹英安岩的岩浆来源（是否代表是熔体抽取后的英安质残余晶粥活化而来？），探讨三种岩石的成因联系。

（2）晶粥再活化的驱动机制（升温活化/流体活化）。

观察三种岩石内是否有提取升温活化的潜在热源（如基性暗色包体）；通过锆石 Ti 温度计判断是否锆石边部具有 Ti 含量的升高；利用 MELTs-Excel 程序（Gualda et al.，2012；Gualda 和 Ghiorso，2015）对晶粥体熔体成分与结晶温度和含水量的关系进行模拟，判断与富晶体英安玢岩成分对应的初始晶粥是否需要加入额外的水才能产生足量的熔体，从而形成富晶体流纹英安岩。由于前期工作已揭示含矿热液为还原性流体，通过锆石特征地球化学参数约束活化晶粥的流体氧逸度变化，如果锆石边部的微量元素揭示为还原性流体，那么活化晶粥的流体来源很可能会最终演化为含矿热液的深部高温初始流体。由于前期研究已揭示了成矿时代，如果英安玢岩中锆石的边部年龄和成矿时代接近，则指示含矿热液驱动了晶粥活化。

(3)岩浆侵位到晶粥再活化的时间尺度及热力学演化过程。

通过研究富晶体英安玢岩和贫晶体流纹岩锆石核部和边部的年龄差距,揭示岩浆侵位到贫晶体熔体抽取的时间尺度,通过富晶体流纹英安岩锆石核部和边部的年龄差距,揭示贫晶全熔抽取到晶粥再活化之间的时间尺度,通过锆石饱和温度和锆石 Ti 温度计,约束岩浆侵位到晶粥再活化的热力学演化过程。

1.3.2 矿物交代反应中元素的迁移富集机制研究内容

以那更银矿深部 Cu-Pb-Zn 类型和浅部 Ag-Pb-Zn 类型矿石中的黄铁矿和白铁矿为研究对象,以矿物交代反应(溶解-再沉淀/固态扩散)中元素的迁移富集机制为关键科学问题,以开展黄铁矿和白铁矿微区原位主微量元素和同位素地球化学研究为主线,在野外地质工作的基础上,重点研究以下几个方面的内容:

(1)固态扩散和溶解-再沉淀机制的主要控制因素。

通过显微镜下观察,初步划分黄铁矿和白铁矿的类型。通过以下三个方面厘定黄铁矿和白铁矿的形成机制:①子矿物对母矿物的外部结构继承性;②母矿物与子矿物接触面特征,若为突变则为溶解-再沉淀,若为渐变则为固态扩散;③剥蚀过程深部剖面图所反映的元素分布,若存在较多包裹体成因的元素尖峰,则为溶解-再沉淀,若元素变化呈渐变,则为固态扩散。结合前期流体包裹体研究,根据黄铁矿和白铁矿的共生矿物组合及硫同位素揭示的氧逸度,从物化条件、流体成分等方面查明不同矿物交代反应的主要控制因素。

(2)固态扩散和溶解-再沉淀机制银和相关金属元素的再分配过程。

针对固态扩散和溶解再沉淀体系的母矿物和子矿物分别进行主微量元素的对比研究,查明子矿物对母矿物的主微量元素的继承、增加或减少,厘定母矿物中金属的活化迁移行为和再分配机制。

(3)黄铁矿与白铁矿的微量元素相容性。

对比分析由相同机制(固态扩散或溶解再沉淀)形成且同时沉淀的白铁矿和黄铁矿的微量元素含量,若其中一种矿物含有较高含量的某些金属,则这种矿物对金属微量元素具有较强的相容性。

(4)那更银矿的银热液成矿过程。

结合前期矿物组合、流体包裹体、矿石 C-H-O-S-Pb 同位素研究,通过对那更银矿深部 Cu-Pb-Zn 和浅部 Ag-Pb-Zn 矿化类型中的黄铁矿和白铁矿原位微区微量元素和硫同位素研究,查明从地球圈层尺度到那更矿区尺度的成矿物质来源,揭示氧逸度和温度对金属元素及矿物组合分带特征的制约,查明金属元素从深部到浅部的含量变化及沉淀机制,深入认识那更银矿成矿作用的"源、运、聚"过程。

1.4 研究方案

1.4.1 晶粥体再活化机制研究方案

（1）资料搜集与整理。

全面搜集侵入岩与火山岩成因联系、贫晶体和富晶体火山（碎屑）岩形成机理、晶粥再活化机制的相关文献，并跟踪最新前沿动态。搜集与项目相关的东昆仑区域地质、岩浆演化与成矿，尤其是与晶粥再活化过程相关的资料。对所搜集的资料充分消化吸收，为野外工作与室内研究提供基础资料。

（2）野外工作与样品采集。

由于对那更地区的主要侵入岩与火山岩已开展过较详细的野外地质工作，对贫晶体流纹岩、富晶体英安玢岩、富晶体流纹英安岩也已进行过详细的钻孔岩芯观察与采样工作，目前已拥有可供利用的岩石样品，仅需要适当补充必要的野外工作。

（3）岩相学观察。

将三种岩石样品分别磨制成薄片，在光学显微镜下观察矿物组成，统计晶体含量，根据岩石结构和矿物组成进行初步岩性定名。

（4）全岩地球化学和 Sr-Nd-Pb 同位素地球化学分析。

将三种岩石样品进行碎样并磨制粉末样品，一部分样品用于全岩 X 射线荧光质谱仪主量分析和高精度（HR）-ICP-MS 微量元素分析；另一部分样品用于热离子质谱 Sr-Nd 同位素分析和 MC-ICP-MS Pb 同位素分析。

（5）锆石挑选、制靶及矿物学观察。

将三种岩石样品进行锆石单矿物分选并制靶。进行较详细的显微镜下观察，结合扫描电镜的二次电子分析模式，查明锆石的大小、形态、结构、矿物包裹体等特征；利用扫描电镜阴极发光分析模式，查明锆石中的元素的分带特征；在详细的显微镜下观察和扫描电镜阴极发光模式观察的基础上，选择颗粒较大、晶形较好、无裂隙或少裂隙的颗粒设计好用于 U-Pb 定年和微区微量元素分析的点位。

（6）微区原位锆石 U-Pb 同位素与微量元素分析。

采用 LA-ICP-MS 分析，获取锆石的 U-Pb 同位素及微量元素成分。利用U-Pb 同位素获得岩浆侵位到贫晶体流纹质熔体抽取再到晶粥再活化形成富晶流纹英安岩的精确时代。利用锆石特征地球参数（如 Ce^{4+}/Ce^{3+} 等）定量刻画体系氧逸度的演化，由于前期流体包裹体、矿物学研究已揭示那更含银成矿热液即为还原性流体，因此，如果磷灰石特征地球参数也能指示存在还原性流体加入，则支持驱动晶粥再活化的流体为含银成矿热液,从而证明流体活化机制的可行性。

(7)微区原位锆石 Hf 同位素分析。

采用 LA-MC-ICP-MS 方法进行三种岩石中锆石核部到边部的 Hf 同位素分析,与东昆仑典型地球圈层来源的岩浆岩锆石 Hf 同位素进行对比分析,厘定岩浆来源的演化过程。

(8)富晶体流纹英安岩的形成机理综合分析。

通过全岩 Sr-Nd-Pb 同位素与东昆仑不同地球圈层(富集地幔/古老下地壳/新生下地壳)的岩浆岩 Sr-Nd-Pb 同位素的对比分析,获得地球圈层尺度的岩浆来源。通过三种岩石之间的 Sr-Nd-Pb 同位素对比分析,揭示三种岩石的成因联系,获得那更矿区尺度的岩浆来源。通过锆石 U-Pb 同位素和微量元素分析,获得岩浆房过程的时间尺度及物理化学演化。

1.4.2　矿物交代反应中元素的迁移富集机制研究方案

(1)资料搜集与整理。

全面搜集热液矿物交代反应、黄铁矿和白铁矿成因机制、矿物微区分析技术的相关文献,并跟踪最新前沿动态。搜集与项目相关的东昆仑区域地质、成矿作用,尤其是与热液矿物交代反应过程相关的资料。对所搜集的资料充分消化吸收,为野外工作与室内研究提供基础资料。

(2)野外工作与样品采集。

由于已开展过较详细的那更矿区地质及矿床地质野外地质工作,且对深部 Cu-Pb-Zn 和浅部 Ag-Pb-Zn 矿化类型进行过详细的钻孔岩芯观察与采样工作,目前已拥有可供利用的矿石样品,仅需要适当补充必要的野外工作。

(3)矿相学观察。

将深部 Cu-Pb-Zn 和浅部 Ag-Pb-Zn 矿化类型的矿石样品分别磨制成光片,在光学显微镜下观察其矿物组成和结构,划分黄铁矿和白铁矿的类型,初步判定其成因机制。

(4)扫描电镜和电子探针分析。

利用扫描电镜查明黄铁矿和白铁矿的大小、形态、结构、矿物包裹体、元素分布等特征,进一步厘定黄铁矿和白铁矿的类型划分。利用电子探针查明黄铁矿和白铁矿的主量元素特征,对成分不均匀分布的黄铁矿或白铁矿,利用 X-射线面扫描揭示其主量元素的分带特征。

(5)微区原位微量元素分析。

选择颗粒较大、晶形较好、无裂隙或少裂隙、表面平整的颗粒进行 LA-ICP-MS 分析,获得黄铁矿和白铁矿的微量元素组成。利用主成分分析(PCA)对数据进行深入挖掘,揭示深部 Cu-Pb-Zn 和浅部 Ag-Pb-Zn 矿化类型硫化物的总体特征。结合显微镜下的硫化物结构特征，利用元素的二元素协变图、剥蚀深度变化的元素信号剖面图厘定硫化物的成因机制(溶解-再沉淀/固态扩散)。

(6)微区原位硫同位素分析。

对不同深度、不成成因类型的黄铁矿和白铁矿进行 LA-MC-ICP-MS 硫同位素分析，查明深部 Cu-Pb-Zn 和浅部 Ag-Pb-Zn 矿化类型中硫同位素组成的变化，揭示物理化学条件的演变，针对热液交代反应形成的子矿物与母矿物的硫同位素演化，查明产生分馏的原因，揭示热液演化过程中硫来源的变化。

(7)那更银矿的成矿过程综合分析。

结合以往矿石矿物组合、流体包裹体、C-H-O-S-Pb 同位素、矿床成因机理研究，利用主成分分析(PCA)查证显微镜下观察到的对黄铁矿和白铁矿世代的划分，利用相关分析大致了解不同世代黄铁矿和白铁矿微量元素之间的相关性，选择相关性强的元素绘制二元协变图，剖析不同世代黄铁矿和白铁矿微量元素和硫同位素组成的演化，梳理形成深部 Cu-Pb-Zn 和浅部 Ag-Pb-Zn 矿化类型的根本原因，探讨那更银矿成矿作用的"源、运、聚"过程。

1.5 主要工作量

笔者进行了四年的野外地质考察，对那更银矿各类型的矿石(包括深部 Cu-Pb-Zn 矿石和浅部 Ag-Pb-Zn 矿石)以及主要的岩浆岩(包括斑状花岗岩、花岗闪长岩、贫晶体流纹岩、富晶体英安玢岩以及富晶体流纹英安岩)进行了系统的采样，对所研究的岩石和矿石样品进行了显微镜岩矿相学观察、单矿物分选制靶、阴极发光观察与拍照、电子探针主成分分析、锆石 LA-ICP-MS U-Pb 定年及微量元素分析等。本书的主要工作量见表 1-1。

表 1-1 主要完成的工作量

工作内容	单位	数量	完成单位
岩石和矿石样品采集	件	80	中南大学
光薄片磨制	片	110	廊坊市宏信地质勘查技术服务有限公司
单矿物分离	件	20	廊坊市宏信地质勘查技术服务有限公司
单矿物制靶	个	15	廊坊市宏信地质勘查技术服务有限公司
显微照片	张	>200	中南大学
阴极发光图像	张	>100	武汉上谱分析科技有限责任公司
背散射图像	张	>100	广州拓岩检测技术有限公司

续表1-1

工作内容	单位	数量	完成单位
硫化物电子探针分析	点	130	中南大学
X-射线元素扫描	张	10	中南大学
全岩主量元素	件	40	核工业北京地质研究院分析测试研究中心
全岩微量元素	件	40	核工业北京地质研究院分析测试研究中心
全岩 Sr-Nd-Pb 同位素	33	33	核工业北京地质研究院分析测试研究中心
锆石 LA-ICP-MS U-Pb 定年	点	200	武汉上谱分析科技有限责任公司
锆石 LA-ICP-MS 微量元素	点	200	武汉上谱分析科技有限责任公司
硫化物 LA-ICP-MS 微量元素	点	130	广州拓岩检测技术有限公司
硫化物 LA-MC-ICP 硫同位素	点	77	中国地质大学(武汉)

1.6 创新性成果

基于微区原位分析技术,以富晶体火山(碎屑)岩的晶粥再活化形成机制和矿物交代反应中元素的迁移富集机制为关键科学问题,以那更矿区内的(次)火山岩和不同深度、不同矿物组合的 Cu-Pb-Zn 和 Ag-Pb-Zn 矿石为研究对象,主要取得了以下创新性成果:

(1)流体活化机制不仅可作为晶粥再活化的主要动因,而且这种活化机制与成矿作用有关;升温活化机制不总是必须的,流体活化机制是可能的选择。

(2)在矿物交代反应中,固态扩散机制可以发生于流体存在的条件下,且比溶解-再沉淀机制能更有效地促进矿化富集。

(3)白铁矿比黄铁矿有更强的金属微量元素相容性,白铁矿中的类质同象银可达 10^{-3} 级,其潜在银资源需要得到充分关注。

第 2 章　分析测试和计算方法

2.1　锆石 U-Pb 定年、微量元素及 Hf 同位素

应用重液和磁分离技术在双目镜下挑选锆石颗粒。代表性颗粒固定在环氧树脂中，并抛光和镀金。在透射和反射光下观察锆石颗粒，用扫描电子显微镜进行阴极发光观察并拍照。锆石 LA-ICP-MS 定年和微量元素分析在武汉上谱分析科技有限责任公司完成，分析仪器为 Agilent 7700e ICP-MS。此激光剥蚀体系包括 193 nm 波长和 200 MJ 最大能量的 COMPexPro 102 ArF 准分子激光和 MicroLas 光学系统。根据锆石点位区域大小及 U 含量选择 32 μm/24 μm 束斑大小及相应的 5 Hz/4 Hz 的激光频率。

在 LA-ICP-MS 分析中，将氮加入 Ar 等离子气体的气流（Ar+He）核心部位，相对于不加氮分析，这种处理方式可以使大多数元素增加约 2 倍的敏感度（Zong et al.，2010）。由于用氦而不用氩，剥蚀点周围的不可见颗粒沉淀会大幅下降，元素覆盖全质量范围内的信号强度也会大大下降（Günther 和 Heinrich，1999），因此，本次实验中将氦作为运载气体。在进入 ICP 之前，将补给气体通过 T-connector 与运载气体混合。激光剥蚀体系包括一个在较低激光重复速率的条件下（低至 1 Hz）还能产生平滑信号的"线"信号光滑装置（Hu et al.，2012）。每次分析开始时需要 20~30 s 的背景收集（气体空白），然后用约 40 s 的时间进行样品数据收集。锆石 GJ-1 和 PLE 用作锆石 U-Pb 定年和微量元素分析的外标。具体分析流程和测试条件可见 Liu et al.（2010）的文章。基于 Excel 的 ICPMSDataCal 8.3 和 GLITTER 4.0（Macquarie 大学）软件用来执行离线选择和背景及分析信号的整合、时间漂移校正及定量校准（Liu et al.，2010，2008）。Isoplot 3.0 是用于制作锆石 U-Pb 谐和图和加权年龄图的软件（Ludwig，2003）。通过检查所有分析测点的位置及随时间分辨的激光剥蚀信号来选择较好的锆石 U-Pb 同位素数据，避免锆石中的一些包裹体或裂隙位置对利用数据产生干扰，只有一致的数据才能用于接下来的讨论。

原位的锆石 Hf 同位素分析也在武汉上谱分析科技有限责任公司完成，测试

仪器为连接到 Geolas HDNeptune 多接收 ICP-MS（德国 Thermo Fisher Scientific）准分子 ArF 激光剥蚀体系。Hf 同位素测试点位与锆石 U-Pb 定年的点位一致，束斑大小为 44 μm。激光剥蚀时的使用条件参数包括 10 J/cm² 的能量密度和 10 Hz 的重复速率。使用的外标为锆石 91500（Wiedenbeck et al.，1995），此外锆石标准矿物 GJ-1 和 TEM 用作未知标样（Morel et al.，2008）。每 5 个样品分析和 1 个标样（91500、GJ-1 及 TEM）轮流进行，具体的分析流程可见 Wu et al.（2006）的文章。使用 ICPMS DataCal（Liu et al.，2010）进行分析信号的离线选择和整合以及质量偏差校准。相对于现今球粒陨石储库 $^{176}Hf/^{177}Hf = 0.282772$ 和 $^{176}Hf/^{177}Hf = 0.0332$（Blichert-Toft et al.，1997）的 U-Pb 年龄来计算初始 $^{176}Hf/^{177}Hf$ 比率和 ε_{Hf}（t）值。计算 ε_{Hf} 的衰变常数为 ^{176}Lu：每年 1.865×10^{-11}（Scherer et al.，2001）。两阶段模式年龄的计算使用的参数为：$^{176}Lu/^{177}Hf = 0.015$，$^{176}Hf/^{177}Hf = 0.28325$ 及 $^{176}Yb/^{177}Hf = 0.0384$（Griffin et al.，2004）。

2.2 全岩主微量元素分析

全岩地球化学分析在核工业北京地质研究院分析测试研究中心完成。全岩主量元素分析仪器为 AxiosmAX X 射线荧光质谱仪，Al_2O_3、SiO_2、MgO 和 Na_2O 的分析精度为 0.015%，CaO、K_2O、TiO_2、$Fe_2O_3^T$ 的分析精度为 0.01%，MnO 和 P_2O_5 的分析精度为 0.005%。详细的分析流程包括：

（1）在 105℃烤炉里面将样品粉末（200 目）烘烤 12 h；

（2）量取约 0.5 g 样品粉末放进陶瓷坩埚里，然后在 1000℃的马弗炉中加热 2 h。在冷却到 400℃后，将样品放到干燥容器里，再次称量，来计算烧失量（LOI）；

（3）在 Pt 坩埚里将 0.5 g 样品粉末、5.0 g 助溶剂（$Li_2B_4O_7$：$LiBO_2$：$LiF = 9$：2：1）及 0.3 g 氧化剂（NH_4NO_3）混合，并将坩埚放到 1150℃的熔炉中约 14 min。将熔化的样品放到空气中淬火 1 min 来产生玻璃盘，以便进行 XRF 分析。

FeO 的含量用化学滴定法进行测试分析，精度为 0.1%。微量元素用 NexION300D 高精度（HR）-ICP-MS 方法进行测试分析。具体的分析步骤为：

（1）在 105℃的烤炉中烘烤 200 目的样品 12 h；

（2）量取 50 mg 粉末样品，并放到聚四氟乙烯高压容器中；

（3）缓慢加入 1 mL 高纯度 HNO_3 和 1 mL 高纯度 HF；

（4）将聚四氟乙烯高压容器放到不锈钢压力夹套中，并在烤箱中加温到 190℃，保持 24 h 以上；

（5）在冷却到 140℃时，打开聚四氟乙烯高压容器，并放置到一个热金属片上蒸发到初始的干燥度，然后加入 1 mL HNO_3 并再次蒸干；

（6）加入 1 mL HNO_3、1 mL 去离子水和 1 mL 内标溶液（1×10^{-6}），再将聚四氟乙烯高压容器密封，并在 190℃下烘烤至少 12 h；

（7）将溶液倒入聚乙烯瓶中，并用 2% HNO_3 将其稀释到 100 g。将 Rh 作为内标来监测分析过程中的信号漂移。中国国际岩石标样 GBW07103 和 GBW07111 用于校准样品主量元素含量。国际硅酸盐标准矿物 AGV-2、BHVO-2、BCR-2 和 RGM-2 用于监测微量元素含量分析的质量。主量元素和微量元素的分析精度均优于 5%。

2.3　全岩 Sr-Nd-Pb 同位素分析

全岩 Sr-Nd 同位素分析在核工业北京地质研究院分析测试研究中心完成，分析仪器为 IsoPROBE-T 热离子质谱仪。全岩 Sr-Nd 同位素分析的化学流程与全岩微量元素分析的流程一致。简而言之，溶解 50 mg 全岩粉末，用盐酸、嘧啶 DCTA（1，2-环己二胺四乙酸）进行离子交换，将 Sr 完全分离出来；用 HIBA 作为洗脱剂进行树脂离子交换来分离 Nd（Wei et al.，2005）。应用 TIMS 方法测试 $^{87}Sr/^{86}Sr$ 和 $^{143}Nd/^{144}Nd$ 的比率，详细步骤见 Ni et al.（2009）的文章。使用 $^{86}Rb/^{88}Sr = 0.1194$ 和 $^{146}Nd/^{144}Nd = 0.7219$ 来分别标准化 Sr 和 Nd 同位素比率（Charlier et al.，2006）。对标样 NISTSRM 987（0.710250）（Faure 和 Mensing，2005）多次分析，产生的 $^{87}Sr/^{86}Sr$ 平均值为 0.710236 ± 0.000007（2σ，$n=6$），而 La Jolla Nd 标样（0.511858）（Lugmair 和 Carlson，1978）产生的 $^{143}Nd/^{144}Nd$ 平均值为 0.511864 ± 0.000003（2σ，$n=6$）。总的 Sr 和 Nd 含量空白分析分别为 < 200 pg 和 <100 pg。计算 I_{Sr}、$\varepsilon_{Nd}(t)$ 及 Nd 模式年龄的参数为：$\lambda_{Rb} = 1.393\times10^{-11}$ a^{-1}（Nebel et al.，2011）；$\lambda_{Sm} = 6.54\times10^{-12}$ a^{-1}（Lugmair 和 Marti，1978）；$(^{147}Sm/^{144}Nd)_{CHUR} = 0.1967$（Jacobsen 和 Wasserburg，1980）；$(^{143}Nd/^{144}Nd)_{CHUR} = 0.512638$（Goldstein et al.，1984）；$(^{143}Nd/^{144}Nd)_{DM} = 0.513151$；$(^{147}Sm/^{144}Nd)_{DM} = 0.2136$（Liew 和 Hofmann，1988）。

全岩粉末样品用于铅同位素分析。在聚四氟乙烯瓶中用纯化的 HF+HNO_3 溶解样品，然后用稀释的 HBr 洗脱液和离子交换柱分离，具体流程见 He et al.（2005）的文章。铅同位素（$^{206}Pb/^{204}Pb$、$^{207}Pb/^{204}Pb$、$^{208}Pb/^{204}Pb$）分析在核工业北京地质研究院分析测试研究中心用多接收 ICP-MS 完成。通过多次分析 NBS981（$^{208}Pb/^{204}Pb = 36.701$、$^{207}Pb/^{204}Pb = 15.489$、$^{206}Pb/^{204}Pb = 16.936$）（Cliff et al.，1996）及采用 Tl 作为内标来校正仪器的质量分馏。对标样 NBS981 多次分析的 $^{208}Pb/^{204}Pb$、$^{207}Pb/^{204}Pb$、$^{206}Pb/^{204}Pb$ 值分别为 36.678 ± 0.007（2σ）、15.482 ± 0.003（2σ）、16.923 ± 0.003（2σ）。具体的实验流程见 Kuritani 和 Nakamura（2002）的文章。

2.4 岩浆结晶温度和氧逸度的计算

锆石结构中的 Ti 含量与温度有关，但与压力无关，因此，锆石中的 Ti 含量可用于估算锆石结晶时岩浆的温度（Ferry 和 Watson，2007；Siégel et al.，2018；Watson et al.，2006）。改进后的锆石 Ti 温度计（Ferry 和 Watson，2007）可用于估算锆石 Ti 结晶温度（T_{zircTi}）。因为我们的样品均是石英饱和的熔体，SiO_2 的活度（a_{SiO_2}）设定为 1.0（Ferry 和 Watson，2007）。对缺少金红石的硅质岩石来说，TiO_2 活度（a_{TiO_2}）通常设定为 0.7（Ghiorso 和 Gualda，2013；Kaiser et al.，2017）。

锆石 Ce^{4+}/Ce^{3+} 可以以中酸性火成岩的相对氧化状态进行估算（Ballard et al.，2002；Burnham 和 Berry，2014；Smythe 和 Brenan，2016）。Ce^{4+}（0.87 Å）与 Zr^{4+}（0.72 Å）的离子半径接近，而小于 Ce^{3+}（1.01 Å），因此 Ce^{4+} 更容易替代 Zr^{4+} 进入锆石中（Shannon，1976）。在氧化条件下，Ce 主要以 Ce^{4+} 的形式存在，更高的 Ce^{4+}/Ce^{3+} 表示更氧化的条件（Li et al.，2019）。利用整合软件（Geo-f_{O_2}）（Li et al.，2019）计算样品锆石的 Ce^{4+}/Ce^{3+} 值（Li et al.，2019），这软件还通过利用晶格应变模式分别计算 Ce^{4+} 和 Ce^{3+} 来可视化岩浆氧逸度（f_{O_2}）（Blundy 和 Wood，1994）。此模式中用来计算的参数包括锆石和熔体的 Ce 含量及两者的分配系数（Ballard et al.，2002；Burnham 和 Berry，2014；Smythe 和 Brenan，2016）。计算公式和具体计算流程见 Li et al.（2019）的文章。

2.5 扫描电镜（SEM）成像拍照

实验在广州拓岩检测技术有限公司完成，利用 TESCAN MIRA3 场发射扫描电子显微镜（扫描电镜）（FE-SEM）对所研究的那更黄铁矿和白铁矿进行拍照。SEM-CL 的实验条件包括 20 kV 的加速电压和 15 nA 电子束电流。

2.6 电子探针（EPMA）和 X-射线元素扫描

实验分析在中南大学地球科学与信息物理学院完成，分析仪器为日本东京 Shimadzu EPMA-1720H 电子探针。利用 15 kV 的加速电压和 10 nA 的电子束电流以及 5μm 的束斑直径进行实验分析。计数时间是样品信号和背景间隔 10 s。所获得的数据是利用原子数（Z）、吸收（A）和荧光（F）效应（ZAF）校正法进行处理。X-射线扫描在 15 kV 的加速电压和 60 nA 的电子束电流的实验条件下完成。利用矿物和纯金属标样来校正，包括黄铁矿（S 和 Fe）、镍黄铁矿（Ni）、闪锌矿

(Zn)、砷化稼(As)、辉银矿(Ag)、金属锑(Sb)、方铅矿(Pb)、自然铋(Bi)、硫锡矿(Sn)、金属锰(Mn)、金属钴(Co)。检测限通常为 0.02%~0.05%。

2.7 LA-ICP-MS 微量元素分析

实验在广州拓岩检测技术有限公司完成,分析仪器为连接 Thermal Fisher iCAP RQ 的 193 nm ArF Excimer 激光剥蚀体系(NWR 193)以及双同心注射器(DCI)等离子喷枪。外部元素标样为 NIST 610、MASS-1 和 GSE-2G。利用非化学计量比的 ^{57}Fe 作为内部标样来校正仪器的漂移。每分析 10 个未知样品后分析 1 次标样块。分析元素包括 Ti、V、Cr、Mn、Co、Ni、Cu、Zn、Ga、Ge、As、Se、Mo、Ag、Cd、In、Sn、Sb、Te、W、Hg、Tl、Pb 和 Bi。在重复分析标样的前提下,大多数元素的精度优于 5%。详细分析流程可见 Li et al.(2020b)的文章。利用 30 μm 的束斑在 5 J/cm^2、5 Hz 和 30~45 s 的条件下进行分析。黄铁矿和白铁矿分别分析了 60 个和 39 个点。利用 Igor Pro(6.37 版本,WaveMetrics)的插件 Iolite(3.73 版本)进行数据处理(Paton et al.,2011)。

2.8 LA-MC-ICP-MS 硫同位素分析

实验在中国地质大学(武汉)完成,分析仪器为美国 Resoution S-155 激光剥蚀系统。氦作用载气(0.65 L/min),并与氩补充气体(0.85 L/min)和氮一起输送到 Nu Plasma Ⅱ MC-ICP-MS 中。利用标样-测样的间插法(SSB)测试标样和未知样品的 ^{34}S/^{32}S 值,使用标样为 GBW07267 和 PPP-1。激光剥蚀束斑直径为 24 μm,分析条件为 6 Hz 频数以及 34 s 的剥蚀时间。利用两件相邻标样线性推测法以及校正仪器质量偏差来获得硫同位素的实际值。分析测试精度(1σ)为 0.1‰,数据以相对于 Vienna Canon Diablo Troilite(V-CDT)的 delta 标记法(‰)的形式来表达。

2.9 主成分分析(PCA)

多变量数据分析可以简要有效地描述高维度数据,并突出变量之间的相关性。主成分分析为一种多变量统计分析方法,是通过将数据降维到二维空间并以最少信息丢失的方法呈现复杂数据(Belissont et al.,2014)。主成分定义为初始变量的正交线性组合,产生最大变量和尽可能减少数据丢失。主成分直接被表达为相关矩阵的特征向量,并以下降特征值的形式排序。主成分分析的具体描述可见 Koch(2012)的文章。

  主成分分析广泛应用于同位素地球化学研究(Cadoux et al.，2007；Iwamori et al.，2010)，近年来在 LA-ICP-MS 数据的应用方面呈增长趋势(Bauer et al.，2019；Belissont et al.，2014；Frenzel et al.，2016；Winderbaum et al.，2012；Yuan et al.，2018)。此研究中，主要利用主成分分析解释黄铁矿和白铁矿的原位微量元素数据以及元素之间的关系。

第 3 章 富晶体流纹英安岩的晶粥再活化形成机理

3.1 引言

过去几十年，侵入岩和火山岩之间的成因联系都是深入认识岩浆房过程的关键科学问题（Annen et al.，2015；Bachmann et al.，2007；Bachmann 和 Huber，2016；Keller et al.，2015）。大型岩浆房被广泛认为是高结晶度的上地壳晶粥体（Bachmann 和 Bergantz，2004；Bachmann 和 Huber，2016；Hildreth，2004；Miller 和 Wark，2008）。这些岩浆房的喷出产物通常可分为时空紧密联系的两个端元：（1）贫晶体且具成分分带的流纹岩（Bachmann 和 Bergantz，2008；Deering et al.，2016；Huber et al.，2012）；（2）富晶体、成分均一且以英安质为主的中性端元（Forni et al.，2016；Hildreth et al.，2017；Tavazzani et al.，2020；Wolff et al.，2020）。当考虑到这两个端元的岩浆黏度时，它们的成分差异（分带/均一）常令人感到迷惑（Bachmann 和 Huber，2016；Folkes et al.，2011；Huber et al.，2012；Kaiser et al.，2017）。岩浆（熔体+晶体）黏度受晶体的含量占比制约，而岩浆房尺度的对流随着岩浆结晶向流变学上的闭锁点靠近（晶体体积分数大于 50%）而被逐渐抑制（Bachmann 和 Bergantz，2004；Miller 和 Wark，2008；Parmigiani et al.，2014）。因此，相对于贫晶体的流纹岩来说，富晶体的中性端元（在性质上代表黏度最大的岩浆）（Scaillet et al.，1998）很难引起岩浆房尺度的对流来获得较均匀的成分（Bachmann et al.，2002；Hildreth，1981；Huber et al.，2012）。这个矛盾点引出了大量关于贫晶体和富晶体火山岩成因机理的研究。贫晶体端元的形成通常被认为是由于晶体–熔体的原地分异所导致的晶粥体中的熔体提取过程（Bachmann 和 Bergantz，2004；Bachmann 和 Huber，2016；Hildreth，2004；Miller 和 Wark，2008）。相比之下，富晶体端元的形成更多是由于部分熔融过程所导致的残余晶粥体的活化作用（Forni et al.，2016；Klaver et al.，2018；Lubbers et al.，2020；Tavazzani et al.，2020；Wolff et al.，2020）。大多数学者认为，高温基性岩浆反复注入部分结晶的晶粥体是引起贫晶体流纹质熔体提取的机制(Claiborne et al.,2010b;Miller 和 Wooden,2004;Yan et al.,2018),这种升温机制还可活化不活动的残余晶粥体产生富晶体熔体喷发(Forni et al.,2016;Huber et al.,2012;Parmigiani et al.,2014;Wolff et al.,2020,2015)。俯冲的板块来源流体加入通常被认为对地幔熔融有较大的作用(Asimow 和 Langmuir,2003;Berger et al.,2008;Bourdon,1999;Dasgupta 和 Hirschmann,2006),但是目前对其在贫晶体熔体提取后残余晶粥体的活化过程中的作用的研究还较少(Boudreau,1999;Forni et al.,2016;Lubbers et al.,2020;Wolff et al.,2013)。

对酸性岩浆体系来说,目前上地壳岩浆房温度演化过程及持续时间还不清楚(Bachmann et al.,2002;Karakas et al.,2017;Reid,2008;Szymanowski et al.,2017)。一些学者认为岩浆通常为"热"的间歇性喷发的状态,并且持续时间大于0.1 Ma(Annen,2009;Barboni et al.,2016;Gelman et al.,2013;Huber et al.,2012),然而另外一些学者认为岩浆通常为"冷"(甚至近凝固)的不活动状态,火山喷发主要由温度较高且更基性的岩浆注入快速加温岩浆房而引发(Cooper 和 Kent,2014;Szymanowski et al.,2017)。同时,大陆上地壳中呈部分熔融状态的岩浆房的最大持续时间仍有争议,从几万年(Barboni et al.,2015;Szymanowski et al.,2017)到几百万年(Claiborne et al.,2010b;Coleman et al.,2004;Grunder et al.,2006;Matzel et al.,2006)均有相关报道。

为解决上述争议,我们对那更(次)火山岩组合采用了全岩元素分析、Nd-Pb-Hf 同位素以及锆石 U-Pb 定年、Ti 温度计等方法进行了研究。这套(次)火山杂岩包括时空上密切相关的贫晶体流纹岩、富晶体流纹英安岩及富晶体英安玢岩。贫晶体流纹岩被富晶体流纹英安岩覆盖,并且后者的成分介于前者和英安玢岩之间。它们显著的结晶度差异(贫晶体/富晶体)和成分过渡(从英安质到流纹质)特征表明了这套(次)火山杂岩适用于研究岩浆房动力学过程。通过这些新数据,本次讨论了以下内容:(1)火山岩与侵入岩的成因联系及岩浆来源;(2)岩浆房熔融状态的持续时间及喷发前的热力学演化历史;(3)晶粥体活化生成富晶体火山岩的机理。

3.2 地质背景

东昆仑造山带沿巴颜哈尔地块北缘呈近东西向绵延近 1500 km[图 3-1(a)]。东昆仑造山带与西昆仑造山带由阿尔金走滑断裂分割,并且在东部与鄂拉山造山带由温泉断裂分割[图 3-1(a)]。东昆仑造山带由昆中断裂分为北昆仑和南昆仑两个构造单元(Yu et al.,2020)。那更地区位于北昆仑的最东端[图 3-1(a)],并且分布有大量奥陶纪—志留纪、早泥盆世、晚二叠世—三叠纪的侵入体(Dong （a）东昆仑构造简图（据 Xia et al.，2015）；（b）那更（次）火山岩分布及邻近区地质简图。

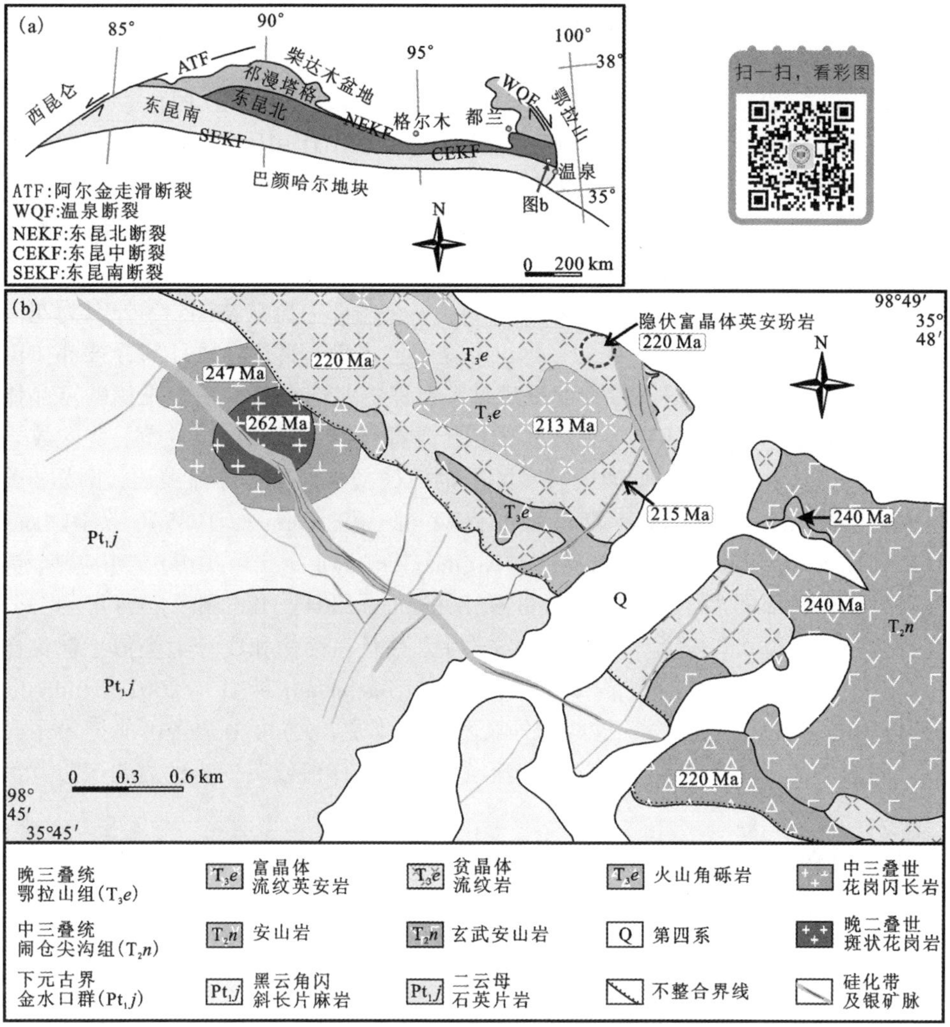

图 3-1　东昆仑那更地区平面地质图

et al.，2018），其中晚二叠世—三叠纪的岩体最发育（Dong et al.，2018）。许多晚二叠世—三叠纪的花岗岩中含有大量铁镁质包体，表明其中存在强烈的壳幔混合作用（Huang et al.，2014；Li et al.，2015；Shao et al.，2017）。壳幔混合作用在一系列矿床形成过程中起到了关键作用，包括赛什塘斑岩-矽卡岩型铜矿（Wang et al.，2016）、哈陇休玛斑岩型钼矿（Feng et al.，2017）、什多龙热液脉型铅锌银矿（Li et al.，2013）以及那更浅成低温热液银多金属矿（Chen et al.，2020）。

　　那更（次）火山杂岩分布于那更银矿北东部，该矿床含有 5070 t 银资源，平均品位 325 g/t。那更银矿为低硫化型的浅成低温热液矿床，含有低硫化态的硫化物组合（磁黄铁矿、铁闪锌矿）及低的流体包裹体均一温度（主要为 150～250℃）（Chen et al.，2020；Yang et al.，2017）。主成矿阶段石英 H-O 同位素及硫化物的 S 同位素揭示了流体为岩浆来源，并且与（次）火山作用紧密相关的情况（Chen et al.，2020；李敏同和李忠权，2017）。出露地层包括元古界金水口岩群（黑云母-斜长片麻岩、石英云母片岩及角闪片岩）、上三叠统鄂拉山组（贫晶体流纹岩、富晶体流纹英安岩及它们成分对应的火山碎屑岩）、中三叠统闹仓尖沟组（安山岩、玄武安山岩）及第四系沉积物。一个内部为斑状花岗岩、外部为花岗闪长岩的复式岩体分布于矿区北东部，侵位于金水口岩群中，并且部分被鄂拉山组地层覆盖［图 3-1（b）］。最新的探矿钻孔在那更北部揭露了一个隐伏的富晶体（次）英安玢岩［图 3-1（b）］。此侵入体位于贫晶体的高硅流纹岩底部，此流纹岩在结构和成分上类似于目前研究较多的晶粥体模型中的贫晶体流纹岩，例如：美国 Fish Canyon（Bachmann et al.，2002；Whitney 和 Stormer，1985）、美国 Long Valley（Hildreth et al.，2017）以及日本 Niijima（Arakawa et al.，2019）。相应地，英安玢岩代表底部的晶粥体（Bachmann 和 Bergantz，2004；Hildreth，2004）。此外，富晶体的流纹英安岩覆盖于贫晶体流纹岩上，并且在结构和成分上类似于被称作"成分无变化中性岩"的富晶体熔结凝灰岩（Bachmann et al.，2002；Hildreth，1981；Huber et al.，2012）。这些野外观察暗示那更（次）火山杂岩可能记录了它们之间的潜在成因联系及产生贫晶体流纹岩及富晶体流纹英安岩的岩浆房过程。

3.3　样品采集及岩相学特征

从钻孔（ZK2302、QZ0301 及 ZK0803）不同深度的岩芯中采集了 18 件具有代表性的样品，包括 5 件英安玢岩（DP1～DP5）、8 件贫晶体流纹岩及 5 件富晶体流纹英安岩。其中，样品 DP2、CPR1 和 CRR2 亦可用于锆石 U-Pb 定年。

英安玢岩斑晶主要为长石（20%～35%）和角闪石（10%～15%），基质呈微晶到隐晶质［图 3-2（a）～（c）］。贫晶体流纹岩具有典型的流纹构造［图 3-2（d）］并含有绢云母化长石斑晶（约 5%）［图 3-2（e）］。基质由微晶到隐晶质的长英质矿物和少量绿帘石组成［图 3-2（f）］。富晶体的流纹英安岩斑晶以角闪石（5%～10%）、石英（约 10%）和长石（20%～30%）为主［图 3-2（g）～（i）］。石英斑晶包含有一些六边形的角闪石晶体［图 3-2（h）］。基质中含有少量玻璃质（15%～25%）和一些因泥质蚀变而较难辨别的长英质矿物（30%～40%）［图 3-2（h）、（i）］。大量的长石因具有溶蚀结构而呈次圆状［图 3-2（i）］。

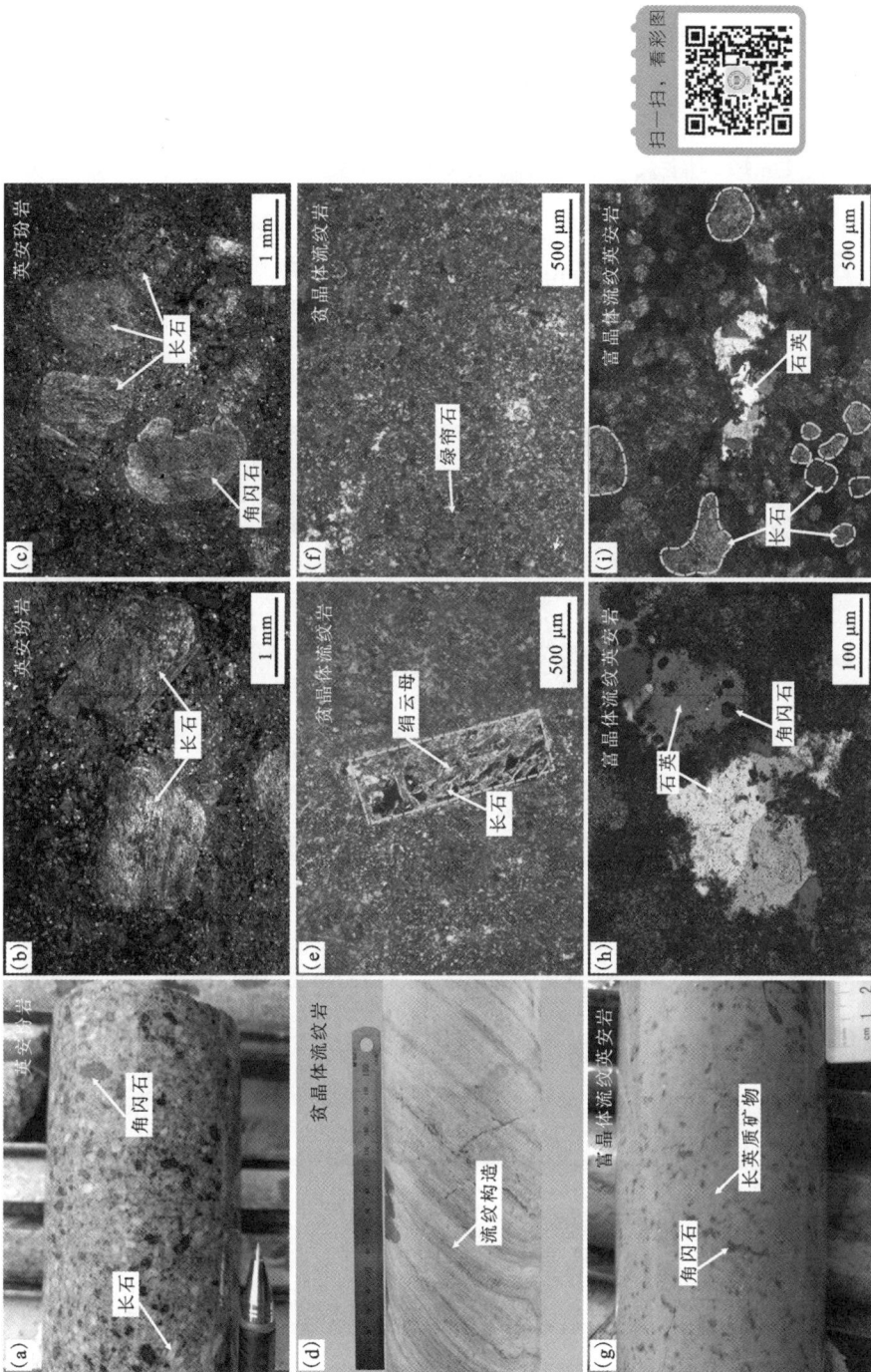

图3-2　那更（次）火山岩的岩芯和薄片镜下照片

(a) 含角闪石和长石斑晶的英安质岩岩芯样品；(b) 细晶/隐晶基质中的长石斑晶；(c) 六边形角闪石和它形长石斑晶；(d) 具典型流纹体构造的贫晶体流纹岩岩芯样品；(e) 稀疏分布的绢云母化的次生绢云母、长石；(f) 长英质基质中的绿帘石；(g) 富角闪石和长石斑晶的富晶体流纹英安岩；(h) 含六边形角闪石的富晶体流纹英安岩；(i) 具有溶解再吸收结构的高龄土化长石。

3.4 结果

3.4.1 锆石 U-Pb 年龄、微量元素及 Hf 同位素

锆石 U-Pb 定年数据见附表 3-1，代表性阴极发光(CL)图像见图 3-3。所有的锆石颗粒都具有相似的长宽比(1.5~2.5)。然而，英安玢岩中的锆石(150~250 μm)比贫晶体流纹岩和富晶体流纹英安岩(100~150 μm)中的锆石颗粒大[图 3-3(a)~(c)]。

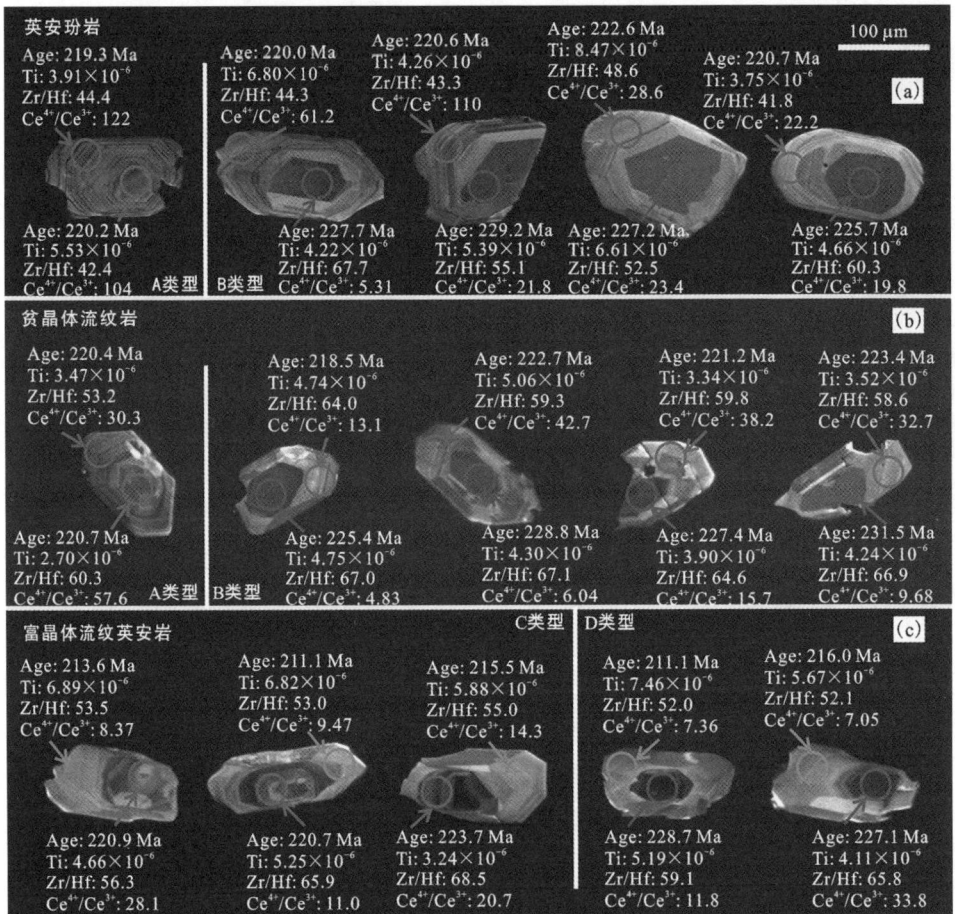

图 3-3　那更(次)火山岩样品典型锆石阴极发光图像及相对应的微量元素含量与元素比值

根据锆石 CL 图像和年龄结果，英安玢岩和贫晶体流纹岩具有两种类型的锆石：A 类型锆石具有相似的振荡结构、灰色 CL 图像以及 220 Ma 年龄；B 类型锆石核部较均一，呈黑灰色，年龄约为 228 Ma，边部则具有振荡环带，呈灰色，年龄约为 220 Ma[图 3-3(a)、(b)]。考虑到 A 类型锆石和 B 类型锆石的边部年龄相同(附表 3-1)，将它们元素和同位素数据整合起来，以利于后续讨论，即后面的讨论都是指 B 类型锆石。富晶体的流纹英安岩同样具有两种类型的锆石：C 类型和 D 类型锆石，均具有吸收再生长结构。两种类型的锆石具有相似的边部，均呈浅灰色，年龄约为 220 Ma，但是它们的核部具有不同的颜色和年龄：C 类型锆石呈灰色，年龄约为 220 Ma；D 类型锆石呈灰黑色，年龄约为 228 Ma[图 3-3(c)]。

英安玢岩的 31 个锆石边部测点获得了 213.7~224.8 Ma 的 $^{206}Pb/^{238}U$ 年龄，加权平均年龄为 (219.7±1.2) Ma(MSWD = 0.76)；9 个锆石核部的测点获得 224.4~231.7 Ma 的 $^{206}Pb/^{238}U$ 年龄，加权平均年龄为 (227.7±2.1) Ma(MSWD = 0.60)[图 3-4(a)、(b)]。贫晶体流纹岩的 15 个锆石边部测点获得了 214.1~225.2 Ma 的 $^{206}Pb/^{238}U$ 年龄，加权平均年龄为 (219.6±2.1) Ma(MSWD = 1.17)；12 个锆石核部的测点获得了 223.0~232.4 Ma 的 $^{206}Pb/^{238}U$ 年龄，加权平均年龄为 (228.1±2.3) Ma(MSWD = 1.60)[图 3-4(c)、(d)]。富晶体流纹英安岩的 13 个锆石边部测点获得了 204.8~217.8 Ma 的 $^{206}Pb/^{238}U$ 年龄，加权平均年龄为 (213.2±2.3) Ma(MSWD = 1.50)；8 个锆石幔部的测点获得了 215.0~225.5 Ma 的 $^{206}Pb/^{238}U$ 年龄，加权平均年龄为 (220.0±1.7) Ma(MSWD = 0.95)；5 个锆石核部的测点获得了 227.1~228.7 Ma 的 $^{206}Pb/^{238}U$ 年龄，加权平均年龄为 (227.9±2.9) Ma(MSWD = 0.95)。

所有的锆石 Th/U 值均为 0.47~2.32，表明其为岩浆成因(Belousova et al.，2002)。三种岩石的锆石核部和边部具有相似的 Ti 含量(2.58×10^{-6} ~ 33.6×10^{-6})[图 3-5(a)]。英安玢岩锆石核部具有较高的 Zr/Hf(41.8~67.7) 和 Th/U(0.72~2.32) 及较低的 Yb/Gd(9.55~12.9)；相比之下，锆石核部具有相对较低的 Zr/Hf(39.0~55.9) 和 Th/U(0.54~0.88) 及相对较高的 Yb/Gd(5.06~26.1)[图 3-5(c)、(d)]。贫晶体流纹岩锆石核部具有高的 Zr/Hf(61.1~75.6) 和 Th/U(0.82~1.62) 及低的 Yb/Gd(0.81~11.0)；相比之下，锆石边部具有相对较低的 Zr/Hf(53.2~68.2) 和 Th/U(0.47~1.04) 及相比较高的 Yb/Gd(5.50~15.8)[图 3-5(c)、(d)]。富晶体流纹英安岩锆石幔部和核部具有高且较宽范围的 Zr/Hf(49.3~72.5)、Th/U(0.49~1.64) 及 Yb/Gd(7.63~16.1)；相比之下，锆石边部具有相对更低且范围相对更窄的 Zr/Hf(49.9~67.6)、Th/U(0.55~1.57) 及 Yb/Gd(7.44~17.8)[图 3-5(c)、(d)]。所有样品的锆石都具有相似的 $^{176}Hf/^{177}Hf$(0.282437~0.282541) 及 $\varepsilon_{Hf}(t)$ 值(-7.2~-3.5)，对应二阶段模式年龄(T_{DM2})为 1707~1474 Ma(附表 3-6)。

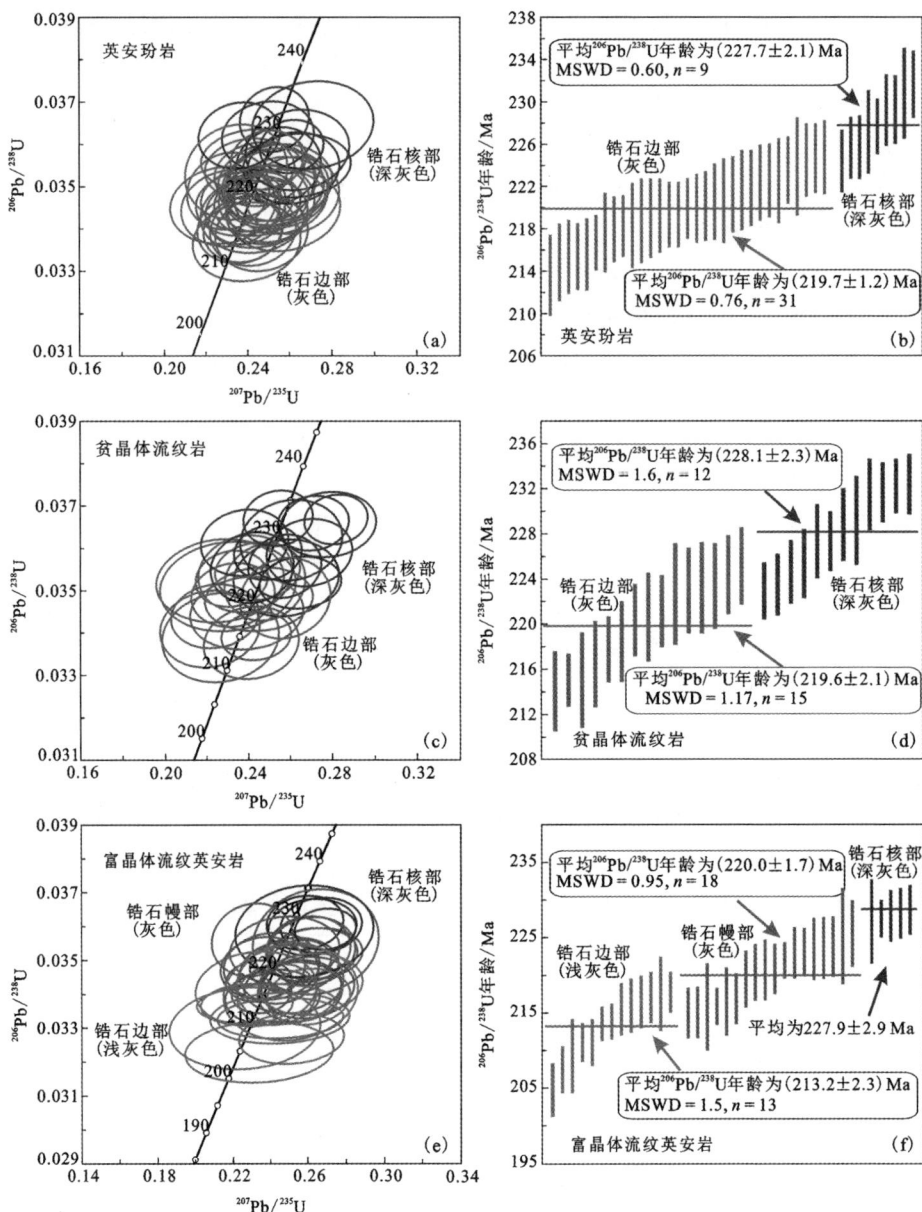

图 3-4　那更(次)火山岩锆石 U-Pb 谐和图及加权平均^{206}Pb/^{238}U 年龄图

扫一扫，看彩图

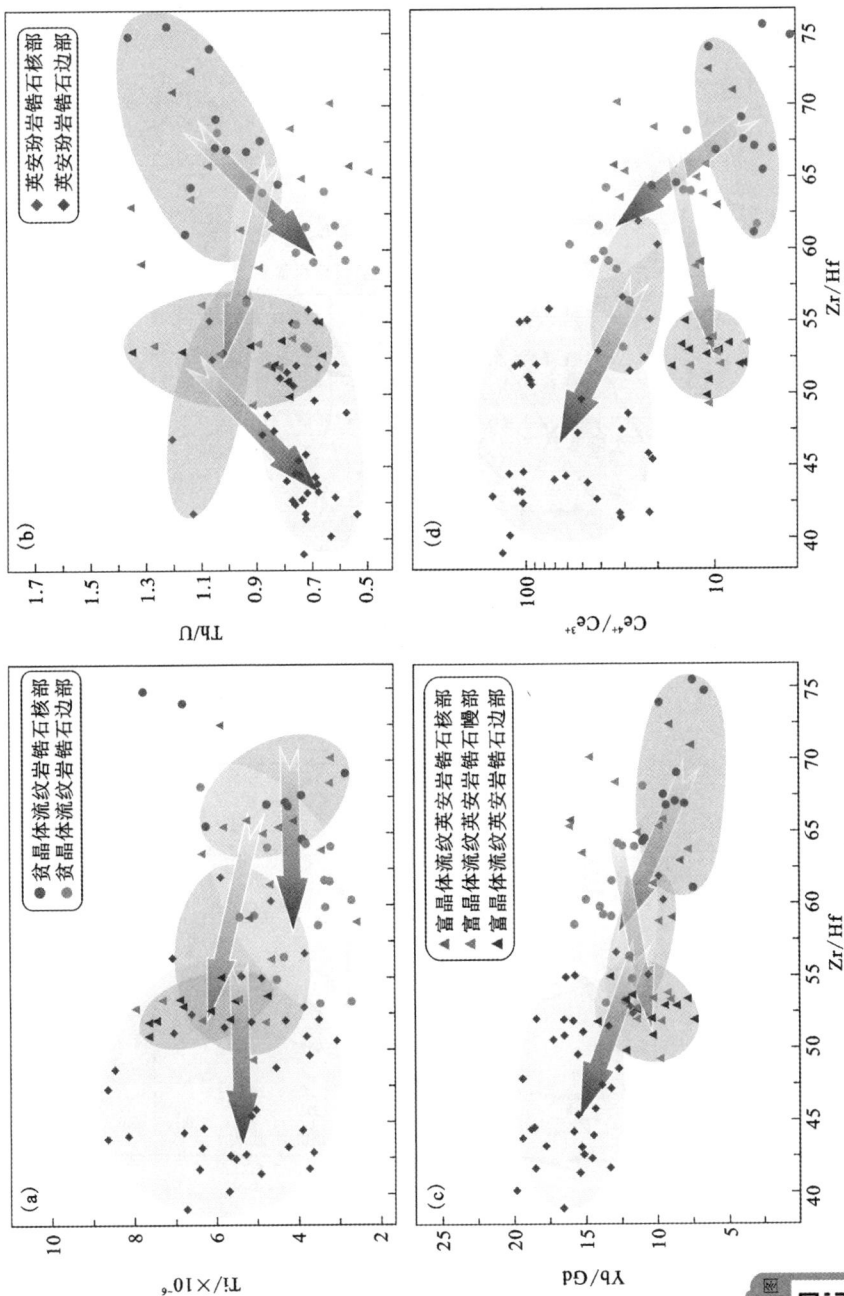

图3-5 那更（次）火山岩锆石微量元素含量及元素比值协变图

(a)Ti-Zr/Hf；(b)Th/U-Zr/Hf；(c)Yb/Gd-Zr/Hf；(d)Ce⁴⁺/Ce³⁺-Zr/Hf。

扫一扫，看彩图

3.4.2 全岩主微量元素

本次采集的样品在 TAS 图解[图 3-6(a)]中落在英安岩、流纹岩两处区域，

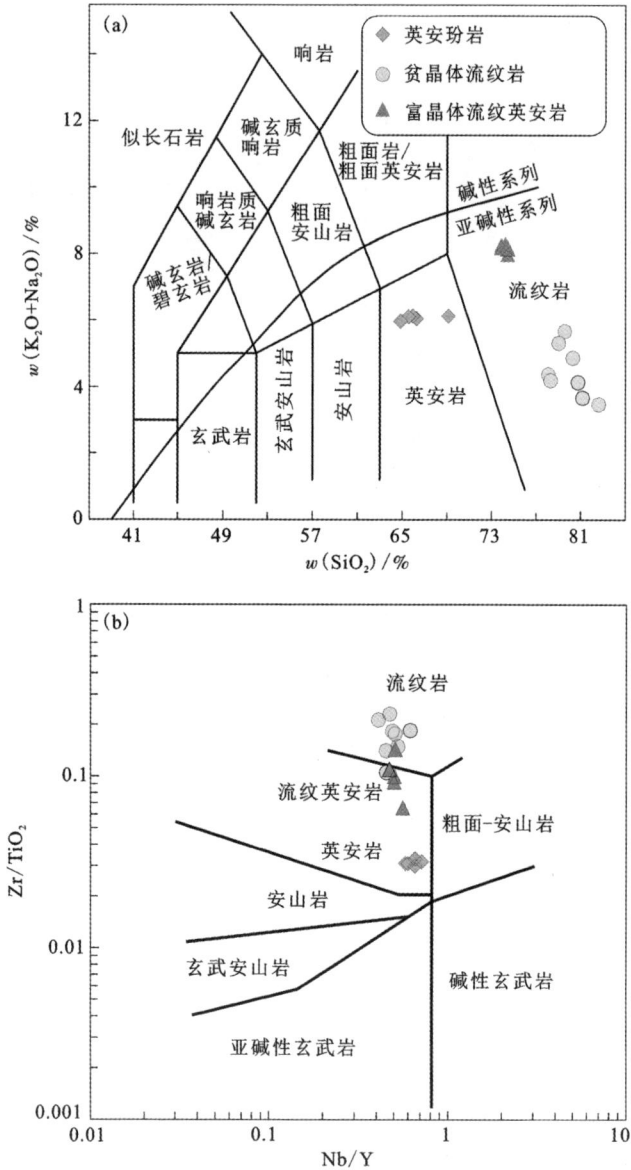

(a)$w(Na_2O+K_2O)$-$w(SiO_2)$(Middlemost，1994)；(b)Nb/Y-Zr/TiO_2(Pearce，1996；Winchester 和 Floyd，1977)。

图 3-6 那更(次)火山岩的岩性判别图

而在用于判别是否存在蚀变作用的 Zr/TiO$_2$-Nb/Y 图解[图 3-6(b)]中落在英安岩、流纹英安岩及流纹岩区域。后面一个图解更可信，因为我们的样品存在不同程度的蚀变。英安玢岩主量元素特征为(本处含量指质量分数)：SiO$_2$ 含量为 60.01%~66.15%、Al$_2$O$_3$ 含量为 14.85%~15.60%、MgO 含量为 1.81%~2.07%、CaO 含量为 0.76%~4.91%、Na$_2$O 含量为 0.13%~0.65% 及 K$_2$O 含量为 5.05%~5.58%。贫晶体流纹岩富 SiO$_2$(74.09%~80.17%)；此外，Al$_2$O$_3$ 含量为 11.32%~13.93%，MgO 含量为 0.13%~0.27%，CaO 含量为 0.08%~1.77%，Na$_2$O 含量为 0.08%~0.18%，K$_2$O 含量为 3.28%~5.42%。相比之下，富晶体流纹英安岩具有更低的 SiO$_2$ 含量(72.05%~73.33%)及相对均一的 Al$_2$O$_3$(13.62%~13.80%)、MgO(0.19%~0.22%)、CaO(0.45%~1.11%)、Na$_2$O(4.00%~4.41%)及 K$_2$O(3.65%~4.03%)含量(附表 3-3)。

所有的样品均具有相似的球粒陨石标准化稀土元素(REE)配分曲线[图 3-7(a)~(c)]，并以富轻稀土元素为特征[(La/Yb)$_N$ = 9.01~14.3]。英安玢岩具有弱负 Eu 异常(δEu = 0.80~0.87)，而贫晶体流纹岩(δEu = 0.57~0.65)和富晶体流纹英安岩(δEu = 0.56~0.61)具有相对较明显的负 Eu 异常[图 3-7(a)~(c)]。在 N-MORB 标准化的蛛网图中，所有的样品均不同程度地亏损 Nb、Ta、P、Ti 和 Sr，但富集 Rb 和 K。

3.4.3　全岩 Sr-Nd-Pb 同位素组成

那更(次)火山岩的全岩 Sr-Nd 同位素组成见附表 3-4。使用 213.2 Ma 的年龄计算三种岩石初始 ^{87}Sr/^{86}Sr(I_{Sr})和 $\varepsilon_{Nd}(t)$ 值。由于贫晶体流纹岩样品具有较高的 Rb/Sr 值(2.80~16.8)，其比英安玢岩(I_{Sr} = 0.70718~0.70892)和富晶体流纹英安岩(I_{Sr} = 0.70965~0.71013)具有更宽范围的 I_{Sr}(0.70137~0.73831)。另外，所有类型的岩石均具有相似的 $\varepsilon_{Nd}(t)$ 值(-9.7~-7.4)，对应的二阶段亏损地幔模式年龄(T_{DM2})为 1729~1528 Ma。

英安玢岩的 Pb 同位素组成(^{206}Pb/^{204}Pb = 18.472~18.533，^{207}Pb/^{204}Pb = 15.594~15.601，^{208}Pb/^{204}Pb = 38.772~38.838)与富晶体流纹英安岩(^{206}Pb/^{204}Pb = 18.498~18.593，^{207}Pb/^{204}Pb = 15.610~15.647，^{208}Pb/^{204}Pb = 38.700~38.941)的 Pb 同位素组成类似(图 3-8)。尽管贫晶体流纹岩有更多的放射性铅同位素，但三种岩石的 Pb 同位素数据投影点在 ^{207}Pb/^{204}Pb-^{206}Pb/^{204}Pb 和 ^{208}Pb/^{204}Pb-^{206}Pb/^{204}Pb 图上仍呈线性趋势[图 3-8(g)、(h)]。

3.4.4　岩浆结晶温度和氧逸度

英安玢岩锆石核部 T_{zircTi}(692~828℃，平均 730℃)和边部 T_{zircTi}(672~787℃，平均 721℃)相似。同样，贫晶体流纹岩锆石核部 T_{zircTi}(667~761℃，平均

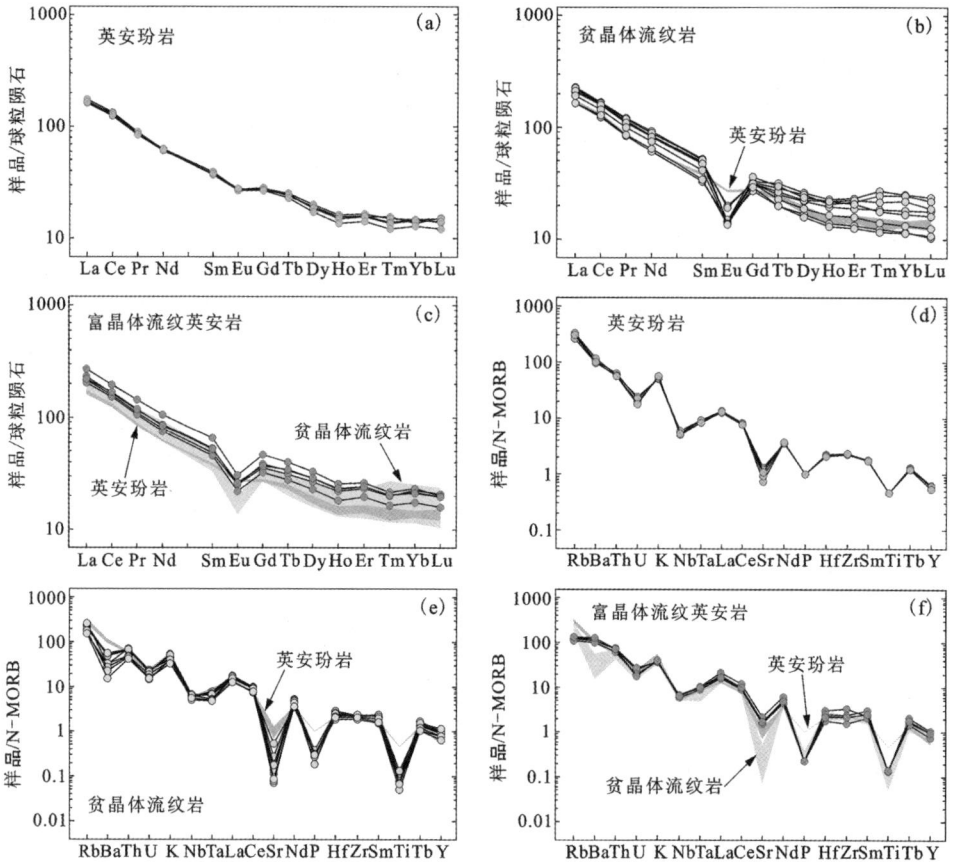

图 3-7 那更英安玢岩、贫晶体流纹岩和富晶体流纹英安岩的球粒陨石
标准化 REE 曲线图和正常大洋中脊玄武岩标准化多元素蛛网图

球粒陨石和正常大洋中脊标准化数值分别据 Sun 和 McDonough(1989)和 Saunders 和 Tarney(1984)。

714℃)和边部 T_{zircTi}(663~737℃,平均 693℃)含量相似。然而,富晶体流纹英安岩锆石核部 T_{zircTi}(711~754℃,平均 734℃)比边部 T_{zircTi}(660~784℃,平均 719℃)略高一些。

英安玢岩的锆石核部 Ce^{4+}/Ce^{3+}(5.31~41.0,平均 22.1)高于边部 Ce^{4+}/Ce^{3+}(5.96~257,平均 77.6)。同样,贫晶体流纹岩的锆石核部 Ce^{4+}/Ce^{3+}(5.31~41.0,平均 22.1)高于边部 Ce^{4+}/Ce^{3+}(5.96~257,平均 77.6)。然而,富晶体流纹英安岩锆石核部 Ce^{4+}/Ce^{3+}(5.49~33.8,平均 15.0)向边部 Ce^{4+}/Ce^{3+}(7.05~33.7,平均 13.0)具有下降的趋势。

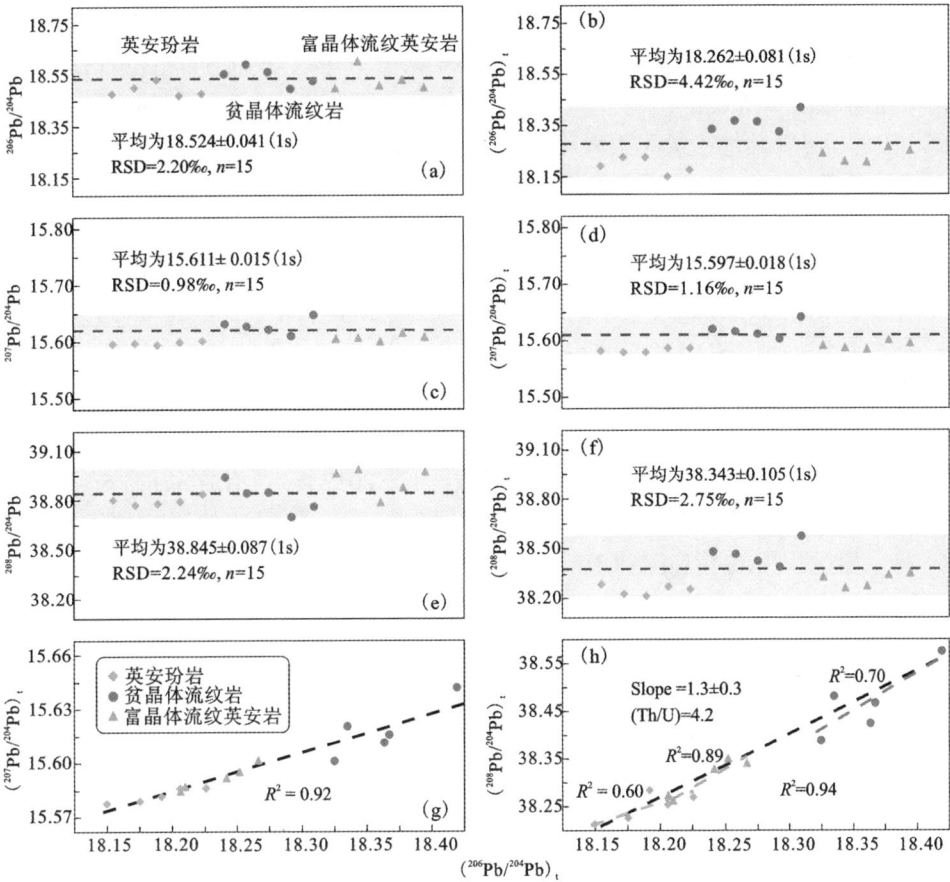

那更(次)火山岩：(a) $^{206}Pb/^{204}Pb$ 测试值分布；(b) 初始($^{206}Pb/^{204}Pb$)$_t$ 分布；
(c) $^{207}Pb/^{204}Pb$ 测试值分布；(d) 初始($^{206}Pb/^{204}Pb$)$_t$ 分布；(e) $^{208}Pb/^{204}Pb$ 测试值分布；
(f) 初始 $^{208}Pb/^{204}Pb$ 分布；(g)($^{207}Pb/^{204}Pb$)$_t$-($^{206}Pb/^{204}Pb$)$_t$；(h)($^{208}Pb/^{204}Pb$)$_t$-($^{206}Pb/^{204}Pb$)$_t$。

图 3-8　那更(次)火山岩样品 Pb 同位素分布及二元协变图

3.5　讨论

3.5.1　热液蚀变对全岩元素和同位素组成的影响

蚀变矿物(如绿帘石、绢云母等)的存在以及较高含量的烧失量(LOI)指示，所有的样品均经历了不同程度的蚀变作用。因此，需要考虑蚀变作用对那更样品元素和同位素组成的影响。利用主量元素与风化指数[CIW $=n($ Al$_2$O$_3$)$/n($ Al$_2$O$_3$+CaO+Na$_2$O)]的二元图解来判断蚀变程度(Harnois, 1988)。英安玢岩中的 SiO$_2$ 含量与 CIW 呈正相关关系,指示蚀变作用造成了一定程度的 SiO_2 富集[附图 3-1(a)]。因为所有的主量元素氧化物都标准化到了 100%,并且 SiO_2 含量占所有主量元素含量的 50% 以上,如果 SiO_2 含量增加了,那么其他主量元素的含量将会下降,因此,尽管其他主量元素氧化物(例如 Na_2O、K_2O、CaO 等)与 CIW 并不呈明显线性关系[附图 3-1(b)~(d)],但也有可能也受到蚀变作用的影响。富晶体流纹英安岩中的 Na_2O 和 K_2O 含量与 CIW 呈负相关关系,说明蚀变作用可能造成了一定程度的 Na_2O 和 K_2O 亏损。所有的样品中 CaO 含量与 CIW 均呈负相关关系,表明蚀变作用对 CaO 造成了不同程度的亏损[附图 3-1(d)]。尽管三种岩石总体元素组成主要受岩浆房过程的控制,但需要谨慎利用这些主要元素来解释岩石成因。

Sr 和 Nd 同位素与 CIW 的二元协变图解可以用来判断蚀变作用对 Sr-Nd 同位素组成的影响(Ma et al., 2010;Meng et al., 2012)。所有样品的 $^{87}Sr/^{86}Sr$ 与 CIW 均呈线性关系,表明蚀变作用对 Sr 同位素有一定程度的影响[附图 3-1(e)]。相反,$^{143}Nd/^{144}Nd$ 与 CIW 不呈线性关系[附图 3-1(f)],表明可以利用 Nd 同位素来示踪岩浆来源。

利用不活泼的 Zr 元素与较活泼的元素(例如 Rb、Sr)的二元关系图,可以判定蚀变对这些元素的影响(Polat et al., 2002;Wang et al., 2010)。不活泼的稀土元素(如 Sm 和 Nd)、高场强元素与 Zr 呈较好的线性关系[附图 3-2(a)~(e)],表明这些元素未受蚀变的影响。英安玢岩和富晶体流纹英安岩的碱性元素(如 Rb)和碱土金属(如 Sr)与 Zr 呈较好的线性关系,而流纹岩则无明显线性关系[附图 3-2(f)~(g)],表明蚀变改变了流纹岩中 Rb、Sr 原有的成分。英安玢岩中的 Ba 和 Zr 也无线性关系[附图 3-2(h)],表明其中的 Ba 也受到了蚀变影响。

3.5.2 火山岩-侵入岩的成因联系和岩浆来源

英安玢岩、贫晶体流纹岩及富晶体流纹英安岩具有相似的球粒陨石标准化配分曲线[图 3-7(a)~(c)]、高场强元素亏损、大离子亲石元素富集[图 3-7(d)~(f)]的特征,这暗示三种岩石具有潜在的成因联系。鉴于三种岩石具有相近的成岩年龄(图 3-4)和低 U/Pb 值(0.04~0.16),测试的 Pb 同位素组成可以用来估计三者是否同源。尽管是利用传统的 Pb 标准矿物法而非更精确的双峰法(Hamelin et al., 1985;Rudge et al., 2009;Woodhead et al., 1995)进行 Pb 同位素测试,但三种岩石的 Pb 同位素测试值仍然具有较窄的分布范围[$^{206}Pb/^{204}Pb = 18.493 \sim 18.605$;$^{207}Pb/^{204}Pb = 15.594 \sim 15.607$;$^{208}Pb/^{204}Pb = 38.781 \sim 38.988$;图 3-8(a)(c)(e)]。15 个测试样品的 RSD 值(n 次重复测试的再现性)计算产生了微小的偏差[$^{206}Pb/^{204}Pb$:2.20‰;$^{207}Pb/^{204}Pb$:0.98‰;$^{208}Pb/^{204}Pb$:2.24‰;图 3-8(a)(c)(e)],指示存在较均一的同位素源区。

　　因为 Pb 同位素初始值计算是将放射性 Pb 同位素组成从现今的 Pb 同位素组成中扣除，而放射性 Pb 同位素组成的计算需要用 ICP-MS 方法测试的 U、Th 含量，这种测试方法的精度只优于 10%（大部分元素优于 5%），因此，尽管所有样品的初始值都有稍宽范围的分布，但并不能排除同源岩浆。三种岩石的 $(^{207}Pb/^{204}Pb)_t$-$(^{206}Pb/^{204}Pb)_t$ 图 [图 3-8 (g)] 和 $(^{208}Pb/^{204}Pb)_t$-$(^{206}Pb/^{204}Pb)_t$ 图 [图 3-8 (h)] 具有粗略的线性关系，但用 Isoplot 3.0 (Ludwig, 2003) 处理并不能产生有效的年龄值，这是因为测试精度的高要求导致 Pb-Pb 等时线法通常适用于年龄大于 1.0 Ga 的岩石，而不适用于年轻（< 1.0 Ga，特别是显生宙）的样品 (Connelly et al. , 2017; Connelly 和 Bizzarro, 2016; Li et al. , 2009)；地壳的岩石只在有足量的能被精确测定的放射性 Pb 同位素时才可以利用 Pb-Pb 等时线法 (Connelly et al. , 2017; Connelly 和 Bizzarro, 2016; Jahn 和 Cuvellier, 1994)。贫晶体流纹岩、富晶体流纹英安岩的 Pb 同位素组成在 $(^{208}Pb/^{204}Pb)_t$-$(^{206}Pb/^{204}Pb)_t$ 图 [图 3-8 (h)] 中分别有不同的斜率（0.8、1.6 及 1.4）及不同的 R^2 值（0.60、0.70 及 0.89），因此，英安玢岩、贫晶体流纹岩、富晶体流纹英安岩总体的线性特征或许为岩浆侵位时的混合线，且没有隐含有效年龄。然而，该图中所有样品投影点的总体趋势线有更高的 R^2（0.94），这暗示三种岩石具有相同的岩浆来源 (Connelly et al. , 2017; Connelly 和 Bizzarro, 2016; Li et al. , 2009)。利用锆石 U-Pb 年龄（220 Ma）和 $(^{208}Pb/^{204}Pb)_t$-$(^{206}Pb/^{204}Pb)_t$ 图 [图 3-8 (h)]，以及三种岩石的总体斜率（1.3），我们推断 Th/U 值为 4.2，介于中下地壳（5.0~6.0）和上地壳（3.9）之间 (Rudnick et al. , 2003)。值得注意的是，因为 U 在水岩反应中比 Th 更活泼，从而导致 U 强烈富集，所以那更地区大规模的流体活动会使得 Th/U 值变小 (Ayers, 1998; Li 和 Jiang, 2014; Plank 和 Langmuir, 1998)。此外，Nd-Hf 同位素证据更支持那更（次）火山岩来源于下地壳的结论。

　　三种岩石的 $\varepsilon_{Nd}(t)$ 值分布范围较窄（-9.1~-7.4），并且与东昆仑具有下地壳来源的 I 型花岗岩类 $\varepsilon_{Nd}(t)$ 值重叠 (Chen et al. , 2007; Xiong et al. , 2014; Zhang et al. , 2006)（图 3-9）。另外，三种岩石的 $\varepsilon_{Hf}(t)$ 值（-7.2~-3.5）与这些花岗岩类的锆石 $\varepsilon_{Hf}(t)$ 值（-9.0~-3.2）也一致 (Li et al. , 2018; Xiong et al. , 2012; 2014)（图 3-10）。三种岩石的锆石 Hf 二阶段模式年龄为 1.7~1.5 Ga，而东昆仑新生下地壳部分熔融演化来的花岗岩类锆石 Hf 二阶段模式年龄为 1.4~1.1 Ga (Chen et al. , 2021; Hu et al. , 2016; Huang et al. , 2014; Xiong et al. , 2016; Zhou et al. , 2020)，指示三种岩石的岩浆源区均为古老下地壳。

　　为了更好地理解三种岩石类型的成因，需要考虑大地构造背景。东昆仑的区域地质主要与和原特提斯和古特提斯演化相关的长期俯冲、增生、碰撞事件有关 (Wu et al. , 2019; Yu et al. , 2020)。主要的研究区域位于东昆仑北部，此区主要经历了两期造山事件，分别与原特提斯清水泉弧后盆地（450~370 Ma）和古特提

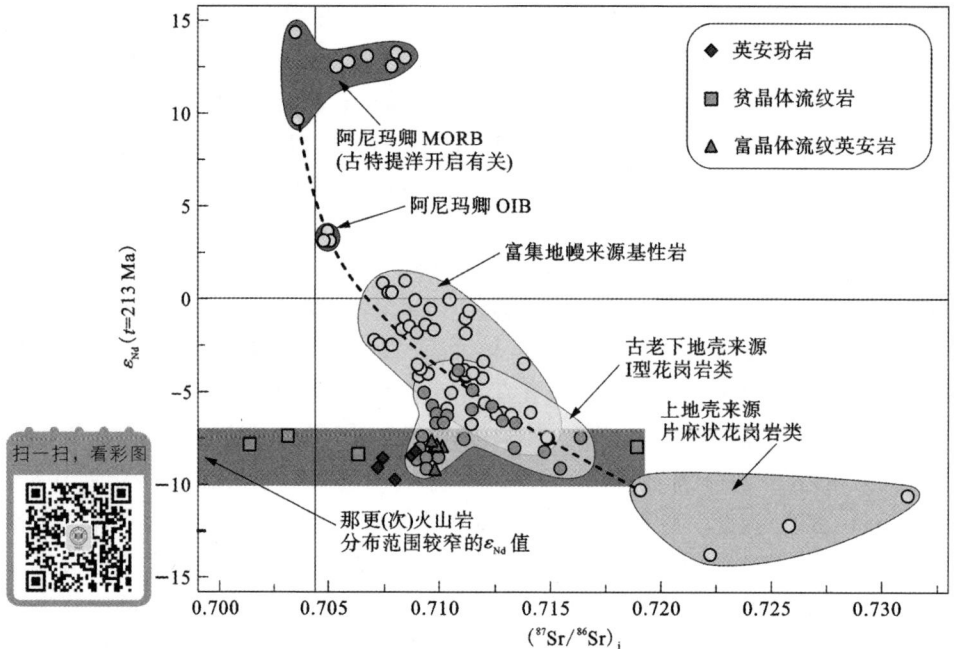

图 3-9 那更(次)火山岩 $\varepsilon_{Nd}(t)$-$({}^{87}Sr/{}^{86}Sr)_i$ 二元协变图

资料来源：阿尼玛卿洋中脊玄武岩和洋岛玄武岩来自 Bian et al.(2004)和 Guo et al.(2007)；上地壳来源片麻状花岗岩来自 Chen et al.(2007)，Ba et al.(2012)和 Yu et al.(2005)；古老下地壳来源 I 型花岗岩来自 Chen et al.(2007)，Xiong et al.(2014)和 Zhang et al.(2006)；富集地幔来源基性岩来自 Hu et al.(2016)，Liu et al.(2017,2012)和 Xiong et al.(2019,2011)。

斯阿尼玛卿洋演化(270~200 Ma)相关(Yu et al.，2020)。晚泥盆世至中二叠世岩浆岩非常缺乏，并且发育石炭纪至二叠纪海相沉积物，这表明 370~270 Ma 为岩浆作用休眠期(图 3-11)。此后，在约 270 Ma，阿尼玛卿洋壳板片开始向东昆仑板片下俯冲(Liu et al.，2014；Yu et al.，2020)。此俯冲过程发生的时间为270~240 Ma，在约 240 Ma 前，古特提斯阿尼玛卿洋关闭，发生了巴颜喀拉地块和东昆仑的碰撞作用(Li et al.，2018；Xia et al.，2017)。尽管东昆仑北部主要发育 I 型花岗岩类和与其对应的火山岩序列(228~210 Ma)，但是同样也发育同时代的与伸展作用有关的埃达克和 A 型花岗岩类，指示了后碰撞环境(Chen et al.，2019；Ding et al.，2014；Hu et al.，2016；Xia et al.，2014；Xiong et al.，2014)。研究者普遍认为东昆仑在同碰撞阶段发生了下地壳的加厚作用(Chen et al.，2013；Xia et al.，2014；Xiong et al.，2014)。加厚下地壳的后碰撞拆沉作用可能会引起岩石圈地幔的减压熔融，形成大量玄武质岩浆(Chen et al.，2019；Rey et al.，2001；Xia et al.，2014)。玄武质岩浆的上涌可能会引起潜没加厚下地壳的部

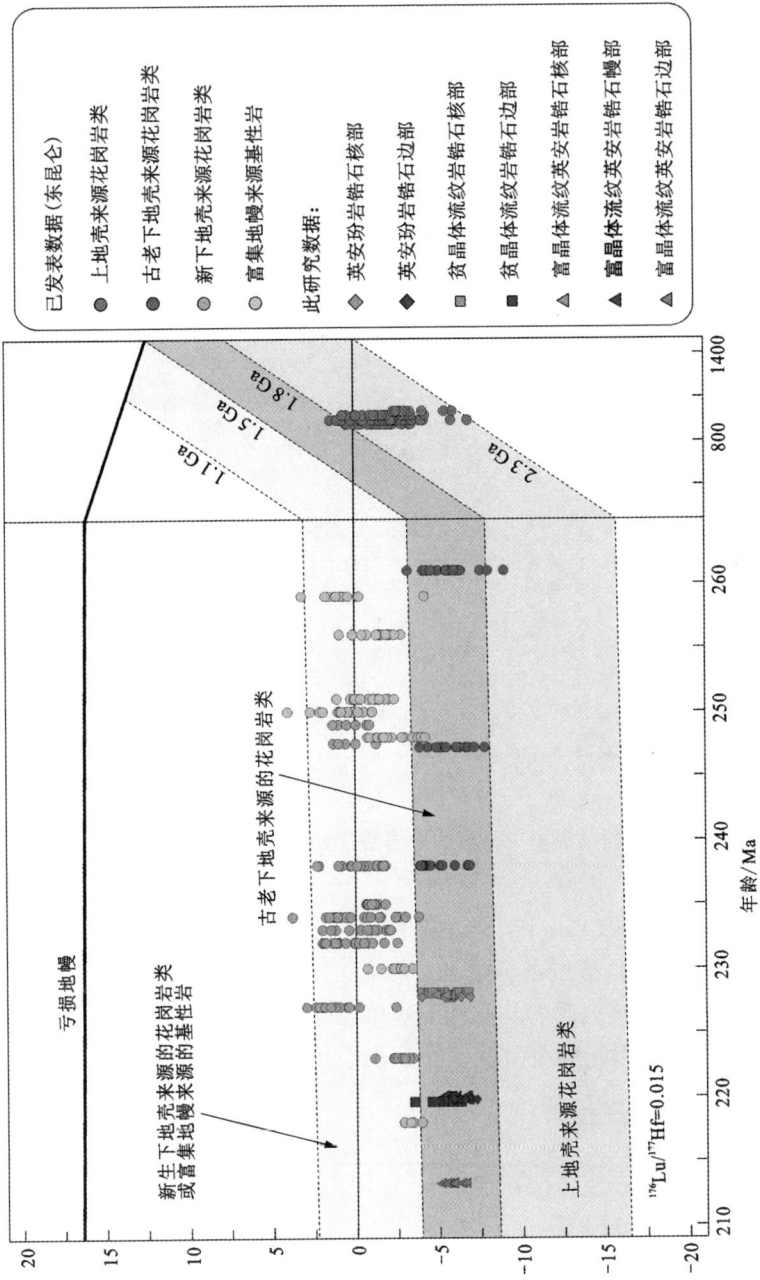

图3-10　那更（次）火山岩的锆石 $\varepsilon_{Hf}(t)$ 和U–Pb年龄二元协变图

上地壳来源花岗岩类来自He et al.(2018，2016)；古老下地壳来源花岗岩类来自Chen et al.(2007)，Xiong et al.(2014)和Zhang et al.(2006)；新生下地壳来源的花岗岩类来自Chen et al.(2021)，Hu et al.(2016)，Huang et al.(2014)，Xiong et al.(2016)和Zhou et al.(2020)；富集地幔来源的基性岩来自Liu et al.(2012)和Xiong et al.(2019，2011)。

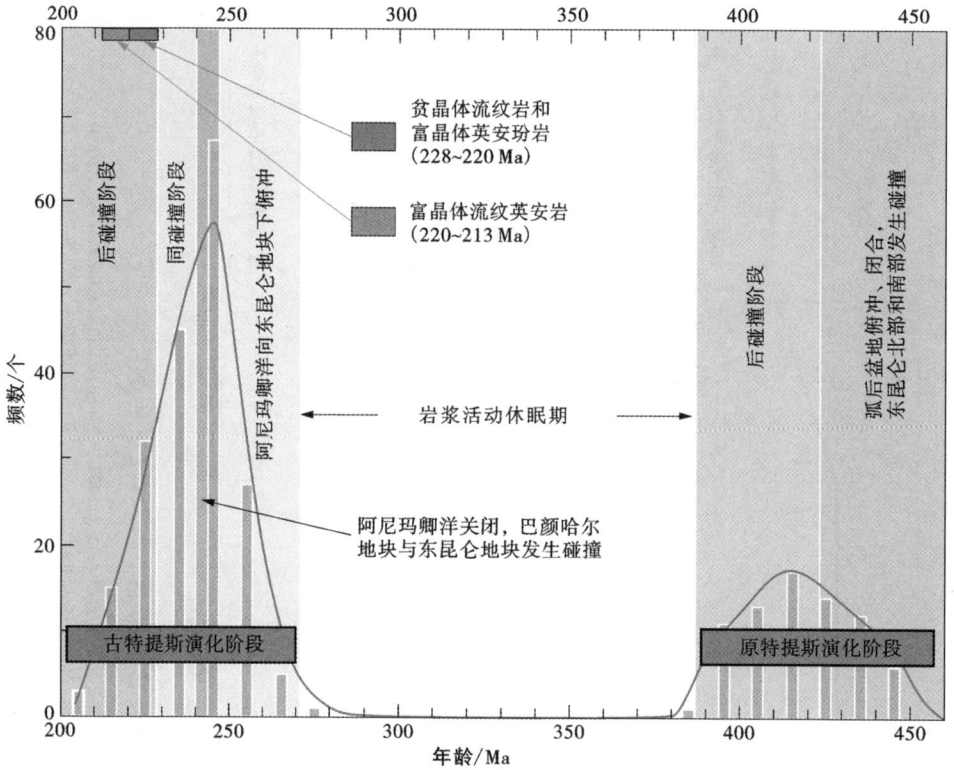

图 3-11 东昆仑北部的侵入岩及那更(次)火山杂岩锆石 U-Pb 年龄直方图和概率密度曲线

分熔融,形成埃达克质岩浆(Castillo,2012;Hou et al.,2004)。而由拆沉后的玄武质岩浆底侵导致残余下地壳的部分熔融,形成了 I 型和 A 型花岗岩类(Chen et al.,2013)。由于那更(次)火山岩与这些 I 型和 A 型花岗岩类具有相同的形成时代和元素、同位素特征,因此那更(次)火山岩极有可能为上述形成机理。

3.5.3 喷发前岩浆房过程

英安玢岩、贫晶体流纹岩的锆石核部[分别为(227.7±2.1)Ma 和(228.1±2.3)Ma]和边部[分别为(219.7±1.2)Ma 和(219.6±2.1)Ma]具有较大的年龄差异(约 8 Myr),并且此时间尺度远大于分析不确定度[1.2~2.3 Myr;图 3-4(a)~(d)],指示喷发前经历了较长的岩浆储存时间。英安玢岩和贫晶体流纹岩中的锆石均具有相同的核边年龄、阴极发光颜色和内部结构,表明这些锆石具有共同的结晶历史,即在同一个岩浆房中结晶[图 3-3(a)、(b)]。这些锆石从核部到边部的 Zr/Hf、Yb/Gd、Ce^{4+}/Ce^{3+} 等值均具有增加趋势,而 Th/U 值具有下降趋势

［图 3-5（b）~（d）］，也说明了这些锆石具有共同的岩浆房演化历史。然而英安斑岩和贫晶体流纹岩的主量元素含量（如 SiO_2 质量分数分别为 74%~80% 和 60%~66%）和晶体含量（体积分数分别约为 5% 和 40%）具有明显差异，表明它们分别代表从晶粥中抽取的熔体和残余体（Bachmann 和 Berganz，2004；Huber et al.，2012；Lubbers et al.，2020），此过程的具体机理为：岩浆（熔体+晶体）混合物黏度主要受晶体含量的制约（Costa，2005；Marsh，1981）；当岩浆冷却过程中晶体体积分数达到 40% 时，熔体和晶体大致分离且岩浆房中的对流作用受到抑制（Bachmann 和 Berganz，2004）；由于重力驱动的晶体间隙挤压力，晶体间隙熔体排出可形成接近于岩浆房顶部的贫晶体熔体层（Bachmann 和 Berganz，2004；Holness，2018）。然而富晶体英安斑岩的负 Eu 异常［图 3-7（b）］等特征表明其为岩浆房的冷却前端，而非岩浆房底部的堆晶层（Forni et al.，2016；Gelman et al.，2014；Marsh，2002，1996；Masotta et al.，2016）［图 3-12（a）］。贫晶体流纹岩和英安斑岩的锆石 Ti 含量和 Ce^{4+}/Ce^{3+} 值的差异［图 3-5（a）、（d）］反映了岩浆房物理化学条件的不均一性。

在熔体提取形成贫晶体流纹岩后，发生了残余堆晶体的活化作用，形成了富晶体流纹岩。具体理由为：（1）流纹英安岩的继承锆石核部（约 220 Ma）重新结晶了较年轻的边部（约 213 Ma）［图 3-3（c）］；（2）从英安斑岩到富晶体流纹英安岩具有长石和角闪石等矿物的继承性，大多长石和角闪石均具有溶解再结晶现象［图 3-3（a）~（c），（g）~（i）］。锆石核部和边部的年龄差距揭示了约 7 Myr 的喷发前活化历史。富晶体流纹英安岩的低 T_{ZircTi}（660~787℃，平均 724℃）接近于富水花岗质岩浆的固相线（650~700℃）（Ackerson et al.，2018；Holtz et al.，2001；Holtz 和 Johannes，1994；Szymanowski et al.，2017），表明岩浆储库的温度从流纹质熔体的抽取到晶粥再活化期间一直保持在固相线附近。

通常认为温度更高更基性的岩浆是导致残余晶粥体活化的主要原因（Forni et al.，2016；Klaver et al.，2018；Lubbers et al.，2020；Wolff et al.，2020）。然而基本可以排除升温活化机制，理由在于：（1）所有研究的岩石中都没有潜在提供热源的直接证据（如基性包体）；（2）这些岩石锆石的核部和边部具有相似的锆石 Ti 温度［图 3-5（a）］；（3）锆石的边部和核部具有相近的 Th/U、Yb/Gd、Zr/Hf 值，而如果是基性岩浆的注入会导致锆石边部具有更高的 Th/U、Yb/Gd、Zr/Hf 值（Barth et al.，2012；Claiborne et al.，2010b；Kaiser et al.，2017；Reid et al.，2011；Schmitt et al.，2017）。

虽然普遍认为是东昆仑后碰撞阶段加厚下地壳折沉作用引发了下地壳的减压熔融（Chen et al.，2019；Dong et al.，2018；Wu et al.，2021；Xia et al.，2014；Xin et al.，2019），但是加入流体使熔融温度降低的过程更可能是诱发残余晶粥体的再活化机制（Berger et al.，2008；Tatsumi，2001；Wolff et al.，2013）。热动力

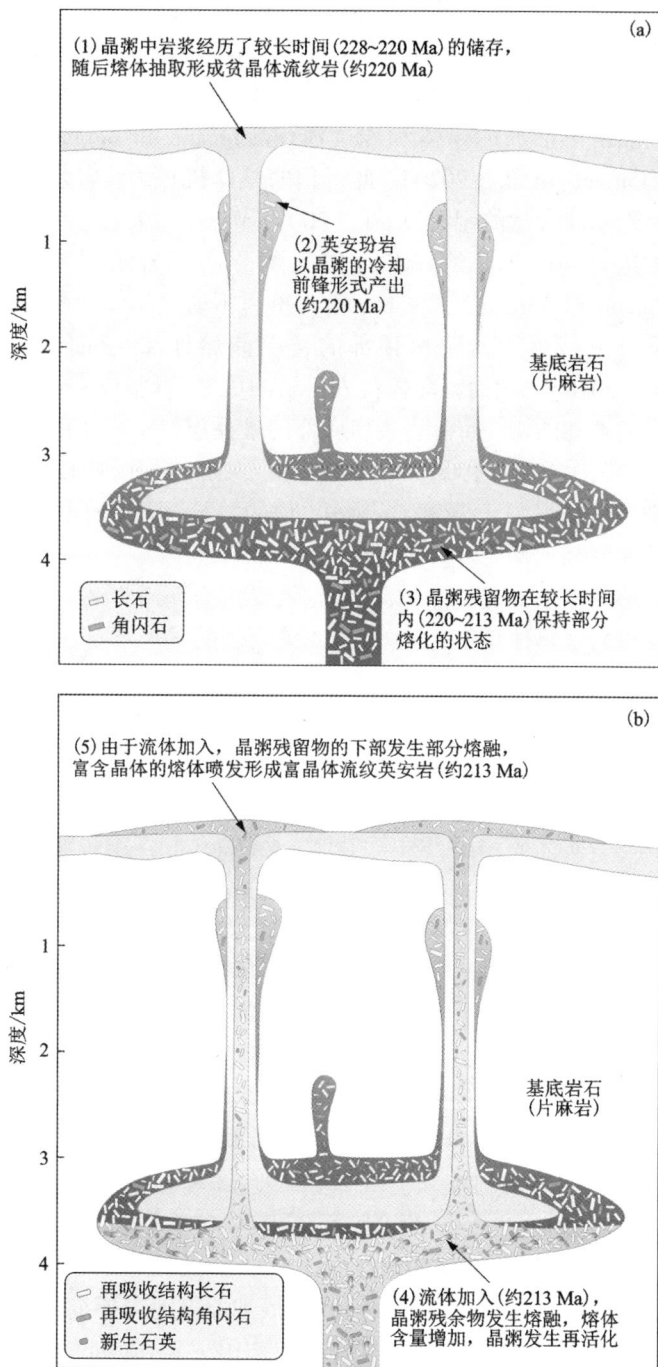

图 3-12 那更(次)火山岩的岩浆房作用过程

学模拟表明流体加入可以导致已部分固结残余晶粥体的近等温熔融(Boudreau, 1999;Kawamoto et al.,2012;Taniuchi et al.,2020)。同时,大量流体的加入活化处于岩浆活动停滞状态的晶粥体,形成了那更富晶体流纹英安岩,理由在于:(1)在(次)火山岩中存在大量含矿热液石英脉和方解石脉(Chen,2019;Yang et al.,2017)[图 3-1(c)];(2)这些热液脉中的热液锆石(约 215Ma)(武亚峰,2019)与富晶体流纹英安岩中的岩浆锆石(约 213Ma)具有一致的年龄;(3)以往石英 H-O 同位素和硫化物 S 同位素及矿物共生组合研究表明,这种流体和挥发分 S 为岩浆来源,并且和(次)火山岩浆体系密切相关(Chen et al.,2020;Li 和 Li,2017;Yang et al.,2017);(4)虽然流体包裹体研究表明,地表系统的这些岩浆热液脉体具有较低的温度,但是在演化初期的深部,这些岩浆热液处于可以活化残余晶粥体的高温状态,当上升到达地表裂隙系统与天水混合后才冷却沉淀下来(Chen et al.,2022,2020),此过程与深部高温斑岩体系向上覆浅成低温热液体系的转换过程具有相似的演化机理(Hedenquist et al.,1998;Heinrich,2005;Sillitoe 和 Hedenquist,2005);(5)富晶体流纹英安岩从锆石核部向边部的 Ce^{4+}/Ce^{3+} 值具有下降的趋势,这也与还原性流体的加入导致岩浆热液氧逸度下降有关(Ballard et al.,2002;Burnham 和 Berry,2014)。另外低硫化态的硫化物组合(如磁黄铁矿、富铁闪锌矿、毒砂、黄铁矿等)缺少硫酸盐,且在流体包裹体中发现了富 CH_4、C_2H_6 和 H_2 的流体包裹体,这些都能指示热液还原性的证据与富晶体流纹英安岩 Ce^{4+}/Ce^{3+} 值的下降具有较强的耦合性(Chen,2019;Kadik,2004;Peng,2021;Song et al.,2009)。

利用 MELTs-Excel 程序(Gualda et al.,2012;Gualda 和 Ghiorso,2015)对晶粥体熔体成分与结晶温度和含水量的关系进行了模拟。此方法能较好地评估含水量对岩浆储存体系中的岩浆成分的影响,并预测潜在喷发活动。模拟的物理化学参数假定为 2 kbar(1 bar=0.1 MPa)、ΔNNO=0、1020~780℃,并在平衡条件和特定温度下计算熔体 SiO_2 含量和含水量。英安玢岩 DP-5 的全岩成分作为晶粥体系的初始化学成分;所有岩石样品的平均锆饱和温度(820℃)定义为模拟平衡温度(附表 3-3 和附表 3-7)。因此,模拟过程需要使晶粥演化产生 $w(SiO_2)$>70%、820℃平衡温度的富晶体流纹英安岩。结果表明,晶粥的初始熔体含水量在 820℃时为 1%~2%。然而,如果需要获得与富晶体流纹岩成分相似的熔体,相应的含水量应为 3.9%(附表 3-7)。因此,与富晶体英安玢岩成分对应的初始晶粥需要加入约 2%的水才能产生足量的熔体形成富晶体流纹岩。这结果也支持流体加入为导致晶粥再活化的机制。

此外,挥发分(H_2O、C、F 等)在活化残余晶粥的过程中也起到了主要作用。岩石学研究表明,挥发分的存在能大大降低硅酸盐岩石的熔点(Dasgupta 和 Hirschmann,2006;Litasov 和 Ohtani,2010)。前期熔融实验结果也揭示气态 H_2O

(Asimow 和 Langmuir, 2003；Aubaud, 2004；Boudreau, 1999；Katz et al., 2003)、C (Dasgupta et al., 2007；Xu et al., 2020)、F (Mazziotti Tagliani et al., 2012；McCubbin et al., 2011；McPhie et al., 2011)的加入能促进硅酸盐的熔融过程。多种挥发分的共存更有利于硅酸盐的熔融(Dasgupta et al., 2007；Papale, 1999)，而那更含矿热液即富含多种挥发分(如 H_2O、CO_2、F)。主要证据包括：(1)激光拉曼分析揭示了热液脉石英流体包裹体以 H_2O 和 CO_2 为主(Chen, 2019；Chen et al., 2020)；(2)大量的方解石和萤石脉揭示了流体富 CO_2 和 F(附图3-3)。综上所述，那更富挥发分含矿热液可能对残余晶粥的再活化形成富晶体流纹英安岩起到了关键作用。

3.6 结论

(1)那更英安玢岩、贫晶体流纹岩、富晶体流纹英安岩具有相似的 Nd 同位素和锆石 Hf 同位素、球粒陨石标准化稀土元素配分曲线以及 $^{207}Pb/^{204}Pb$、$^{208}Pb/^{204}Pb$ 与 $^{206}Pb/^{204}Pb$ 较好的线性关系，表明这些岩石具有共同的岩浆来源。这些岩石具有亏损的全岩 $\varepsilon_{Nd}(t)$ 值(-9.7~-7.4)和锆石 $\varepsilon_{Hf}(t)$ 值(-7.2~-3.5)以及古元古代的二阶段模式年龄(1707~1474 Ma)，表明岩浆来自古老下地壳。

(2)那更(次)火山岩中的锆石核边年龄差距揭示了长达 15 Myr 的岩浆房过程，包括从初始岩浆就位到贫晶体流纹质熔体提取再到富晶体流纹英安质熔体喷发。

(3)那更(次)火山岩的锆石 Ti 温度计表明，晶粥在岩浆房中长期以近固相线的温度储存。富挥发分岩浆热液流体的加入可能通过降低熔融温度的形式活化了残余晶粥，形成了富晶体流纹英安岩。

第4章 东昆仑古特提斯
俯冲时限及相关岩浆房过程

4.1 引言

岩浆房的性质在火成岩岩石学研究中是关键科学问题(Coleman et al., 2004;
Rubin et al., 2017)。在酸性岩浆作用研究中最有争议的问题是上地壳岩浆房从
就位到冷凝这段过程的时间尺度和热力学演化(Gelman et al., 2013; Kaiser et
al., 2017; Matzel et al., 2006; Reid, 2008; Szymanowski et al., 2017; Vazquez,
2004)。一些学者认为上地壳岩浆房中的岩浆通常为"热"的储存状态,并且在大
于 0.1 Ma 的持续时间里呈间歇性的喷发状态(Annen, 2009; Barboni et al., 2016;
Gelman et al., 2013; Huber et al., 2012);然而另外一些学者认为岩浆通常为
"冷"甚至近固相线的储存状态,更高温、更基性的岩浆注入才能诱发火山喷发
(Cooper 和 Kent, 2014; Szymanowski et al., 2017)。同时,一些学者认为,大陆地
壳中处于部分熔化状态的岩浆房最长持续时间为几万年(Barboni et al., 2015;
Claiborne et al., 2010a; Szymanowski et al., 2017),另一部分学者则认为,其持续
时间可达几百万年甚至更长(Claiborne et al., 2010b; Coleman et al., 2004;
Grunder et al., 2006; Matzel et al., 2006)。

东昆仑造山带经历了长期的造山演化,在示踪古特提斯演化方面获得了广泛
的关注(Bian et al., 2004; Dong et al., 2018; Song et al., 2018; Yu et al., 2020;
Zhao et al., 2019)。前期研究表明,阿尼玛卿古特提斯洋在泥盆纪开启,而目前
关于其向东昆仑地块下面俯冲开始和结束的精确时间仍具有较大的争议。东昆仑
地区在晚石炭世至中二叠世(308~270 Ma)几乎无岩浆活动,并发育了稳定的海
相沉积,表明该段时间东昆仑仍处于稳定大陆边缘环境(Chen et al., 2010; Liu et
al., 2014)。直到约 270 Ma 才逐渐出现岩浆活动,暗示了阿尼玛卿古特提斯洋俯
冲的开始(Liu et al., 2014; Xiong et al., 2014)。然而,由于岩浆活动的年代学可
靠报道较少,因此,目前并未有较好约束俯冲开始的精确时间。此外,有观点认
为,晚二叠世格曲组发育以底部砾岩为特征的磨拉石建造,并与下伏阿尼玛卿蛇

绿混杂岩呈角度不整合接触，表明阿尼玛卿古特提斯洋在中二叠末就已关闭（Chen et al.，2010）。还有观点认为，东昆仑 Maixiu 高镁安山岩（约 234 Ma，$^{40}Ar/^{39}Ar$ 等时线）主要为俯冲沉积物与地幔楔来源的熔体相互作用的产物，这表明阿尼玛卿古特提斯洋在中三叠世仍处于俯冲状态（Li et al.，2013）。

为解决上述问题，对东昆仑那更地区的侵入-火山杂岩进行了全岩地球化学、Sr-Nd-Hf 同位素、锆石 U-Pb 年代学、微量元素地球化学、锆饱和温度以及锆石 Ti 温度计研究。此套侵入岩-火山杂岩包括时空上密切联系的全晶质斑状花岗岩、中粒等粒花岗闪长岩以及（玄武质）安山岩。结构上全晶质斑状结构和等粒结构的显著差异和化学成分上从花岗质向玄武-安山质的过渡变化，暗示这套岩石可能具有成因联系，这使得这套岩石适合研究岩浆房过程和相关构造演化。总体而言，本次研究目标为：

（1）探索侵入岩与火山岩的成因联系和岩浆来源；

（2）探索岩浆房中熔体从就位到完全冷却结晶或喷发前的持续时间和热演化历史；

（3）探索古特提斯俯冲开始和结束的精确时间。

4.2 地质背景

鉴于前面章节已描述过东昆仑和那更地区地质背景，因此本节只作以下简述：

研究区出露地层包括元古界金水口岩群（黑云母/角闪石-斜长片麻岩、石英云母片岩及角闪片岩）、上三叠统鄂拉山组（贫晶体流纹岩、富晶体流纹英安岩及与它们成分对应的火山碎屑岩）、中三叠统闹仓尖沟组（安山岩、玄武安山岩）及第四系沉积物。所研究的侵入杂岩位于那更北西部，包括斑状花岗岩和花岗闪长岩，此侵入杂岩侵位于金水口岩群，并被鄂拉山组火山岩地层覆盖（图 4-1）。围岩主要包括黑云（角闪）斜长片麻岩、石英云母片岩及角闪片岩（Chen et al.，2020）。研究的火山岩位于那更北东部，主要包括近乎同时形成的安山岩和玄武安山岩。

4.3 样品采集及岩相学特征

从钻孔岩芯及地表露头采集了 27 件样品，包括斑状花岗岩（PG1～PG8）、花岗闪长岩（GD1～GD11）、安山岩（AD1～AD4）、玄武安山岩（BA1～BA4），用于全岩元素地球化学分析[图 4-3（c）]。其中，PG4～PG8、GD7～GD11、AD1～AD4、BA1～BA4 等样品同时进行 Sr-Nd 同位素分析；PG1、GD7、AD2、BA2 等 4 件样品也同时进行锆石 U-Pb 定年。

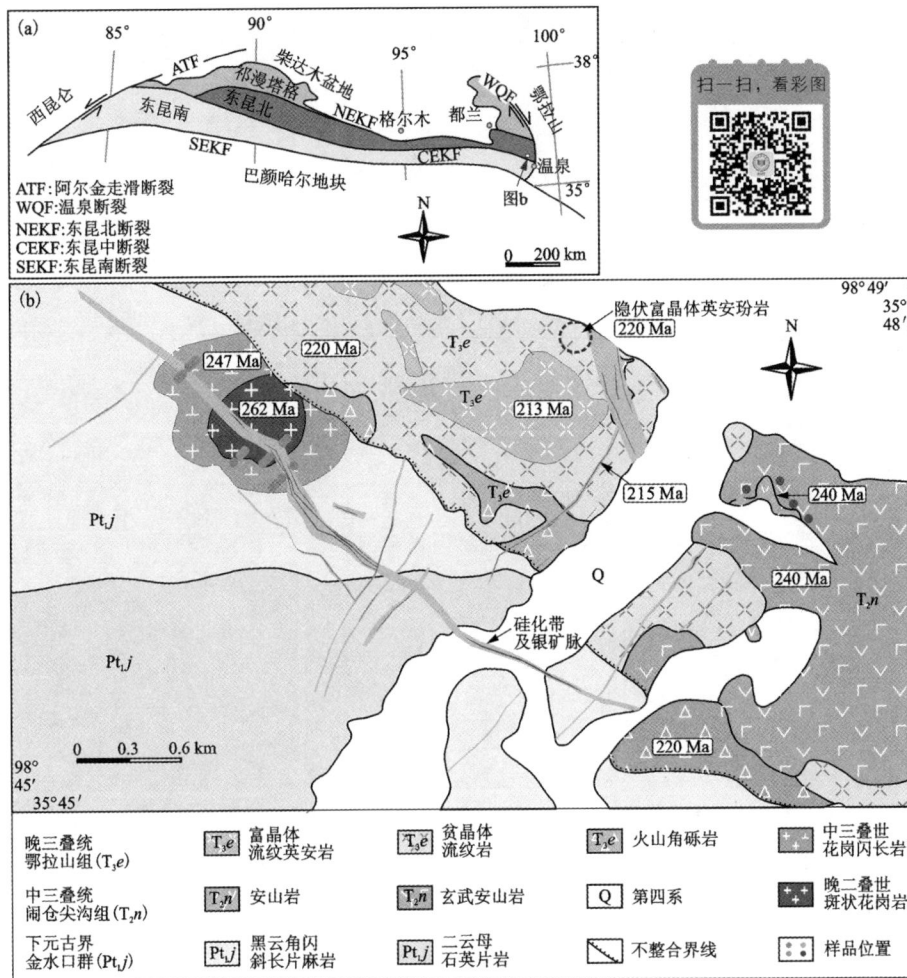

（a）东昆仑构造简图（据 Xia et al.，2015）；（b）那更侵入-火山岩分布及邻近区地质简图。

图 4-1　东昆仑那更地区平面地质图

斑状花岗岩斑晶主要为自形粗粒条纹长石（体积分数为 15%～25%）和微斜长石（体积分数为 10%～15%）[图 4-2（a）]。微斜长石斑晶被斜长石和石英交代[图 4-2（b）]。基质为全晶质，由石英（体积分数为 25%～30%）、斜长石（体积分数为 10%～15%）、正长石（体积分数为 5%～10%）、微斜长石、角闪石组成[图 4-2（c）]。花岗闪长岩为中粒结构[图 4-2（d）]，由斜长石（体积分数为 25%～35%）、石英（体积分数为 15%～25%）、正长石（体积分数为 20%～30%）、黑云母（体积分数为 10%～15%）及角闪石（体积分数为 2%）组成[图 4-2（e）]。花岗闪长岩具有不平衡结构，如一些斜长石具有振荡环带结构[图 4-2（f）]。安山岩样

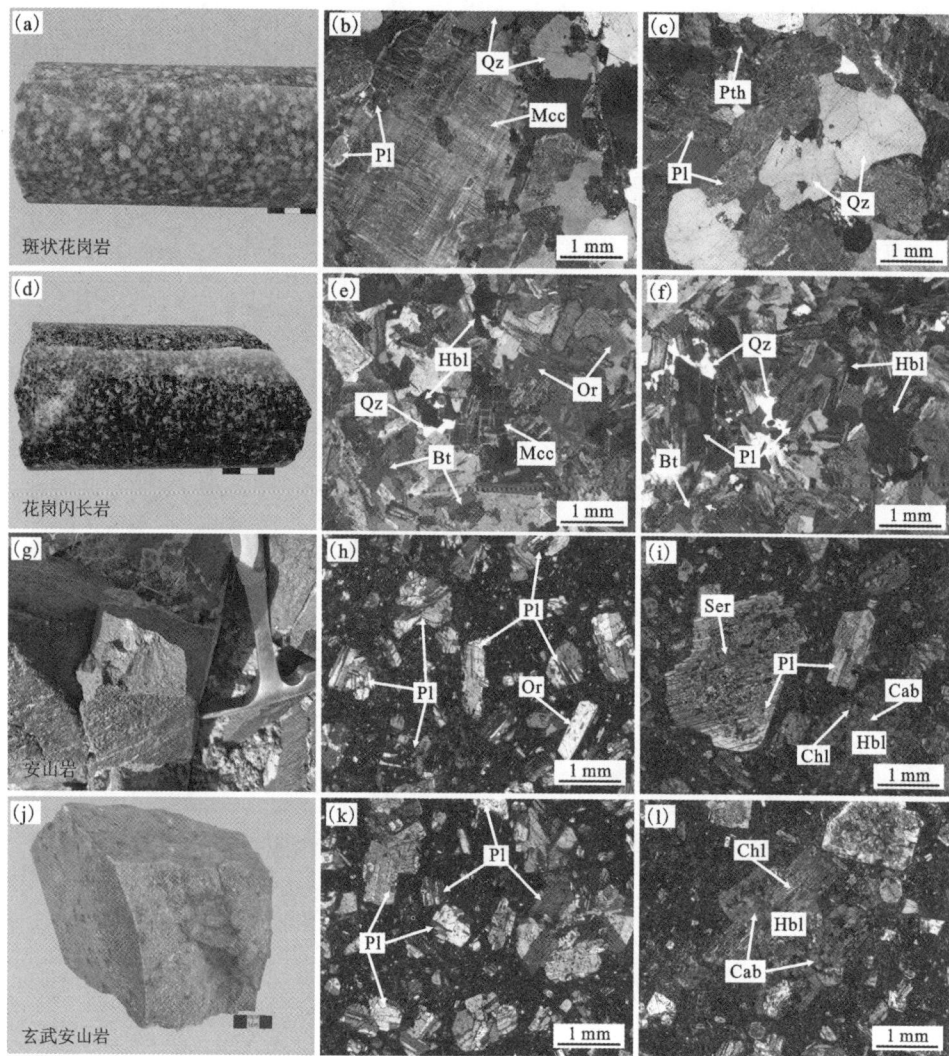

（a）含条纹长石和微斜长石斑晶的斑状花岗岩岩芯；（b）斜长石和石英交代微斜长石斑晶；
（c）条纹长石、斜长石和石英组成的全晶质基质；（d）中粒花岗闪长岩岩芯；
（e）石英、微斜长石、正长石、角闪石和黑云母呈等粒结构；（f）振荡环带结构斜长石；
（g）含斜长石和角闪石斑晶的安山岩样品；（h）（k）斑晶大多为斜长石，次为正长石；
（i）（l）碳酸盐-绿泥石化角闪石斑晶；（j）含斜长石和角闪石斑晶的玄武安山岩。

图4-2　那更侵入-火山岩的岩芯和薄片镜下照片

扫一扫，看彩图

品呈斑状结构,斑晶主要为斜长石(体积分数为 25%~30%)和角闪石(体积分数为 5%~10%),基质为隐晶质[图 4-2(g)、(h)]。一些角闪石斑晶发育碳酸盐化和绿泥石化蚀变[图 4-2(i)]。玄武安山岩样品与安山岩样品具有相似的矿物组成,其长石和角闪石斑晶分别占 35%~40% 和 10%~15%[图 4-2(j)、(k)]。少量角闪石斑晶亦具碳酸盐化和绿泥石化蚀变[图 4-2(l)]。

4.4　结果

4.4.1　锆石 U-Pb 年龄、微量元素及 Hf 同位素

锆石 U-Pb 定年数据见附表 4-1,代表性阴极发光(CL)图像见图 4-3。绝大多数锆石颗粒都具有岩浆成因振荡环带。锆石可以分为两种类型:A 类型,核边年龄一致;B 类型,核边年龄不一致。A 类型的核边年龄和 B 类型的边部年龄一致(附表 4-1 和附表 4-2)。因此,我们将 A 类型锆石的核部和边部数据整合到 B 类型锆石的边部年龄和微量元素数据中,以利于后面的讨论,即后续讨论均是指核部和边部年龄和微量元素均有差异的 B 类型锆石。

所有的锆石颗粒都具有相似的粒径(150~250 μm)和长宽比值(1.5~2.5)(图 4-3)。斑状花岗岩中的锆石 CL 图像颜色为从核部浅灰色过渡到边部灰黑色。然而,来自花岗岩和(玄武)安山岩中的锆石 CL 图像颜色为从核部灰色过渡到边部浅灰色(图 4-3)。

斑状花岗岩的 25 个锆石边部测点获得了 254.8~266.8 Ma 的 ^{206}Pb/^{238}U 年龄,加权平均年龄为(262.4±1.1)Ma(MSWD=1.07);6 个锆石核部的测点获得了 268.1~273.2 Ma 的 ^{206}Pb/^{238}U 年龄,花岗闪长岩 37 个锆石边部测点获得了 240.0~253.8 Ma 的 ^{206}Pb/^{238}U 年龄,加权平均年龄为(247.0±1.3)Ma 的 ^{206}Pb/^{238}U 年龄(MSWD=1.13);7 个锆石核部的测点获得了 253.9~258.0 Ma 的 ^{206}Pb/^{238}U 年龄,加权平均年龄为(255.7±3.0)Ma(MSWD=0.103)[图 4-3(c)、(d)]。安山岩的 13 个锆石边部测点获得了 237.5~245.0 Ma 的 ^{206}Pb/^{238}U 年龄,加权平均年龄为(240.4±1.8)Ma(MSWD=1.01);6 个锆石核部的测点获得了 245.7~251.3 Ma 的 ^{206}Pb/^{238}U 年龄,加权平均年龄为(249.0±2.8)Ma(MSWD=0.33)。玄武安山岩 12 个锆石边部的测点获得了 236.8~243.7 Ma 的 ^{206}Pb/^{238}U 年龄,加权平均年龄为(240.4±1.8)Ma(MSWD=1.18);5 个锆石核部的测点获得了 245.7~249.7 Ma 的 ^{206}Pb/^{238}U 年龄,加权平均年龄为(247.5±2.0)Ma(MSWD=0.51)。

所有的锆石 Th/U 值为 0.54~5.09,表明其为岩浆成因(Belousova et al.,2002)。所有类型的岩石锆石核部和边部都具有相似的球粒陨石标准化稀土元素配分曲线(图 4-4)、Ti 含量[图 4-5(a)]、Zr/Hf、Th/U 以及 Yb/Gd 值[图 4-

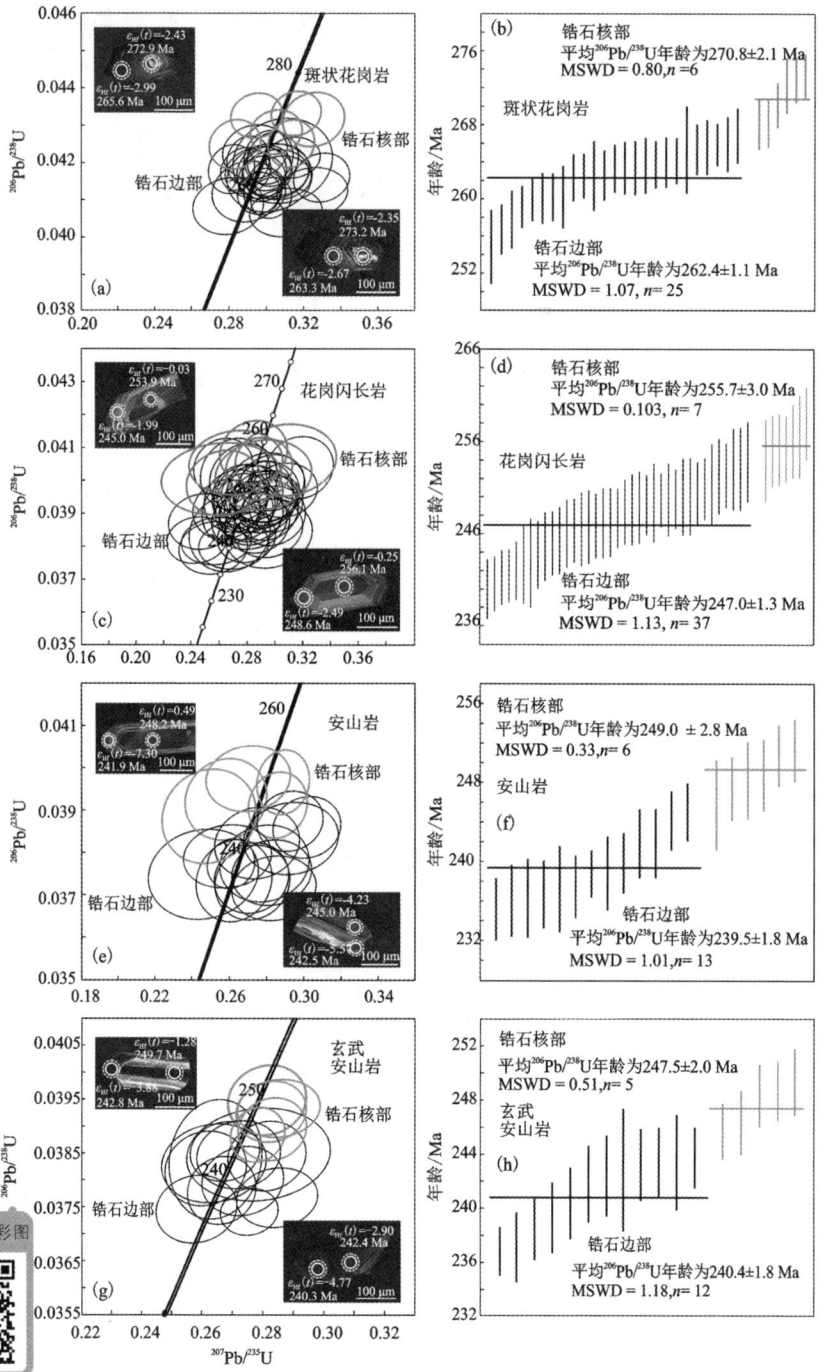

图4-3 那更侵入-火山岩锆石 U-Pb 谐和图及加权平均²⁰⁶Pb/²³⁸U 年龄图

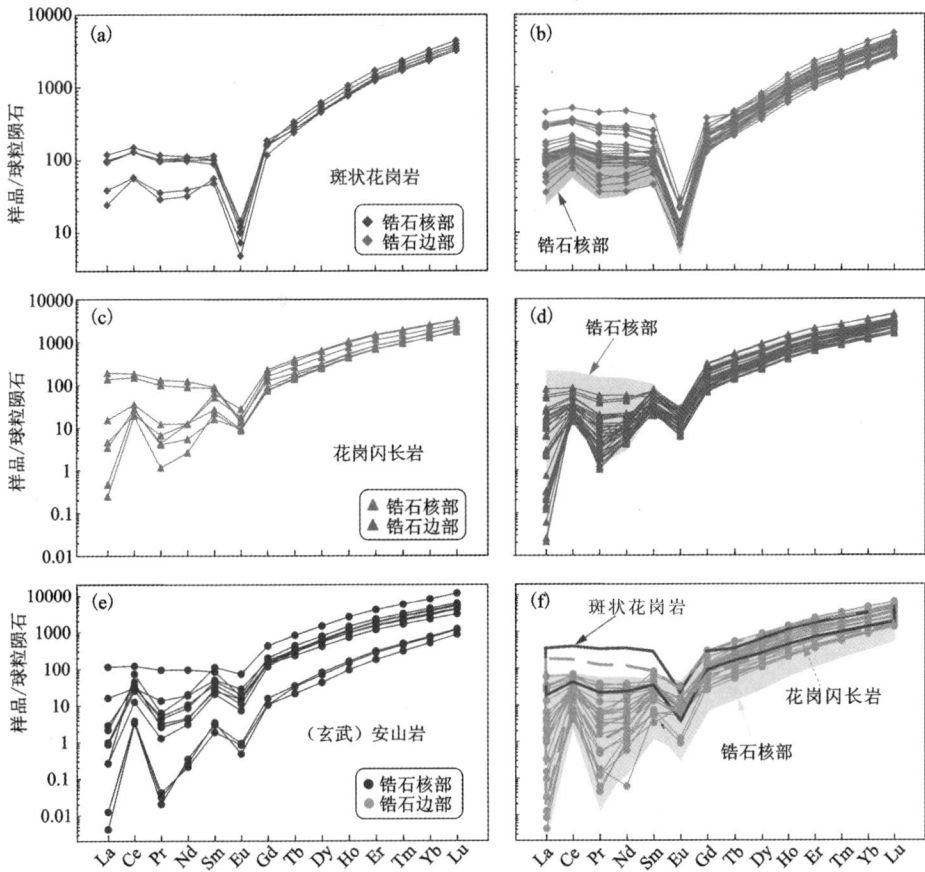

图 4-4　那更侵入-火山杂岩的锆石球粒陨石标准化稀土元素配分曲线图

资料来源：球粒陨石标准化数值据 Sun 和 McDonough(1989)。

扫一扫，看彩图

5(b)、(d)]。然而，花岗闪长岩中的锆石具有最高的 Ti 含量(1.49×10^{-6}~7.79× 10^{-6})和 Zr/Hf 值(42.5~55.4)[图 4-5(a)]。斑状花岗岩中的锆石具有最高的 LREE/HREE 值(0.02~0.09)[图 4-5(c)]。然而，(玄武)安山岩中的锆石具有最高的 Th/U(0.72~8.09)和 Yb/Gd 值(10.2~55.4)[图 4-5(b)、(d)]。

斑状花岗岩的锆石核部和边部具有相似的 ^{176}Hf/^{177}Hf 值(0.282511~0.282567)，加权平均年龄为(270.8±2.1)Ma(MSWD=0.80)[图 4-3(a)、(b)]。花岗闪长岩的 37 个锆石和 $\varepsilon_{Hf}(t)$ 值(-3.84~-1.71)，对应的二阶段 Hf 模式年龄(T_{DM2})为 1529~1395 Ma(附表 4-5)。相比而言，花岗闪长岩样品的锆石核部比

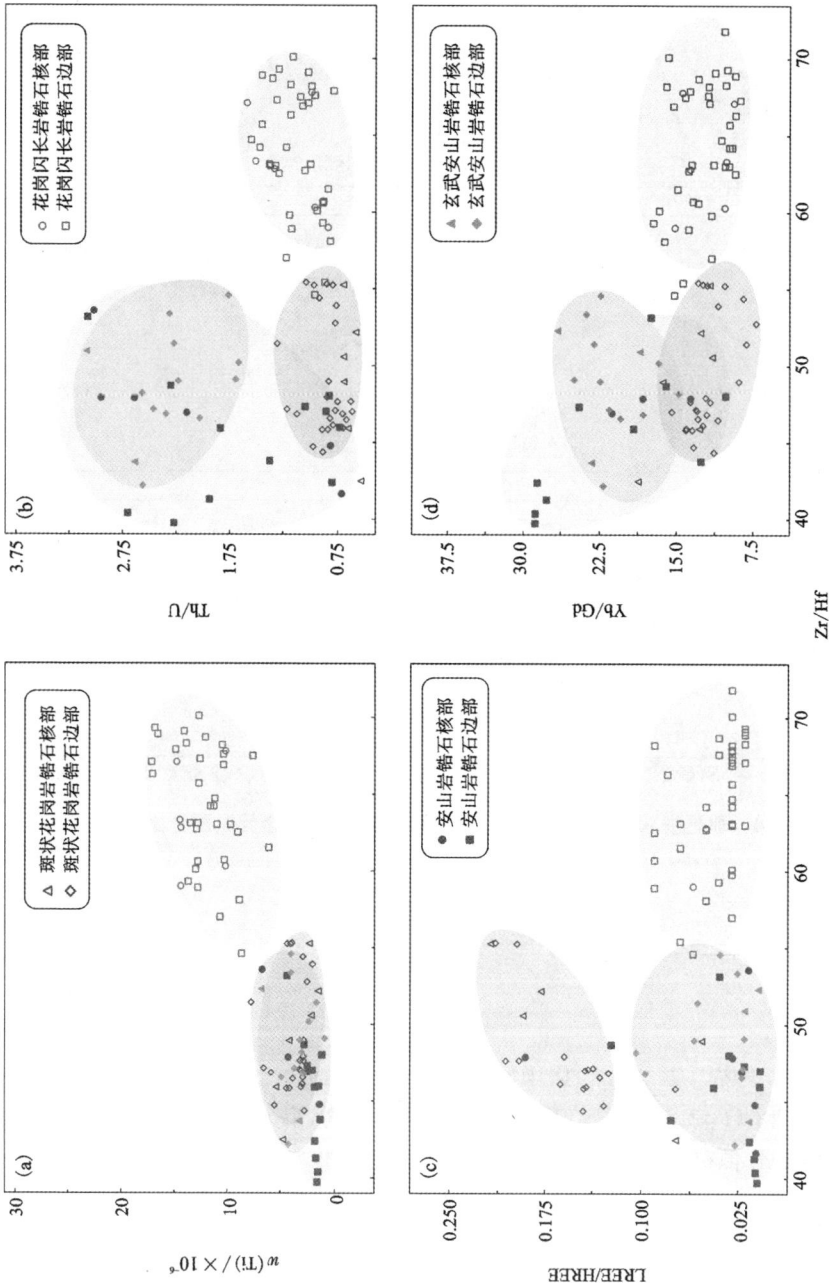

(a) $w(\mathrm{Ti})$-Zr/Hf; (b) Th/U-Zr/Hf; (c) LREE/HREE-Zr/Hf; (d) Yb/Gd-Zr/Hf。

图4-5 那更火山-侵入杂岩的锆石微量元素含量及含量比值二元协变图

边部[^{176}Hf/^{177}Hf = 0.282554 ~ 0.282588，$\varepsilon_{Hf}(t)$ = −2.49 ~ −1.25]具有更高的^{176}Hf/^{177}Hf值(0.282592~0.282619)和更大的$\varepsilon_{Hf}(t)$值(−0.92~−0.03)。与花岗闪长岩类似，(玄武)安山岩样品的锆石核部比边部[^{176}Hf/^{177}Hf = 0.282595 ~ 0.282661，$\varepsilon_{Hf}(t)$ = −1.28 ~ 1.32]具有更高的^{176}Hf/^{177}Hf值(0.282426 ~ 0.282596)和更正的$\varepsilon_{Hf}(t)$值(−7.30~−1.13)。

4.4.2　全岩主微量元素

所有样品的主微量元素数据列于附表 4-3 中。我们的样品在 TAS 图解[图 4-6(a)]及 QAP 图解[图 4-6(b)]中落在花岗岩、花岗闪长岩、安山岩、玄

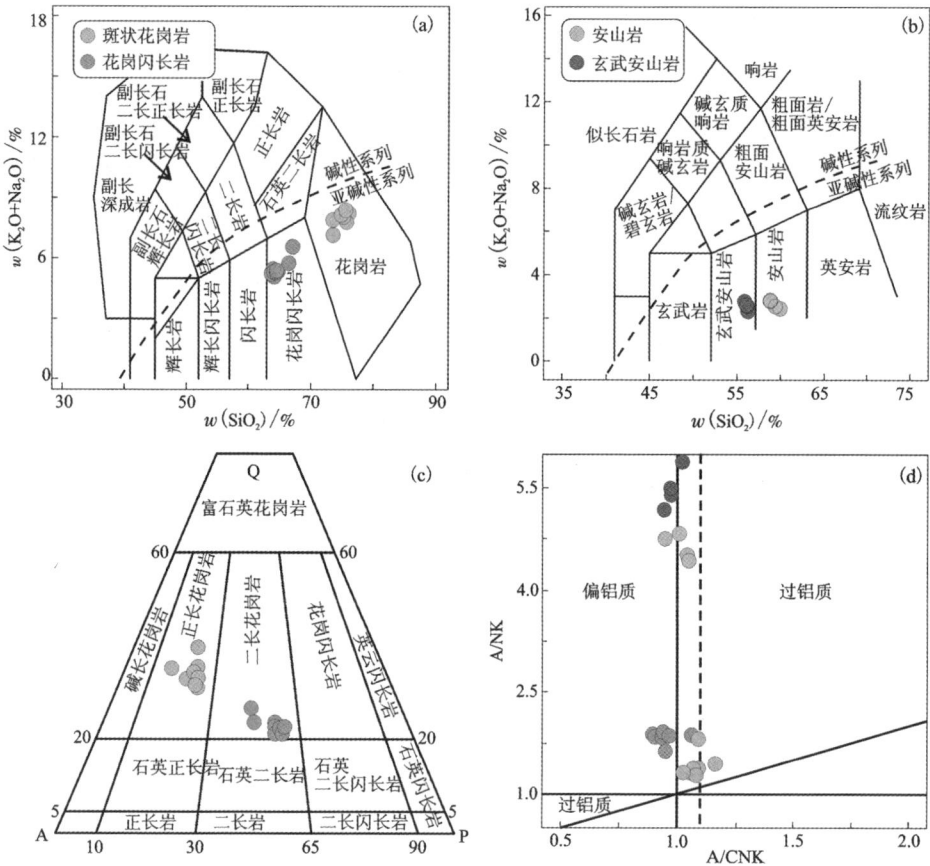

(a) $w(Na_2O+K_2O)$-$w(SiO_2)$(Middlemost，1994)；(b) $w(Na_2O+K_2O)$-$w(SiO_2)$(Le Bas et al.，1986)；
(c) 石英-碱性长石-斜长石(QAP)判别图(Le Maitre et al.，2002)；
(d) A/NK[$n(Al_2O_3)/n(Na_2O+K_2O)$]-A/CNK[$n(Al_2O_3)/n(CaO+Na_2O+K_2O)$](Maniar 和 Piccoli，1989)。

图 4-6　那更侵入-火山杂岩岩石类型及铝饱和指数判别图解

武安山岩等区域。斑状花岗岩主量元素含量特征为：SiO_2（68.87%~73.22%）、Al_2O_3（13.45%~13.96%）、MgO（0.33%~0.74%）、CaO（1.34%~2.84%）、Na_2O（0.18%~2.86%）、K_2O（5.11%~6.64%）。其铝饱和指数 A/CNK [$n(Al_2O_3)$/$n(CaO+Na_2O+K_2O)$] 为 1.01~1.14 [图 4-6(d)]。相比之下，花岗闪长岩具有较低的 SiO_2 含量（60.78%~64.66%），其他主量元素含量（指质量分数）为：Al_2O_3（14.99%~15.53%）、MgO（2.16%~2.96%）、CaO（3.56%~5.15%）、Na_2O（2.57%~3.23%）、K_2O（2.92%~3.49%）。花岗闪长岩亦具有准铝质特征，其 A/CNK 为 0.87~1.04 [图 4-6(d)]。此外，（玄武）安山岩具有最低的 SiO_2 含量（55.25%~56.39%），其他含量特征为：Al_2O_3（16.99%~20.35%）、MgO（2.64%~3.50%）、CaO（7.44%~9.63%）、Na_2O（1.92%~2.27%）、K_2O（0.21%~0.42%）。

在球粒陨石标准化稀土元素配分曲线图上，所有的样品均富集轻稀土，$(La/Yb)_N$ 分别为 12.4~19.3（斑状花岗岩）、8.81~15.0（花岗闪长岩）、3.67~7.20 [（玄武）安山岩] [图 4-7(a)~(c)]。斑状花岗岩（δEu = 0.33~0.44）比花岗闪长岩（δEu = 0.57~0.65）和（玄武）安山岩（δEu = 0.74~0.85）具有更明显的负 Eu 异常。所有的样品均具有平缓的重稀土配分曲线，并且重稀土含量与 SiO_2 含量呈负相关关系。（玄武）安山岩具有亏损大离子亲石元素（如 Rb、K）的特征（图 4-7）。相比而言，斑状花岗岩和花岗闪长岩富集 Rb 和 K（图 4-7）。所有类型的岩石均呈现不同程度亏损高场强元素的特征（图 4-7）。

4.4.3　全岩 Sr-Nd 同位素组成

那更侵入-火山杂岩的全岩 Sr-Nd 同位素组成见附表 4-4。利用 240 Ma 的年龄计算四种岩石初始$^{87}Sr/^{86}Sr(I_{Sr})$和 $\varepsilon_{Nd}(t)$ 值。结果显示，斑状花岗岩具有相似的 I_{Sr} 值（0.7072~0.7090）和 $\varepsilon_{Nd}(t)$ 值（-7.6~-7.1），对应的二阶段亏损地幔模式年龄（T_{DM2}）为 1530~1366 Ma。相比而言，花岗闪长岩样品具有更高的 I_{Sr} 值（0.7078~0.7105）和更正的 $\varepsilon_{Nd}(t)$ 值（-6.54~-5.80），对应的二阶段 Nd 模式年龄（T_{DM2}-Nd）为 1530~1366 Ma。尽管（玄武）安山岩与前两者具有相似的 I_{Sr} 值（0.7084~0.7086），但（玄武）安山岩具有最低的 $\varepsilon_{Nd}(t)$ 值（-10.6~-9.5），对应的二阶段 Nd 模式年龄为 1630~1533 Ma。

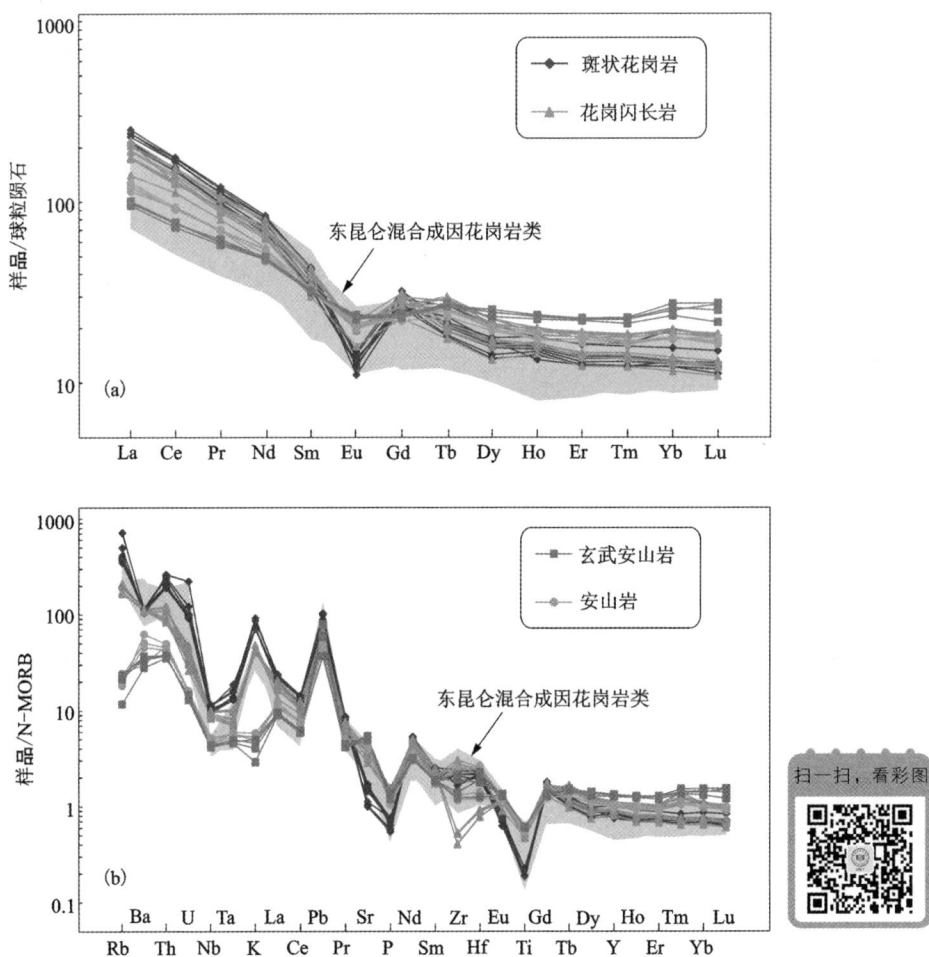

图 4-7　那更侵入-火山杂岩球粒陨石标准化配分曲线和正常洋中脊玄武岩标准化蛛网图

东昆仑岩浆混合花岗岩类源自 Tian et al. (2021)，Ding et al. (2014)，Xiong et al. (2012)，Huang et al. (2014)，Xia et al. (2015)，Li et al. (2018)。球粒陨石和正常洋中脊玄武岩标准化数值据 Sun 和 McDonough(1989) 和 Saunders 和 Tarney(1984)。

4.4.4　岩浆结晶温度

利用优化的锆石钛温度计计算锆石 Ti 结晶温度 (T_{zircTi})(Ferry 和 Watson，2007)。因为样品均为石英饱和熔体，所以 SiO_2 的活度(a_{SiO2})可设为 1.0(Ferry 和 Watson，2007)。因为岩石缺乏金红石，所以选用 0.7 为作为 TiO_2 活度(a_{TiO_2})(Ghiorso 和 Gualda，2013；Kaiser et al.，2017)。太高或太低的 a_{TiO_2} 可能会

造成温度的偏差，但 0.2 的 a_{TiO_2} 误差仅能造成约 30℃ 的温度偏差（Claiborne et al.，2010b），这并不影响主要结论。计算结果显示，斑状花岗岩锆石核部和边部具有相似的 T_{zircTi}（619~756℃，平均 684℃，$n=30$）（附表 4-2）。相比而言，花岗闪长岩锆石核部和边部具有相似但更高的 T_{zircTi}（733~897℃，平均 806℃，$n=43$）。然而，（玄武）安山岩的锆石核部和边部的 T_{zircTi}（594~828℃，平均 687℃，$n=35$）与斑状花岗岩相近。利用全岩 Zr 含量和主量元素含量计算锆饱和温度（$T_{zircsat}$），得出斑状花岗岩、花岗闪长岩和（玄武）安山岩的 $T_{zircsat}$ 分别为 773~813℃（平均 791℃）、776~845℃（平均 812℃）、709~768℃（平均 733℃）。

4.5 讨论

4.5.1 侵入岩-火山岩的成因联系和岩浆来源

斑状花岗岩和花岗闪长岩具有准铝质到轻微过铝质特征（A/CNK 基本低于 1.1）[图 4-6（d）]，表明二者最有可能为 I 型花岗岩。此外，较低的 P_2O_5 含量及同时代蚀变矿物（如绿帘石、绢云母等）的存在以及同时代 I 型花岗岩在东昆仑大量分布（Xiong et al.，2012）。斑状花岗岩和花岗闪长岩总体表现出岩浆弧特征：具有分异的球粒陨石标准化稀土元素配分曲线，亏损重稀土元素，富集轻稀土元素，$(La/Yb)_N$ 分别为 12.4~19.3 和 8.81~15.0；亏损高场强元素（如 Nb、Ta、P、Ti），富集某些大离子亲石元素（如 Rb 和 K）[图 4-7（b）]。这两种岩石很可能为岩浆混合成因，主要依据包括：（1）二者总体具有与东昆仑混合成因花岗岩类相似的球粒陨石标准化配分曲线[图 4-7（a）]和 N-MORB 标准化微量元素蛛网曲线[图 4-7（b）]（Ding et al.，2014；Huang et al.，2014；Li et al.，2018；Tian et al.，2021；Xia et al.，2015；Xiong et al.，2012）；（2）二者的 Sr-Nd 同位素也与这些东昆仑混合花岗岩类具有相似的组成（图 4-8）（Ding et al.，2014；Huang et al.，2014；Li et al.，2018；Tian et al.，2021；Xia et al.，2015；Xiong et al.，2012）；（3）二者的锆石核部 $\varepsilon_{Hf}(t)$ 值（-3.38~-0.03）也与这些东昆仑混合花岗岩类的 $\varepsilon_{Hf}(t)$ 值（主要为 -5~-2）较吻合（图 4-9）（Liu et al.，2012；Xia et al.，2014；Zhang et al.，2012）。

然而，（玄武）安山岩具有更平坦的球粒陨石标准化稀土元素配分曲线[图 4-7（a）]，且亏损 Rb 和 K[图 4-7（b）]，表明有更多的基性成分加入。（玄武）安山岩可能代表了某个源区端元，主要依据包括：（1）在 I_{Sr} 和 $\varepsilon_{Nd}(t)$ 图解中，斑状花岗岩和花岗闪长岩的数据点分布于（玄武）安山岩和东昆仑基性岩（包括辉长岩、煌斑岩及辉绿岩等）的相应数据点之间（图 4-8）；（2）这些基性岩代表了富集岩石圈地幔的岩浆源区（Liu et al.，2012；Xiong et al.，2019；Xiong et al.，

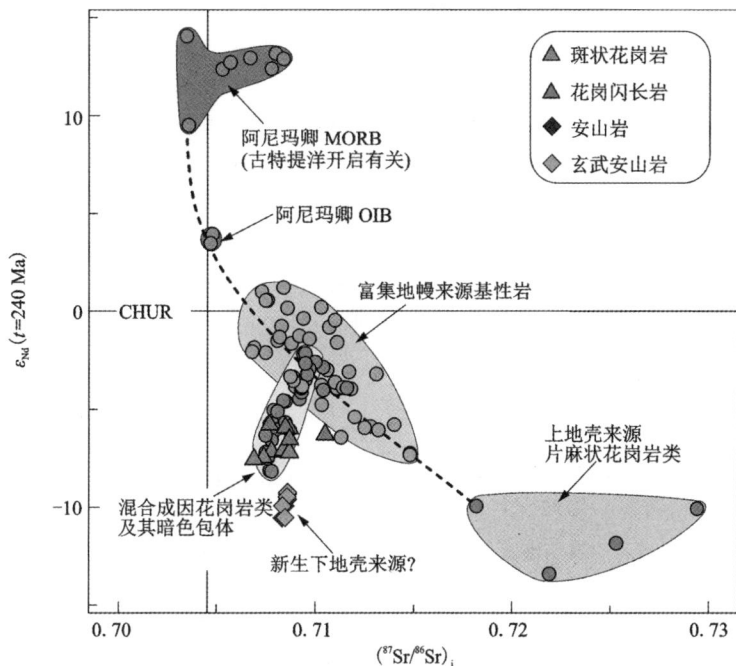

图 4-8　那更侵入-火山杂岩 $\varepsilon_{Nd}(t)$-$(^{87}Sr/^{86}Sr)_i$ 二元协变图

资料来源：阿尼玛卿 MORB 和 OIB 据 Bian et al.(2004)和 Guo et al.(2007)；上地壳来源片麻状花类岗岩据 Chen et al.(2007)，Ba et al.(2012)和 Yu et al.(2005)；混合成因花岗岩类及其暗色包体据 Tian et al.(2021)，Ding et al.(2014)，Xiong et al.(2012)，Huang et al.(2014)，Xia et al.(2015)和 Li et al.(2018)；富集地幔来源基性岩据 Hu et al.(2016)，Liu et al.(2017，2012)和 Xiong et al.(2019，2011)。

2011)。(玄武)安山岩代表的岩浆源区可能为新生下地壳，理由包括：(1)锆石核部的二阶段 Hf 模式年龄(1.4~1.2 Ga)比东昆仑由古老下地壳部分熔融而来的片麻状花岗岩(2.2~1.7 Ga)年轻(Ba et al.，2012；Chen et al.，2007)；(2)锆石核部的 $\varepsilon_{Hf}(t)$ 值(-1.28~1.32)与东昆仑地幔来源的基性岩石 $\varepsilon_{Hf}(t)$ 值(-2.79~1.76)较吻合(图 4-9)(Liu et al.，2012；Xiong et al.，2019；Xiong et al.，2011)，暗示有地幔物质的加入；(3)所有样品的 $\varepsilon_{Nd}(t)$ 值(-10.6~-9.5)均与俯冲地壳来源沉积物的 $\varepsilon_{Nd}(t)$ 值(-10~-6)(Swinden et al.，1990；White，1985)耦合，表明岩浆来源物质中有俯冲相关的循环沉积物。

综上所述，斑状花岗岩与花岗闪长岩具有共同的岩浆来源，然而，二者经历了富集岩石圈地幔与新生下地壳来源的熔体不同程度的混合。相对于片麻状花岗岩的二阶段 Hf 模式年龄(1.6~1.5 Ga)而言，二者的二阶段 Hf 模式年龄(1.5~1.4 Ga)更年轻(Ba et al.，2012；Chen et al.，2007)。

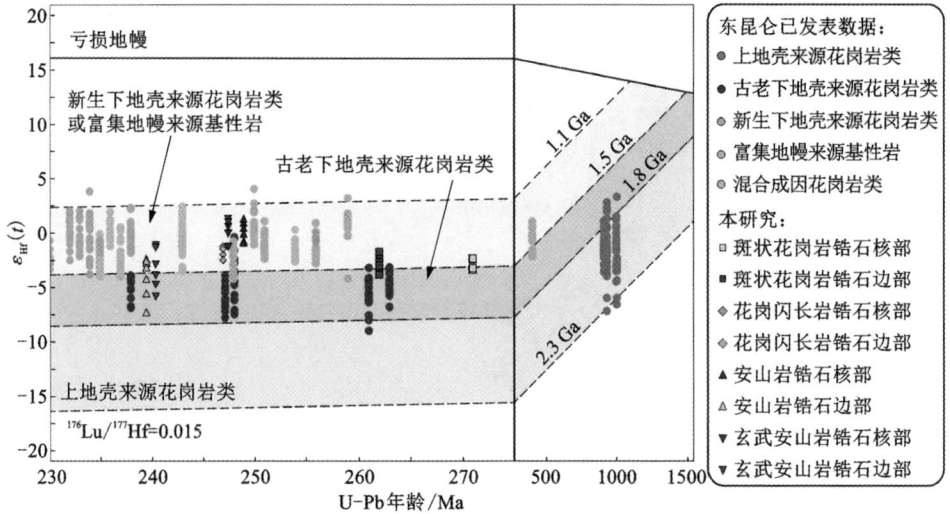

图4-9　那更侵入-火山杂岩锆石 $\varepsilon_{Hf}(t)$ 与 U-Pb 年龄协变图

资料来源：上地壳来源花岗岩类据 He et al.（2018，2016）；古老下地壳来源花岗岩类据 Chen et al.（2007），Xiong et al.（2014）和 Zhang et al.（2006）；新生下地壳来源花岗岩类据 Chen et al.（2021），Hu et al.（2016），Huang et al.（2014），Xiong et al.（2016）和 Zhou et al.（2020）；富集地幔来源基性岩石据 Liu et al.（2012）和 Xiong et al.（2019，2011）。

4.5.2　岩浆房过程

研究样品的锆石 U-Pb 年龄为 271～262 Ma（斑状花岗岩）、256～247 Ma（花岗闪长岩）、249～240 Ma（安山岩）、248～240 Ma（玄武安山岩），反映了岩浆在深部冷却或喷出地表面达 8～9 Myr 的岩浆房过程。此推测的主要依据还包括：（1）研究样品的锆石核部和边部具有较大年龄差距，斑状花岗岩分别为（270.8±2.1）Ma 和（262.4±2.1）Ma，花岗闪长岩分别为（255.7±3.0）Ma 和（247.0±3.0）Ma，安山岩分别为（249.0±2.8）Ma 和（239.5±1.8）Ma，玄武安山岩分别为（247.5±2.0）Ma 和（240.4±1.8）Ma（图4-3）；（2）岩石核部和边部的年龄间隔（8～9 Myr）远大于分析不确定度±（1.3～3.0）Ma（图4-3）；（3）锆石的阴极发光图像呈现出连续振荡环带，并且没有明显截断面，这指示锆石近乎连续的生长过程。并且这种较长的岩浆作用过程在全世界范围内均有广泛报道，例如美国 Mount Stuart 岩石（约 5.5 Myr）（Matzel et al.，2006）、西秦岭祈雨沟斑岩体系（约 7 Myr）（Tang et al.，2021）、美国 Tuolumne 侵入体（约 10 Myr）（Coleman et al.，2004）、美国 Jackass Lakes 侵入体（约 8 Myr）（McNulty et al.，1996）、美国南东部 Coast 侵入岩（约 8 Myr）（Brown 和 McClelland，2000）、智利 Aucanquilcha

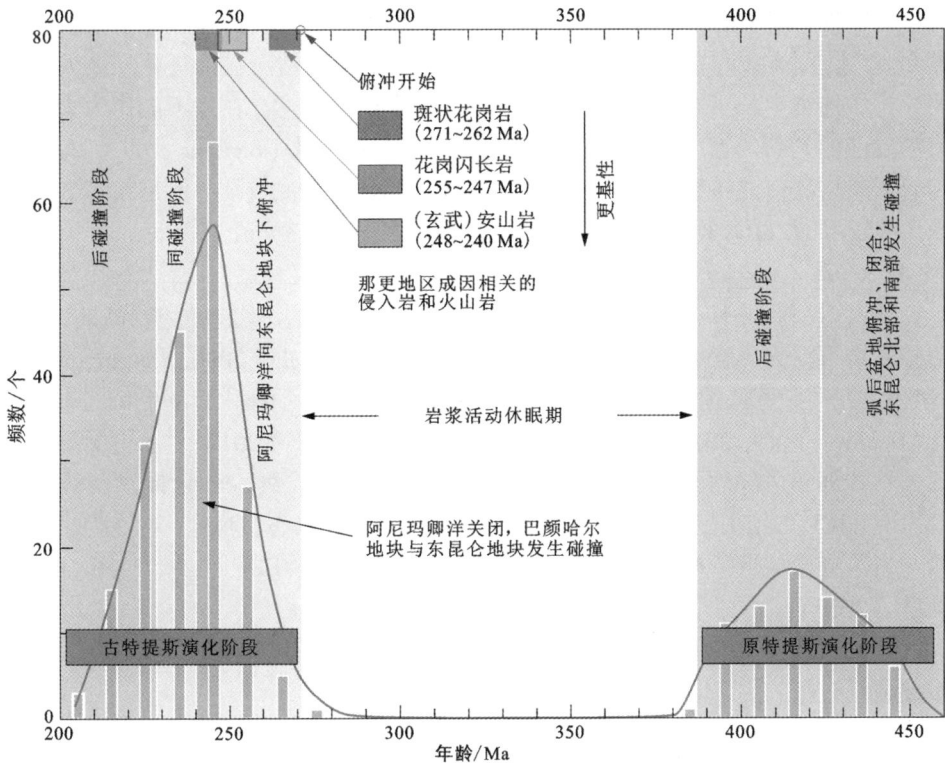

图 4-10 东昆仑北部的侵入岩及那更侵入-火山杂岩
锆石 U-Pb 年龄直方图和概率密度曲线

Volcanic Cluster(约 11 Myr)(Grunder et al., 2006)。这些报道和我们的锆石记录均表明,岩浆房在深部冷却或火山喷发前可以持续存在几百万年。

斑状花岗岩、安山岩、玄武安山岩的锆石边部 T_{ZircTi}(分别为 686℃、652℃ 和 685℃)低于 T_{Zirsat}(分别为 774℃、765℃ 和 741℃),表明其生长的岩浆达到了可以新生锆石的饱和状态(Bryan et al., 2008;Charlier et al., 2005;Watson 和 Harrison, 1983)。然而花岗闪长岩的锆石边部 T_{ZircTi}(平均 801℃)大部分高于其 T_{Zirsat}(785℃),表明这些锆石的边部不是从赋存岩石当时所处的岩浆环境中生长的,而是从更深部的曾经"居住"过的岩浆房中结晶的(Bryan et al., 2008;Charlier et al., 2005;Watson 和 Harrison, 1983)。

锆石随着岩浆冷却生长的过程可以用熔体的 Ti 含量下降伴随着 Hf 含量的增长来评估(Ferry 和 Watson, 2007;Siégel et al., 2018)。一些模型支持岩浆储存在较冷的状态下,并且需要高温岩浆的补给才能诱发火山喷发(Rubin et al.,

2017）。另一些模型支持深部的岩浆储存通常为热的状态，暗示这种岩浆房可以间歇性喷发（Barboni et al.，2015）。所有种类的岩石锆石核部和边部均具有相似的 Ti 含量[图 4-5（a）]，并且缺失明显的截断面，表明锆石在接近固相线温度的岩浆房中连续生长了 8～9 Myr。这同时说明地壳内的熔体存在并不能作为火山即将喷发前的判断依据，反而是岩浆在地壳内储存的常态（Barboni et al.，2016）。尽管岩浆房为何能持续存在几百万年的具体原因还未彻底查明，但是大多数学者认为这是因为岩浆通常以连通深部岩浆源区的岩脉持续流入（Coleman et al.，2004；Szymanowski et al.，2017）。

锆石 Hf 和 Zr/Hf 值可以用来判断岩浆演化，较低的 Hf 含量和较高的 Zr/Hf 值指示锆石在分异程度较低的岩浆中结晶（Claiborne et al.，2006；Deering et al.，2016）。另外，更低的 LREE/HREE 和更高的 Th/U 值指示演化程度更低的岩浆状态（Deering et al.，2016；Reid et al.，2011；Schmitt et al.，2017）。所有类型的岩石锆石核部和边部均具有相似的球粒陨石标准化配分曲线、Hf 含量以及 Zr/Hf、Th/U、LREE/HREE、Yb/Gd 等值（图 4-5），表明岩浆状态较稳定，可能为岩浆补给与岩浆分异接近平衡状态（Claiborne et al.，2010a；Deering et al.，2016；Kaiser et al.，2017）。

在岩浆就位后，结晶分异作用在形成斑状花岗岩的过程中扮演了重要角色。主要依据包括：

（1）在球粒陨石标准化稀土元素配分图[图 4-7（a）]和 N-MORB 标准化微量元素蛛网图[图 4-7（b）]上显示明显元素亏损，主要由某些矿物的分离结晶造成，例如长石（Eu 和 Sr）、磷灰石（P）、钛铁矿或者金红石（Nb、Ta 和 Ti）；

（2）造岩矿物随深度增加，颗粒有变粗的趋势，特别是碱性长石。花岗闪长岩样品的这些特征表现则较弱，指示相对较弱的结晶分异作用。值得注意的是，较深部的花岗闪长岩比较浅部的花岗闪长岩具有更高的 Hf 和 Zr 含量[图 4-7（b）]，指示了锆石的结晶分异作用。此外，花岗闪长岩锆石边部（-2.49～-1.25）比核部（-0.92～-0.03）具有更负的 $\varepsilon_{Hf}(t)$ 值，暗示花岗闪长岩可能受到了地壳混染（图 4-8）。

结合钻探工程揭露的一些花岗质或花岗闪长质岩脉提出，两期间断的管道补给岩浆房生长及随后的安山质熔体提取可解释那更侵入-火山杂岩的成因（Glazner et al.，2004；McNulty et al.，1996）。在此模型中，管道补给的岩浆房形成斑状花岗岩，当其完全冷却后，另一期管道补给的花岗闪长质岩浆沿冷却的斑状花岗岩与围岩的接触带侵位（图 4-11）。后期的花岗质岩浆与围岩有相对较大的接触面积，促进了岩浆热量的耗散，利于形成花岗闪长岩的中细粒结构。随着巴颜哈尔地块与东昆仑的碰撞，地壳抬升，导致那更复式岩体上部分的剥蚀（Dong et al.，2018；Yu et al.，2020），形成了从中心斑状花岗岩到边部更年轻花岗闪长岩的同心环状构造，此构造事件也促使安山质岩浆从岩浆房中被排挤出而喷发(图 4-11)。

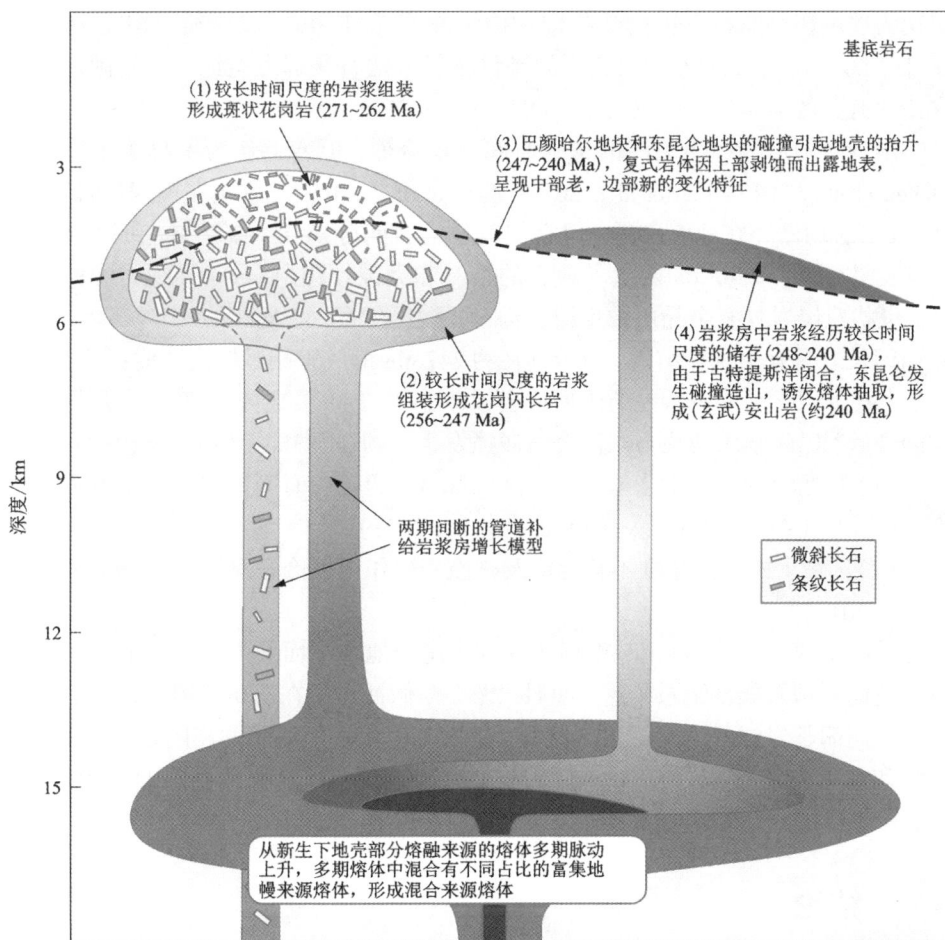

图 4-11　那更侵入-火山杂岩的岩浆房过程示意图

4.5.3　构造环境意义

　　东昆仑的地质构造由与原特提斯和古特提斯演化相关的长期俯冲、增生、碰撞事件制约(Wu et al., 2019；Yu et al., 2020)。研究区位于东昆仑北区，经历了两期造山演化事件，分别与原特提斯清水泉弧后盆地和古特提斯阿尼玛卿洋的开启和关闭过程有关(Yu et al., 2020)。在晚泥盆世至瓜德鲁普世，岩浆活动缺失，石炭纪和二叠纪海相沉积岩发育，说明这段时期(370~270 Ma)为岩浆活动休眠期(Liu et al.，2014)。关于阿尼玛卿洋俯冲开始的可靠岩浆年龄报道也较少，最早的为东昆仑小庙辉绿岩角闪石^{40}Ar-^{39}Ar年龄(约277 Ma)(Liu et al.，2014)，其次为埃坑德勒斯特二长花岗岩 LA-ICP-MS 锆石 U-Pb 年龄(约268 Ma)(Yang et al.，2013)，这说明本次研究中的斑状花岗岩锆石核部可能记录了与阿尼玛卿洋俯冲有关的最早岩浆活动(约271 Ma)(图4-10)。

尽管对阿尼玛卿洋关闭的精确时间争议激烈，但普遍认为不早于中三叠世(Chen et al.，2017；Luo et al.，2014；Zhao et al.，2019)。那更花岗闪长岩和(玄武)安山岩均已经在地表出露，但它们就位的时间分别在约247 Ma和约240 Ma前，表明在247~240 Ma发生了地壳的抬升和剥蚀作用(Chen et al.，2021)。此外，斑状花岗岩具有全晶质中粗粒结构，指示其在约262 Ma形成于深部环境；而花岗闪长岩具有中细粒结构，指示其在约247 Ma形成于相对较浅环境；而这两种岩性共生，同样表明古特提斯俯冲造成了262~247 Ma的地壳抬升。在阿尼玛卿洋闭合后，巴颜哈尔地块与东昆仑的碰撞发生在约240 Ma，理由主要包括：

(1)那更(玄武)安山岩能够在248~240 Ma的较长时间内保持稳定不喷发状态，却恰好在约240 Ma喷发了(Chen et al.，2021)；

(2)区域上的广泛角度不整合以及碰撞变质作用也恰好发生于约240 Ma(Xia et al.，2017)。

总的来说，首先，阿尼玛卿洋俯冲到东昆仑地块下面发生于约271 Ma，那更斑状花岗岩锆石核部记录了这一事件。然后，俯冲作用在270~240 Ma持续进行，那更花岗闪长岩记录了此过程。最后，在约240 Ma，阿尼玛卿洋闭合，巴颜哈尔地块和东昆仑碰撞，致使248~240 Ma的那更地区深部(玄武)安山质岩浆房失稳，岩浆被挤出，发生(玄武)安山质岩浆的喷发作用。

4.6 结论

(1)那更复式岩体形成于富集地幔来源与新生下地壳来源熔体的混合作用。然而，那更(玄武)安山岩来自新生下地壳。

(2)形成那更侵入-火山杂岩的岩浆可能在完全冷却或火山喷发前经历了长达8~9 Myr的储存过程。

(3)形成那更侵入-火山杂岩的岩浆在深部以近固相线的温度状态储存。

(4)东昆仑古特提斯俯冲作用开启于约271 Ma，终结于约240 Ma。

第 5 章　矿物交代反应中元素的
地球化学行为及银富集机理

5.1　引言

　　矿物的交代反应广泛发生于自然界,在金属元素的活化迁移富集过程中起到了关键作用(Altree-Williams et al., 2015; Putnis, 2009, 2002; Wu et al., 2019; Xia et al., 2009)。矿物交代反应主要以溶解-再沉淀的方式进行,间歇性流体加入促进母矿物通过矿物-流体的界面反应发生溶解和子矿物的再沉淀(Altree-Williams et al., 2015; K. Li et al., 2020; Putnis, 2002; Rottier et al., 2016)。溶解-再沉淀过程的本质为矿物与渗入流体的再平衡作用(Knorsch et al., 2020; Putnis, 2009, 2002; Qian et al., 2011)。微量元素的活化为微量元素从母矿物释放,并重新在新的位置沉淀的过程(Fougerouse et al., 2016; Marshall 和 Gilligan, 1993)。然而,由于贵金属(Au、Ag)在水溶液中的溶解度较低,并且对金属元素的活化再沉淀机制的理解尚不够深入,贵金属(Au、Ag)溶解-再沉淀的活化机制目前仍不清楚(Cook et al., 2009a; Fougerouse et al., 2016)。尽管存在这些不确定性,但不可否认的是,新沉淀的硫化物总比其母矿物有更高的矿质元素含量(Dubé et al., 2004; Large et al., 2007; Morey et al., 2008)。

　　在多数矿物系统中,如果有流体存在,矿物交代反应总以溶解-再沉淀的形式进行,而非固态扩散方式(Altree-Williams et al., 2015; Putnis, 2009; Zhao et al., 2013b)。然而,在与斑岩或深成侵入体有关的金成矿体系,固态扩散方式较易发生,甚至可以和溶解-再沉淀机制媲美(Watson 和 Cherniak, 1997; Zhao et al., 2013b)。固态扩散机制以体积和颗粒边部扩散为特征,通常以颗粒及颗粒边界的占比计算的体积权重平均数来定义总体扩散系数(Gardés et al., 2012)。普遍认为水溶液流体的存在能促进元素沿颗粒边部的运移(Dohmen 和 Milke, 2010; Gardés et al., 2012)。因此,固态扩散和溶解−再沉淀机制都可能发生在流体存在的条件下(Abart et al., 2009; Carlson, 2010)。然而,目前在自然热液体系中,对这两种机制活化和富集贵金属元素的对比研究还较少。

以往对矿物交代反应的研究主要集中于热液金矿体系中黄铁矿−白铁矿和相关的金属迁移以及母矿物和子矿物之间的元素分配机制(Cook et al., 2009b; Morey et al., 2008; Selvaraja et al., 2017; Sung et al., 2009)。然而,白铁矿(黄铁矿的同质异构矿物)的交代动力学以及在热液银成矿系统中相关金属再分配机理还未有相关报道。在多数地质环境中,白铁矿相对于黄铁矿来说,属于不稳定矿物,易于发生化学反应(Harmer 和 Nesbitt, 2004; Wu et al., 2019)。通过实验学研究,目前对白铁矿的形成和保存条件已有较深入的了解。研究结果表明,白铁矿易形成于或保存于低 pH 或 S−(Ⅱ)缺乏的条件(Murowchick, 1992; Qian et al., 2011)。与交代反应有关的白铁矿有两种结构——非定向结构和定向结构,并已在实验研究中有相关报道(Qian et al., 2011; Schoonen 和 Barnes, 1991)。然而在自然界中,这两种结构的白铁矿形成机制仍不清楚。此外,在热液银多金属矿体系中,与白铁矿交代作用相关的金属迁移机制还未有相关定量研究。

利用原位电子探针(EMPA)主量元素分析、激光剥蚀电感耦合等离子体质谱仪(LA-ICP-MS)原位微区微量元素分析、激光剥蚀多接收电感耦合等离子体质谱仪(LA-MC-ICP-MS)原位微区硫同位素分析,对东昆仑那更银多金属矿的不同世代黄铁矿和白铁矿进行结构和交代关系研究。本次研究的主要目的为:(1)探索两种不同方式的矿物交代反应驱动机制;(2)不同形式交代反应中银和相关元素的再分配过程;(3)黄铁矿与白铁矿(包括定向和非定向结构)的微量元素相容性;(4)那更热液银成矿体系的演化模式。

5.2 地质背景

鉴于前面章节已描述过东昆仑和那更地区地质背景,因此本节只作以下简述:那更银矿成矿作用可分为早成矿阶段石英−黄铁矿组合(Ⅰ)、主成矿阶段石英−菱铁矿−硫化物(Ⅱ)、主成矿阶段石英−萤石−菱锰矿−硫化物−硫盐组合(Ⅲ)、晚成矿阶段石英−碳酸盐组合(Ⅳ)(Chen et al., 2020; 陈晓东, 2019)。因为在Ⅰ阶段和Ⅳ阶段发生的银矿化较弱,所以重点研究Ⅱ阶段和Ⅲ阶段,分别发育深部 Cu-Pb-Zn 矿化(海拔 2900~3820 m)和浅部(海拔 3820~4210 m)Ag-Pb-Zn 矿化(图 5-1)。Ⅱ阶段矿化作用主要形成黄铁矿、方铅矿、闪锌矿、黄铜矿、

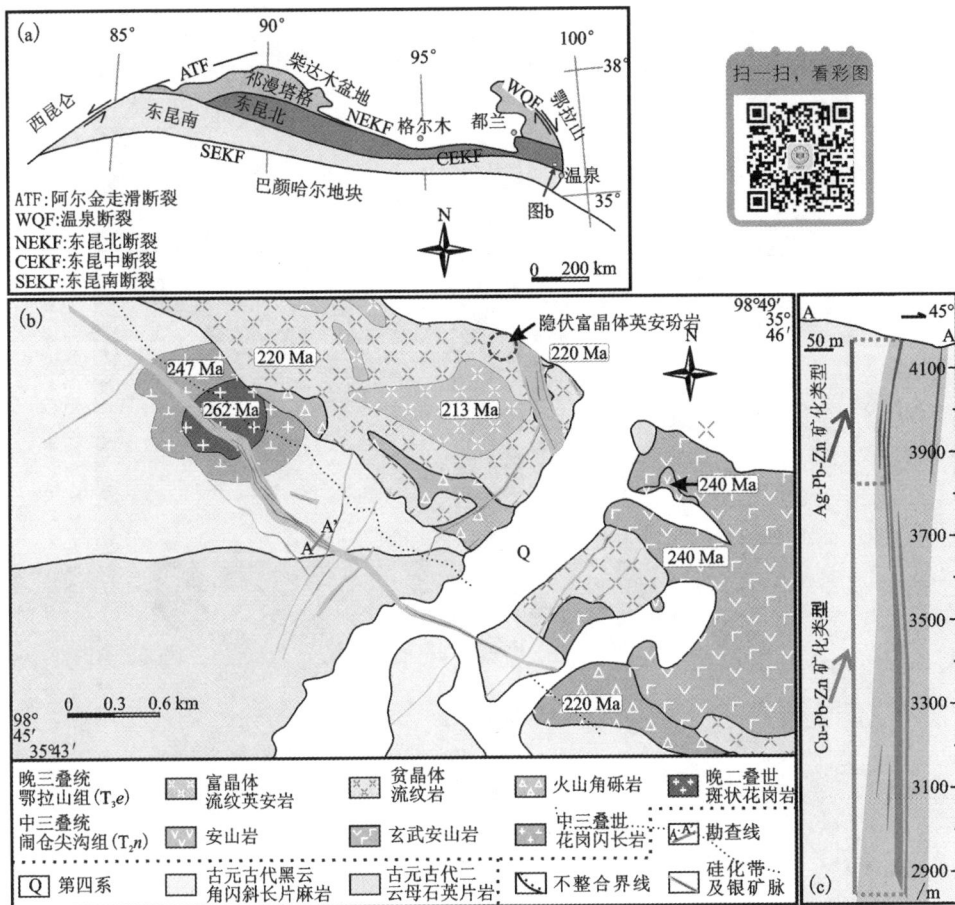

（a）东昆仑构造简图（据 Xia et al.，2015）；（b）那更银矿地质简图；
（c）典型勘查线剖面图（显示金属垂直分带）。

图 5-1　东昆仑那更银矿平面地质图

磁黄铁矿、毒砂和黝锡矿等[图 5-2（a）]。Ⅲ阶段矿脉切割了Ⅱ阶段石英-硫化
物脉[图 5-2（a）]，非金属矿物包括菱锰矿和萤石[图 5-2（b）]，金属矿物包括黄
铁矿、白铁矿、方铅矿、闪锌矿、黄铜矿、毒砂、锡石、螺硫银矿、自然银以及含
银硫盐矿物等（图 5-3）。在Ⅲ阶段矿化作用过程中，水压致裂作用可能造成了从
矿脉中心向围岩角砾岩化由强变弱的趋势[图 5-2（c）、（d）]。

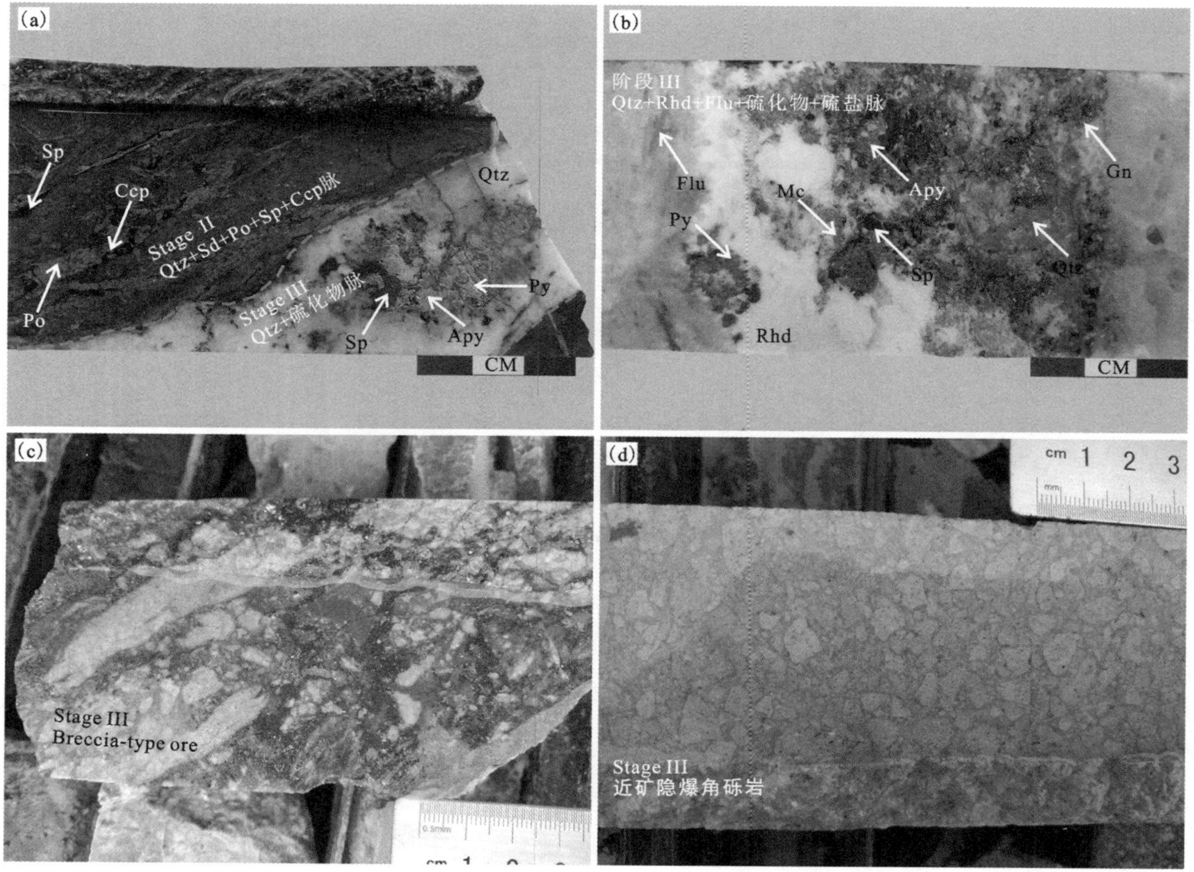

(a) II阶段石英-菱铁矿-磁黄铁矿-黄铁矿-闪锌矿-黄铜矿脉被III阶段石英-硫化物脉切割；(b) III阶段石英-菱锰矿-萤石-硫化物-硫盐脉；(c) 角砾岩型矿石；(d) 脉状角砾岩化围岩。Apy—毒砂；Ccp—黄铜矿；Flu—萤石；Gn—方铅矿；Mc—白铁矿；Po—磁黄铁矿；Py—黄铁矿；Qtz—石英；Sp—闪锌矿；Rhd—菱锰矿；Sd—菱铁矿。

图5-2 那更(次)火山岩中岩芯照片

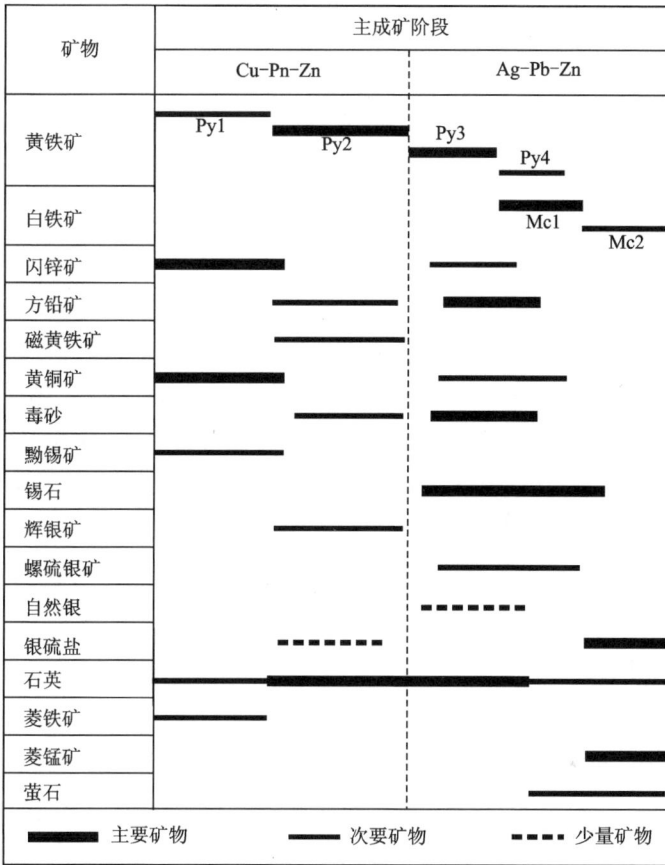

图 5-3　那更银多金属矿主成矿阶段矿物共生序列

5.3　样品采集及岩相学特征

从那更钻孔岩芯中采集了 6 件 Ⅱ 阶段和 19 件 Ⅲ 阶段矿石样品。将这些样品抛光制成薄片，用于详细岩相学和背散射（BSE）成像研究，以查明矿物种类、结构、共生序列等。5 件代表性样品（Ⅱ 阶段：ZK0705-H131 和 ZK3907-H90；Ⅲ 阶段：ZK4001-H14、ZK0704-H6 和 ZK3202-H39）用于电子探针（EMPA）和激光剥蚀电感耦合等离子体质谱（LA-ICP-MS）微量元素分析以及激光剥蚀多接收电感耦合等离子体质谱（LA-MC-ICP-MS）硫同位素分析。

5.4 结果

5.4.1 矿物结构特征

Ⅱ阶段矿石中含有两种类型的黄铁矿，即 Py1 和 Py2[图 5-3 和图 5-4(a)]。详细的光学和 SEM 岩相学观察表明，Py1 具有振荡环带，并形成了具有微晶立方体黄铁矿的集合体[大小：1~5 μm；图 5-4(a)]。X 射线扫描表明，Py1 除 Fe 和 S 外，还有不连续的 C、Si 和 O 层，表明其具有含有菱铁矿和石英杂质的同心环带结构(图 5-5)。Py2 集合体普遍孔隙发育，大部分缺少包裹体[图 5-4(a)、(b)]。Py3 具有溶解结构，并被自形立方体 Py4 和非定向结构 Mc1 包裹，指示其为溶解-再沉淀成因[图 5-4(c)]。Mc1 具有大量的粒间金属矿物，包括螺硫银矿、方铅矿、银黝铜矿和深红银矿[图 5-4(c)~(h)]。同时，Mc2 具有非定向结构，可能是 Mc1 通过固态扩散方式转换而来的。Mc2 通常与菱锰矿共生，指示其可能具有密切的成因联系。

5.4.2 矿物主微量元素

(1)主量元素。

对黄铁矿和白铁矿测试了 65 个点，其中 Py1、Py3 和 Mc1 各 11 个点，Py2 和 Py4 各 10 个点，Mc2 为 13 个点，所有数据见附表 5-1。Ⅱ阶段成矿作用中，相对于 Py2(S：54.1%~54.7%，平均 54.5%；Fe：46.5%~45.5%，平均 46.0%)来说，Py1 具有更低的 S(52.5%~54.6%，平均 53.8%)和 Fe(45.3%~46.4%，平均 45.7%)。Ⅲ阶段成矿作用中，母矿物 Py3 的 Fe 和 S 分别为 45.6%~46.5%(平均 46.0%)和 53.8%~55.0%(平均 54.5%)，子矿物 Py4 和 Mc1 具有更低的 S(分别为 54.2%~54.6% 和 53.9%~55.2%)和 Fe(分别为 45.5%~46.5% 和 45.1%~45.9%)。相对于 Py3、Py4 和 Mc1 来说，Mc2 具有最低的 S(52.1%~54.3%，平均 53.6%)和 Fe(42.9%~45.7%，平均 44.9%)，但具有最高的 Cu(0.02%~0.24%，平均 0.08%)、As(0.18%~1.50%，平均 0.35%)、Ag(0.05%~0.39%，平均 0.13%)和 Sb(0.19%~0.94%，平均 0.55%)。

(2)微量元素。

利用 LA-ICP-MS 对黄铁矿和白铁矿进行了共计 119 个点的分析测试，其中 Py1 为 19 个点，Py2 为 15 个点，Py3 为 10 个点，Py4 为 18 个点，Mc1 为 28 个点，Mc2 为 11 个点，所有的数据见附表 5-2。某些元素呈现在含中位数和离散值的箱形图中(图 5-6)。

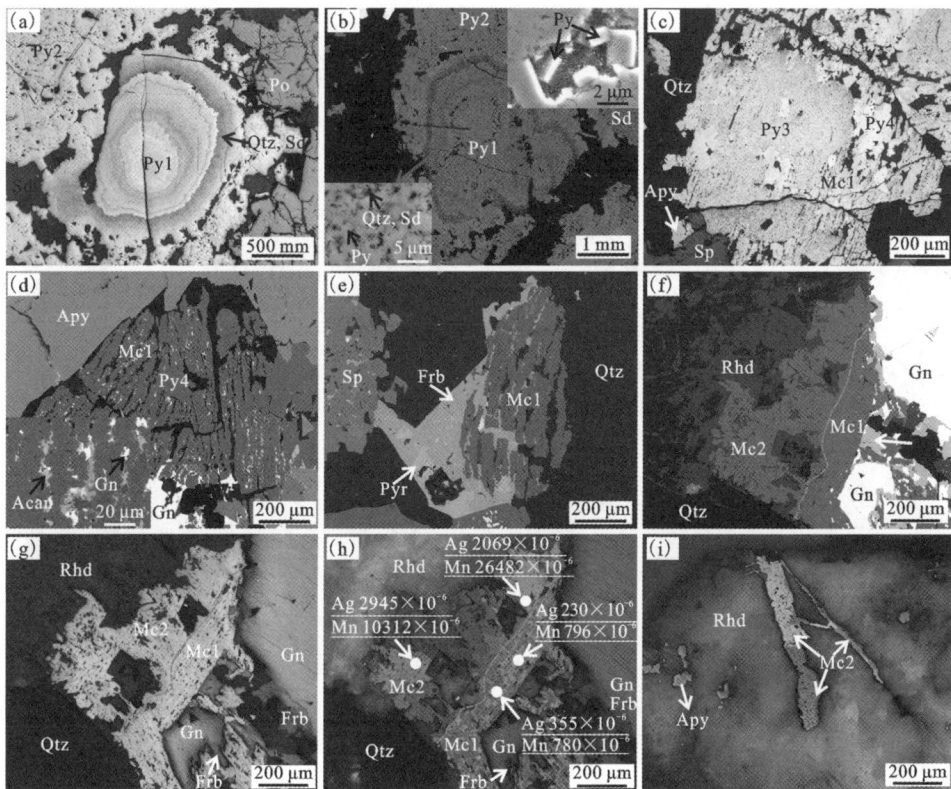

(a)集合体 Py2 交代胶状 Py1(单偏光);(b)胶状 Py1 由细粒立方体组成,间隙中充填石英和菱铁矿(单偏光);(c)粗粒 Py3 的溶解和 Py4、Mc1 的沉淀(单偏光);(d)Mc1 晶体间隙中充填螺硫银矿和方铅矿(背散射);(e)银黝铜矿和深红银矿交代 Mc1(背散射);(f)(g)定向结构 Mc1 和非定向结构 Mc2(背散射和单偏光);(h)Mc1 和 Mc2 有不同的偏光色和 Ag、Mn 含量(不完全正交偏光);(i)在富菱锰矿流体中,Mc1 通过固态扩散反应完全转化为 Mc2(不完全正交偏光)。Apy—毒砂;Ccp—黄铜矿;Frb—银黝铜矿;Gn—方铅矿;Mc—白铁矿;Po—磁黄铁矿;Py—黄铁矿;Pyr—深红银矿;Qtz—石英;Rhd—菱锰矿;Sp—闪锌矿;Sd—菱铁矿。

图 5-4　那更银矿矿石样品反射光及背散射图

扫一扫,看彩图

　　总体而言,Ⅱ阶段的 Py1 和 Py2 具有比Ⅲ阶段的 Py3、Py4、Mc1、Mc2 更高的 W、Co、Ni 含量(图 5-6)。在溶解-再沉淀过程中,相对于母矿物 Py3 来说,子矿物 Py4 和 Mc1 相对富集 Ag、Sb、Mn、Hg 和 As 元素。然而,固体扩散机制形成的 Mc2 具有最高的 Ag、Sb、Mn、Hg、As 和 Tl 等元素含量。PCA 分析结果见附表 5-7。两个主成分 PC1 和 PC2 占所有变量中的 62.2%。元素分配主要分为 4 组[图 5-7(b)]:组 1 包括 Mn、Cu、As、Ag、Sn、Sb、Hg 和 Pb,组 2 包括 Co 和

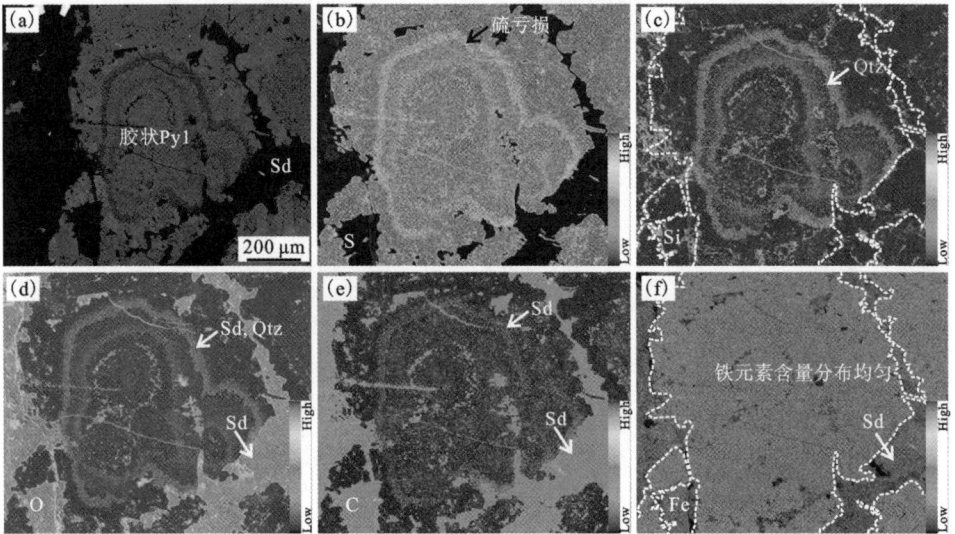

显示较均一的 Fe 元素；S 元素亏损带与石英-菱铁矿富集带耦合。

图 5-5　胶状 Py1 的 X 射线元素扫描结果

扫一扫，看彩图

Ni，组 3 和组 4 分别为 Tl 和 W[图 5-7(d)]。PC1 又可进一步分为 PC1-1(Mn、Hg、As)和 PC1-2(Sn、Cu、Pb、Ag、Sb)。具有相似行为的元素在 PC1 和 PC2 二元图的两个集中区被重点突出[图 5-7(b)]。PC1(载荷为 Mn、Cu、As、Ag、Sn、Sb、Hg 和 Pb)与 Mc1 和 Mc2 具有较强的关联。Py1 和 Py2 的数据点呈现出与 PC2 较清楚的反相关关系。

5.4.3　硫同位素组成

利用 LA-MC-ICP-MS 方法，总共分析了 77 个测点，其中 Py1 为 15 个测点，Py2 和 Py3 各为 12 个测点，Py4 为 14 个测点，Mc1 为 13 个测点，Mc2 为 11 个测点，所有的数据见附表 5-3。对于 Cu-Pb-Zn 矿化阶段，Py1(1.36‰~5.45‰，平均 3.15‰)比 Py2(−0.72‰~0.93‰，平均 0.09‰)具有更高的 δ^{34}S 值。对于 Ag-Pb-Zn 矿化阶段，Py3(4.62‰~7.56‰，平均 6.22‰)比 Py4(−1.09‰~1.04‰，平均 0.22‰)和 Mc1(1.07‰~3.07‰，平均 2.01‰)具有更高的 δ^{34}S 值。Mc2 有最高的 δ^{34}S 值(4.62‰~8.50‰，平均 6.33‰)。

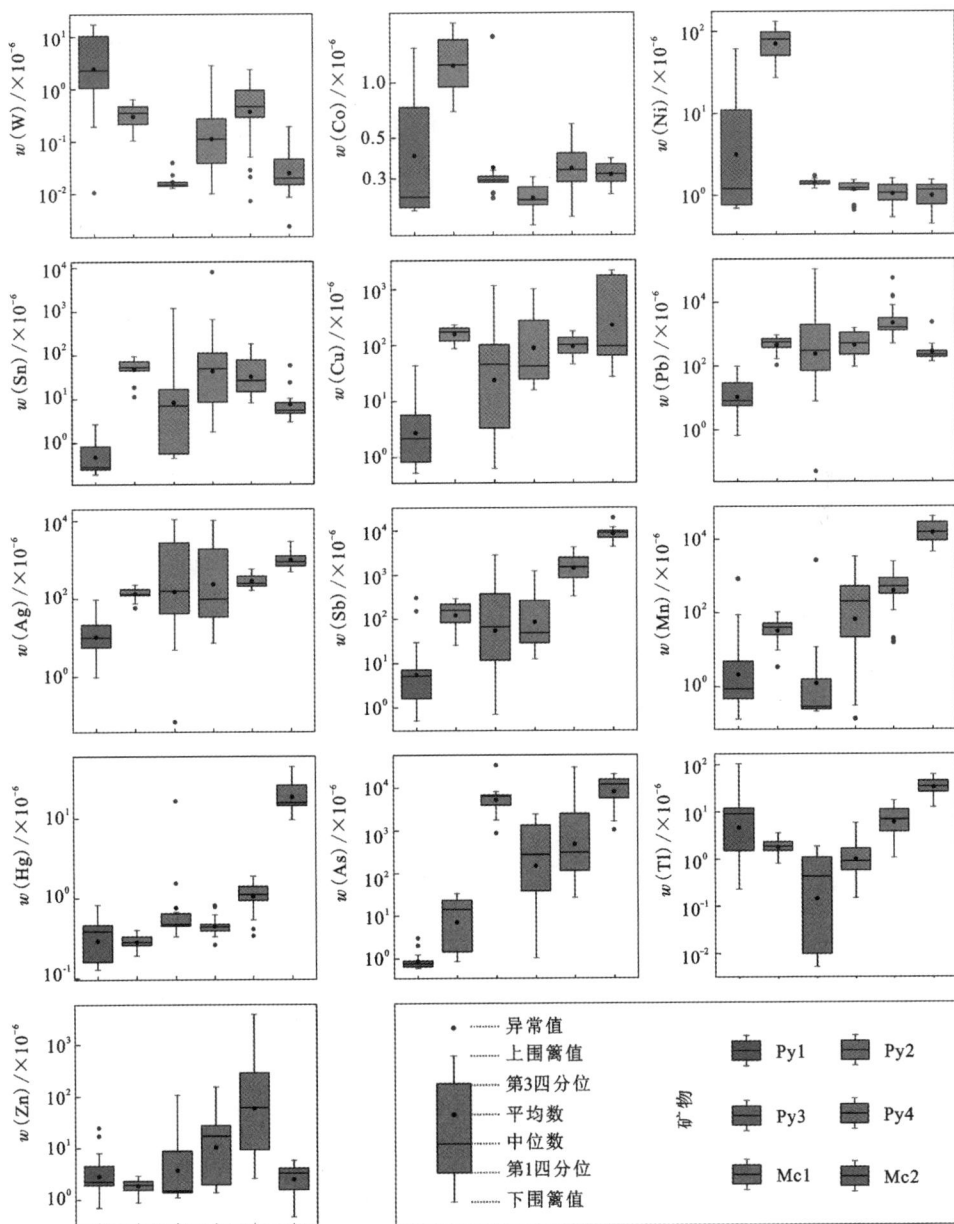

图 5-6　那更不同世代黄铁矿和白铁矿的微量元素（LA-ICP-MS）箱形图

（a）所有数据点的得分投点图；（b）PCA载荷投点图；（c）相关系数矩阵行为的结构组元素，显示相似行为的结构组元素；（d）主成分载荷图。

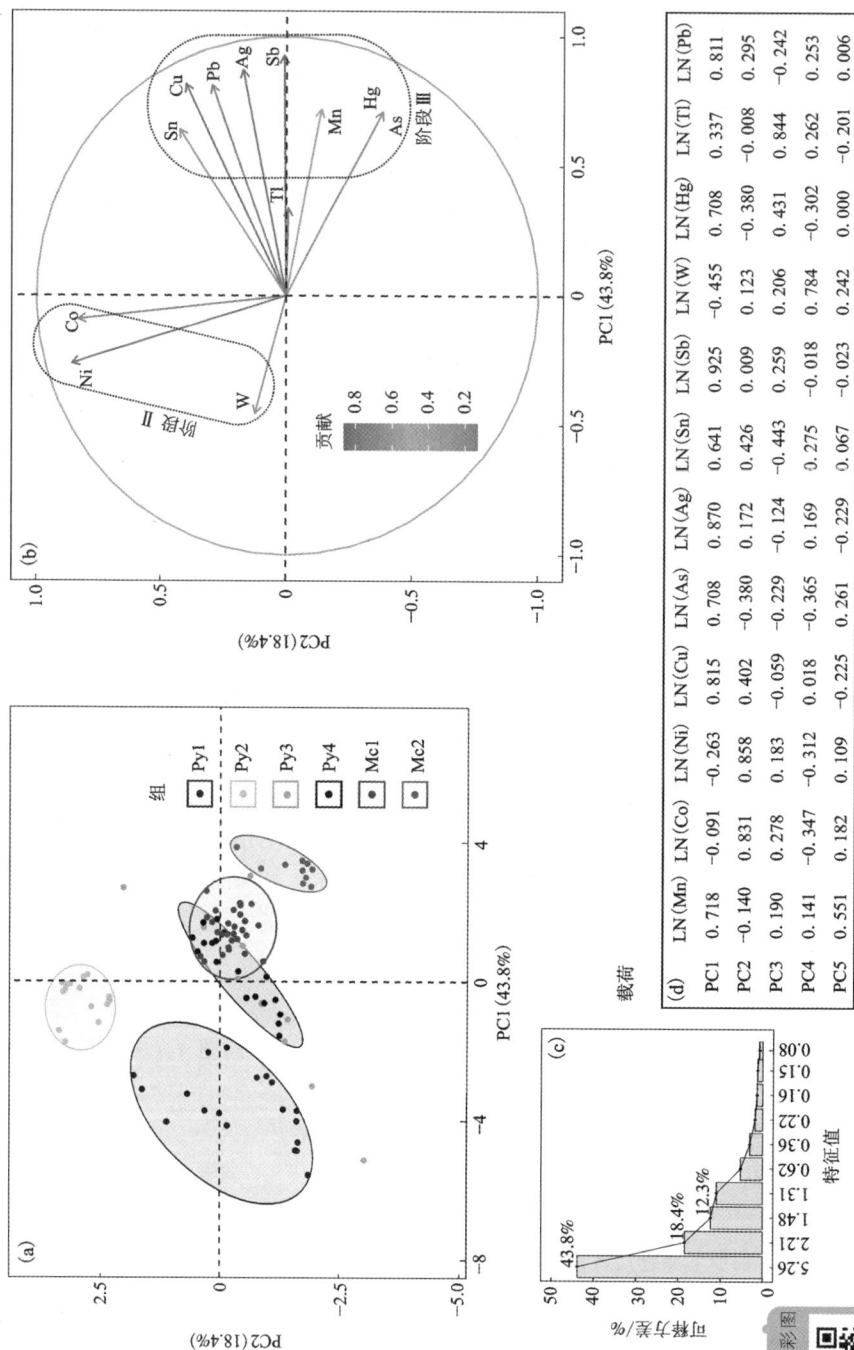

图5-7 那银不同世代黄铁矿和白铁矿微量元素含量的log-转换的主成分分析图

(d) 载荷	LN(Mn)	LN(Co)	LN(Ni)	LN(Cu)	LN(As)	LN(Ag)	LN(Sn)	LN(Sb)	LN(W)	LN(Hg)	LN(Tl)	LN(Pb)
PC1	0.718	-0.091	-0.263	0.815	0.708	0.870	0.641	0.925	-0.455	0.708	0.337	0.811
PC2	-0.140	0.831	0.858	0.402	-0.380	0.172	0.426	0.009	0.123	-0.380	-0.008	0.295
PC3	0.190	0.278	0.183	-0.059	-0.229	-0.124	-0.443	0.259	0.206	0.431	0.844	-0.242
PC4	0.141	-0.347	-0.312	0.018	-0.365	0.169	0.275	-0.018	0.784	-0.302	0.262	0.253
PC5	0.551	0.182	0.109	-0.225	0.261	-0.229	0.067	-0.023	0.242	-0.023	-0.201	0.006

5.5　讨论

5.5.1　硫化物的结构指示意义

SEM 成像表明,胶状黄铁矿 Py1 集合体呈球状和不规则带状(Barrie et al.,2009;Marinova et al.,2014)。胶状黄铁矿成因主要包括:(1)直接从流体中以非胶状的方式结晶(Haranczyk,1969;Roedder,1968);(2)胶状成核和从核往边部增生的方式结晶(Barrie et al.,2009;Marchev et al.,2004;Saunders et al.,2008)。胶状成核通常与流体沸腾有关(Marchev et al.,2004;Saunders et al.,2008),而那更流体包裹体基本为气液两相包裹体,气液比大多小于20%(Chen et al.,2020)。胶状成因黄铁矿通常在低温条件下易于形成(Marinova et al.,2014)。然而,Ⅱ阶段石英中的流体包裹体均一温度较高,主要为 270~330℃(Chen et al.,2020),利于快速成核和生长形成晶体核,最终形成胶状黄铁矿。因此,呈胶状的 Py1 可能具有非胶状的成因。由于被多孔 Py2 集合体交代,Py1 具有不完整的外部同心边缘[图 5-4(a)、(b)]。Py2 与黄铜矿、磁黄铁矿、方铅矿、闪锌矿和菱铁矿的广泛共存,暗示 Py2 是从富 Cu、Pb、Zn 的流体中结晶的。

岩相学观察表明,自形立方体 Py4 和定向结构 Mc1 倾向于沿粗粒 Py3 的边缘结晶[图 5-4(c)]。Py4 和 Mc1 为通过 Py3 的溶解再沉淀形成,主要证据包括:(1)Py3 与 Py4/Mc1 具有截然的反应前锋(Qian et al.,2011);(2)Py4 和 Mc1 具有较多孔洞(Altree-Williams et al.,2015;Putnis,2009;Qian et al.,2010);(3)Py4 较自形,指示其直接从流体中结晶(Qian et al.,2011)[图 5-4(c)]。Mc1 颗粒间隙充填了多种矿石矿物(包括方铅矿、螺硫银矿、银硫盐)[图 5-4(d)、(e)],表明银多金属的主要矿化发生在 Mc1 沉淀之后。相比之下,非定向 Mc2 在正交偏光下比 Mc1 有更宽的消光面,指示可能有不同的形成机制。Mc2 与含银矿物(如螺硫银矿、深红银矿和银黝铜矿)共生[图 5-4(f)~(i)],并且它们之间没有明显的交代关系,这显示 Mc2 可能是直接从含银流体沉淀或通过 Mc1 的固态扩散机制形成的。

5.5.2　矿物交代反应中银富集机理及微量元素行为

PCA 突显了不同世代黄铁矿和白铁矿之间的微量元素变化(图 5-7)。Ⅱ阶段黄铁矿(Py1 和 Py2)富集 W、Co 和 Ni,而Ⅲ阶段黄铁矿(Py3 和 Py4)与白铁矿(Mc1 和 Mc2)具有较高含量的 Cu、Pb、Ag、Sb、Sn、Mn、Hg 和 As(图 5-7)。所有黄铁矿和白铁矿的 Fe/S 值(0.796~0.862)均低于理论值(0.875)[图 5-8(a)],指示含矿流体在整个成矿过程中硫均为过饱和状态。

（1）Cu-Pb-Zn 成矿阶段流体调控的交代反应。

Ⅱ阶段黄铁矿（Py1 和 Py2）比Ⅲ阶段黄铁矿（Py3 和 Py4）和白铁矿（Mc1 和 Mc2）具有更高的 Co、Ni 含量，其中 Co 平均为 $0.82×10^{-6}$，Ni 平均为 $39.76×10^{-6}$。而Ⅲ阶段硫化物的 Co、Ni 含量总体低于检测限。总体来说，沉积成因黄铁矿 Co/Ni 值低于 1（Loftus-Hills 和 Solomon，1967），热液成因黄铁矿 Co/Ni 为 1~5，与 SEDEX 有关的黄铁矿 Co/Ni 值为 5~50（Bralia et al.，1979）。Py1 和 Py2 的 Co/Ni 值分别为 0.02~0.09 和 0.01~0.03，接近沉积成因黄铁矿 Co/Ni 值（Loftus-Hills 和 Solomon，1967）。Py1 和 Py2 的 δ^{34}S 值分别为平均+0.09‰ 和平均+3.15‰（附表 5-3），显示其相对较低的 Co、Ni 含量可能与花岗质侵入体产生的岩浆流体有关（Yan et al.，2012）。Py1 具有不连续的贫 S 振荡环带，且与富 Si、C 和 O 的振荡环带耦合[图 5-5（c）~（e）]。然而，Py1 显示均匀的 Fe 分布[图 5-5（f）]，表明 Py1 可能被菱铁矿（及少量的石英）以扩散反应的方式交代（Fougerouse et al.，2016；Geisler et al.，2007）。在 LA-ICP-MS 随时间剥蚀的深度信号剖面图中，可见 Py1 有 Pb 信号的尖峰[图 5-9（a）]，表明 Py1 可能含有一些硫化物包裹体（如方铅矿），并且 Py1 为热液成因。另外，相对于 Py1 而言，Py2 具有较高的金属含量（如 Sn、Cu、Pb、Ag 和 Mn）（图 5-6），表明 Py2 的沉淀环境可能发生了改变。这些元素在 LA-ICP-MS 随时间剥蚀的深度信号剖面图中显示出较平坦的信号[图 5-9（b）]，指示它们以固溶体的形式赋存于黄铁矿晶格中（Deditius et al.，2014；Hu et al.，2019；Reich et al.，2013；Tang et al.，2019）。

（2）Ag-Pb-Zn 成矿阶段中溶解—再沉淀交代反应。

粗粒结构 Py3 中金属元素含量变化较大[Ag：$0.07×10^{-6}$~$10841×10^{-6}$，Pb：$50×10^{-6}$~$108479×10^{-6}$，Sn：b.d.l.~$1202×10^{-6}$，Cu：$0.62×10^{-6}$~$1155×10^{-6}$，Sb（b.d.l.~$1155×10^{-6}$）]（图 5-6），这也与 PCA 图上数据点较散乱的情况相一致[图 5-7（a）]。这些元素在 LA-ICP-MS 随时间剥蚀的深度信号剖面图上具有尖峰分布[图 5-9（c）]，表明它们以不可见的微粒存在于 Py3 中。Ag 的信号与 Pb、Cu、Sn、Sb 等元素具有协同的变化曲线[图 5-9（c）]，并且在二元协和图中显示正相关关系[图 5-8（c）~（e）]，这表明 Ag 可能以微粒方铅矿、黄铜矿、黝锡矿、硫盐（如硫锑铅银矿、硫银锡矿、银黝铜矿）的形式进入到了 Py3 中（Cook et al.，1998；Tang et al.，2021）。

研究表明，具有非化学计量比母矿物的固溶体比具有化学计量比的子矿物在流体中具有更高的溶解度，这驱动了溶解—再沉淀过程的发生（Fougerouse et al.，2016；Geisler et al.，2007；Lippman，1980）。因为黄铁矿晶格中，S 通常在 As 的附近产生空位，所以黄铁矿中的 As 富集能有效提高流体调控的黄铁矿溶解度（Blanchard et al.，2007；Wu et al.，2019）。LA-ICP-MS 微量元素分析表明，母矿物 Py3（As：平均 $7988×10^{-6}$）比子矿物 Py4（As：平均 $658×10^{-6}$）和 Mc1（As：平均

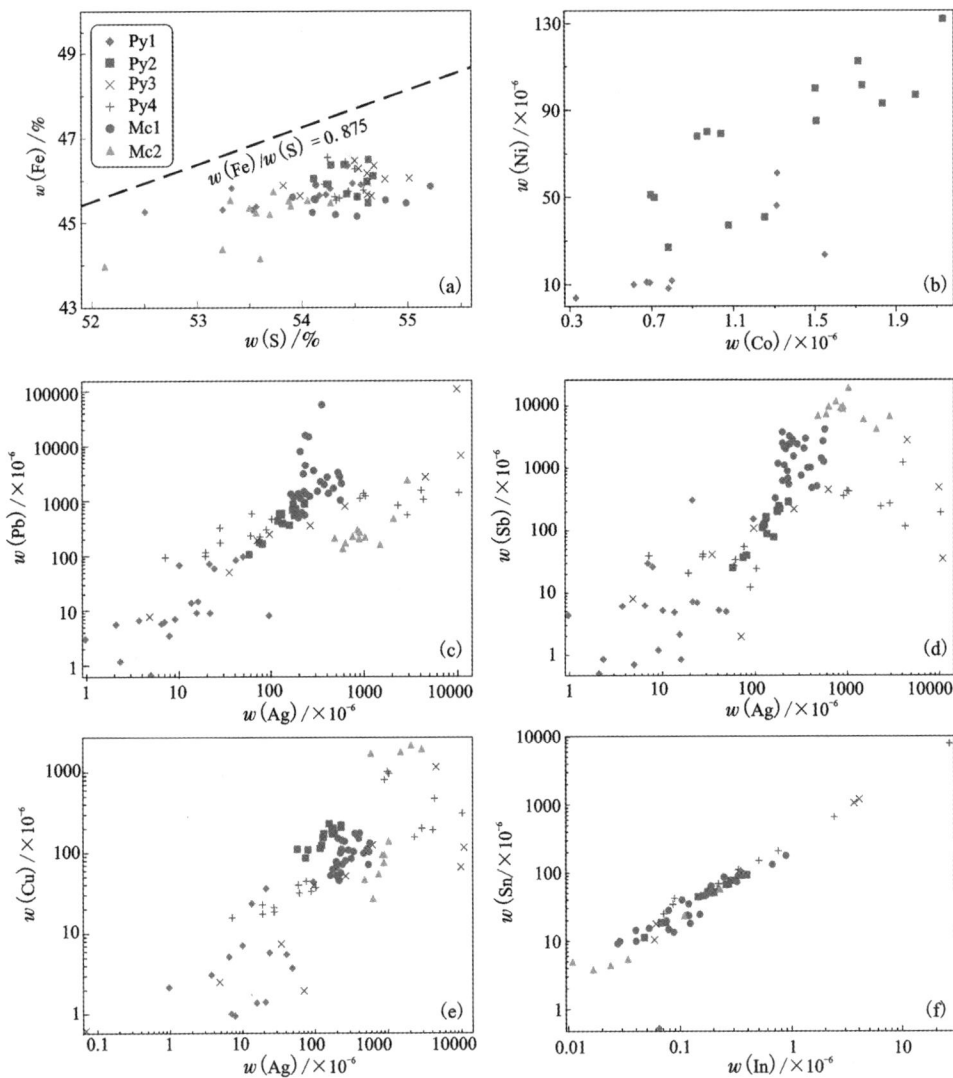

（a）w(S)-w(Fe)；（b）w(Co)-w(Ni)；（c）w(Ag)-w(Pb)；
（d）w(Ag)-w(Sb)；（e）w(Ag)-w(Cu)；（f）w(In)-w(Sn)。

图 5-8　不同世代黄铁矿和白铁矿的元素二元协变图

2607×10^{-6}）具有更高的 As 含量（图 5-6），这为流体渗入的交代反应提供了动力。

　　白铁矿的形成方式包括：①先前存在黄铁矿的氧化和溶解（Reynolds et al.，1982；Schieber，2011；Schieber 和 Riciputi，2005）；②在温度小于 220℃、pH 小于 2.5 及缺 S^{2-} 的条件下直接从热液流体中沉淀（Qian et al.，2011；Wu et al.，2019）。在那更银矿，因为所有的硫化物均具有低 Fe/S 值（0.796~0.862），所以

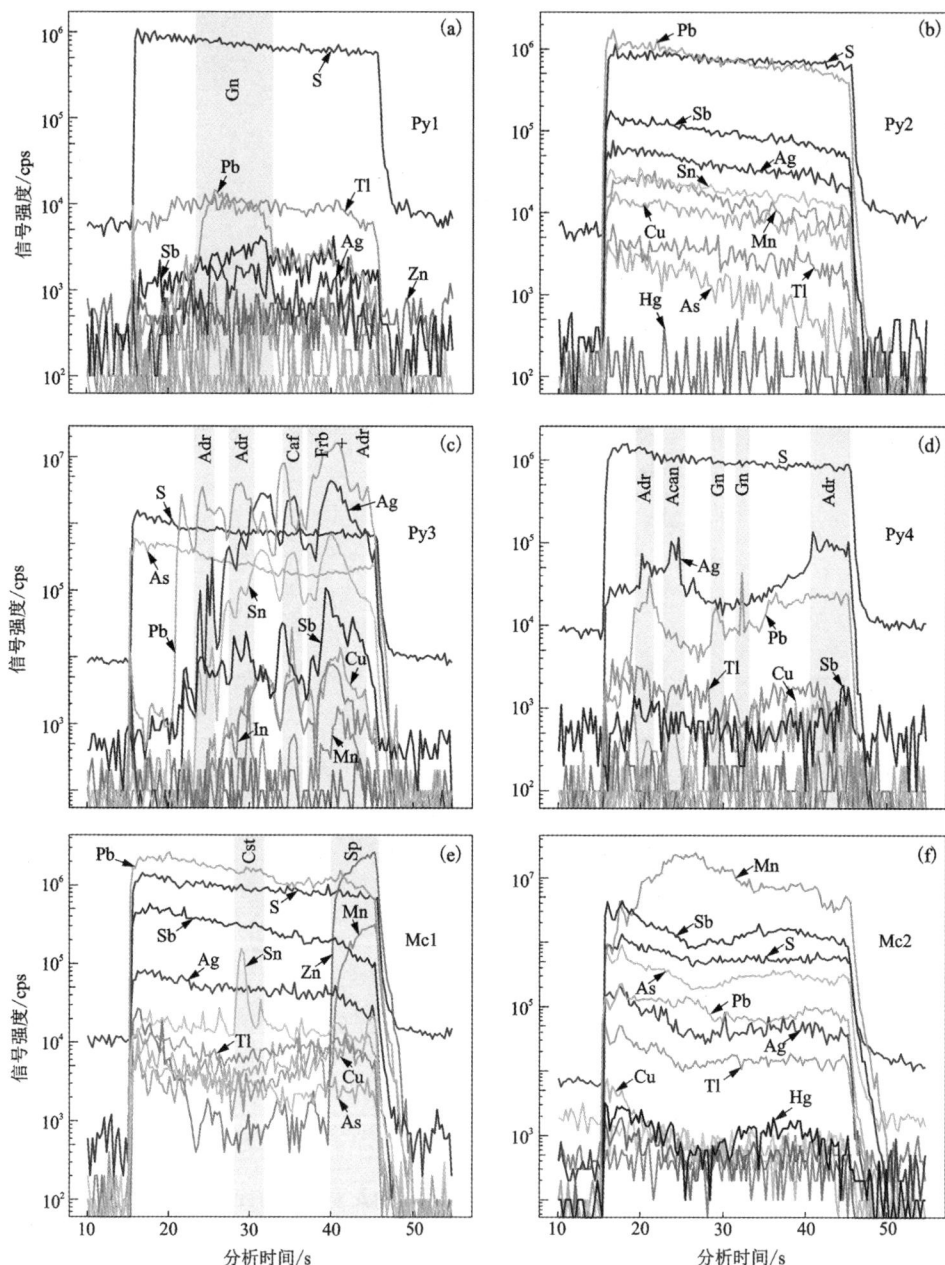

Acan—螺硫银矿；Adr—辉锑铅银矿；Caf—硫银锡矿；Cst—锡石；Frb—银黝铜矿；Gn—方铅矿。

图 5-9　不同世代黄铁矿和白铁矿的代表性 LA-ICP-MS 随时间变化信号强度图(显示银和其他金属的赋存状态)

扫一扫，看彩图

氧化作用更可能为驱动 Mc1 在缺乏 S^{2-} 的条件下形成的驱动力。Mc1 主要赋存于角砾岩化矿石中，而这种角砾岩具有从热液矿化中心向围岩的角砾化程度变弱的趋势，这指示其形成为水压致裂机制，而非构造活动机制。因此，水压致裂作用可能促进了流体通过相分离的方式变得更氧化（Wu et al.，2018）。

在自形 Py4 和定向结构 Mc1 交代粗粒 Py3 的过程中，Py4 更富集 Sn、Mn、W、Tl、Zn，Mc1 更富集 Cu、Pb、Ag、Sb、Mn、Hg、Tl、Zn、W，这些含量增加元素的来源为新渗入的流体，或是 Py3 中的硫化物包裹体（如方铅矿、闪锌矿、螺硫银矿）或硫盐包裹体（如辉锑铅银矿）以及氧化物包裹体（如锡石）活化。随时间剥蚀的深度信号剖面图 Pb、Sn、Ag、Sb、Cu、Zn 这些元素中某些元素协同的尖峰变化曲线，暗示在 Py4 和 Mc1 中存在金属硫化物或硫盐包裹体 [图 5-9(c) ~ (e)]。然而，与母矿物 Py3 相比，子矿物 Py4 和 Mc1 中的 As 含量较低，暗示在 Py 的交代过程，As 元素从 Py3 晶格中活化迁移出。由于 Py3 和 Py4 具有相似的某些金属（如 Cu、Pb、Ag、Sb、Hg）含量，表明这些金属元素可能直接从 Py3 迁移到了 Py4 中。然而，Mc1 中的这些金属元素有更高的含量，表明白铁矿比黄铁矿有更强的微量金属元素相容性，并且溶解–再沉淀过程有利于这些金属元素的富集。

（3）Ag–Pb–Zn 成矿阶段固态扩散反应。

Mc2 呈现不定向结构 [图 5-4(g) ~ (i)]，表明其可能与定向结构 Mc2 有不同的形成机制。Mc2 可能是由固态扩散反应形成的，理由主要是：①固态反应会导致化学元素含量的渐变（Geisler et al.，2003；Watson 和 Cherniak，1997），而在随时间剥蚀的深度信号剖面图中多数金属元素恰好也呈逐渐变化的趋势 [图 5-9(f)]；②当流体 pH 降低时，矿物–流体的反应会受到抑制，以利于固态扩散反应的进行（Murowchick，1992；Qian et al.，2011）。随着成矿作用的演化，逐渐增多的天水加入成矿热液（Chen et al.，2020），Mc2 与碳酸盐矿物（如菱锰矿）共生 [图 5-4(g) ~ (i)]，表明 Mc2 形成于相对较高的 pH 条件。由于 Mc2 中有大量的孔隙 [图 5-4(f) ~ (i)]，而这种孔隙非常容易通过次生体积缺陷相关反应产生（Putnis，2009；Rubatto et al.，2008；Wu et al.，2019），所以排除 Mc2 从溶液中直接沉淀结晶的可能性。

在所有分析的硫化物中，Mc2 有最高和最均一的金属元素含量（Ag：平均 1142×10^{-6}；Sb：平均 9154×10^{-6}；Mn：平均 18795×10^{-6}；Hg：平均 20.4×10^{-6}；As：平均 11237×10^{-6}；Tl：平均 35.9×10^{-6}）（图 5-6），这表明 Ag 和相关金属元素能够通过固态扩散反应迁移富集到白铁矿中，并且固态扩散反应能使 FeS_2 相（如 Mc2 之前形成的 Py4 和 Mc1）的成分均一。Mc1 和 Mc2 的密切共生关系表明，相比 Py4，Mc1 更可能为 Mc2 的潜在母矿物 [图 5-4(f) ~ (i)]。然而，Mc2 的金属元素（如 W、Sn、Cu、Pb、Zn）含量比 Mc1 低，表明这些元素在固态扩散反应中的活泼性较弱。

5.5.3 氧化还原条件及多期次流体活动对成矿作用的制约

那更黄铁矿和白铁矿的 $\delta^{34}S$ 值显示出较窄的分布范围($-1.09‰\sim8.50‰$），主要集中于$-1‰\sim3‰$和$4‰\sim7‰$[图5-10(a)]。其中$-1‰\sim3‰$的分布范围与岩浆或地幔来源的硫分布($0\pm5‰$)(Ohmoto 和 Rey，1979；Seal，2006)相吻合，表明硫主要来自岩浆硫。以往研究证明，流体温度、pH、氧化还原条件对硫化物的 $\delta^{34}S$ 有较大的影响(Cao et al.，2021；Feng et al.，2021；Ohmoto，1972；Rye 和 Ohmoto，1974；Song et al.，2019)，因此，$4‰\sim7‰$的分布范围可能是由成矿流体或通过分馏作用产生的。

Py1 和 Py2 在空间分布上紧密联系，且微量元素特征相似，表明两者在成因上密切相关。二者均有接近于 0 的 $\delta^{34}S$ 值(分别为平均 3.15‰和 0.09‰)，表明为岩浆来源硫。此外，Py1 和 Py2 赋存的石英脉 H-O 同位素研究也支持岩浆来源(Chen et al.，2020)。

因为 Py1 与磁铁矿共生[图5-4(a)]，所以其形成于更还原的条件。从 Py1 到 Py2 可见 $\delta^{34}S$ 有下降的趋势，表明可能是由富菱铁矿流体的氧化作用导致。

因为Ⅱ阶段矿脉明显被Ⅲ阶段矿脉切割[图5-2(a)]以及Ⅲ阶段的 FeS_2 相富金属元素(图5-6)，所以黄铁矿(Py3 和 Py4)与白铁矿(Mc1 和 Mc2)的形成可能与多阶段成分不同的流体有关。明显的垂向金属元素和矿物分带也支持这一说法[图5-1(d)]。以往的流体包裹体研究发现，在 Py3 赋存的石英脉流体包裹体中有大量 CH_4、C_2H_6 和 H_2 存在(Chen，2019；Kadik，2004；Peng，2021；Song et al.，2009)，说明 Py3 较正的 $\delta^{34}S$ 值(平均 6.22‰)可能与较还原的流体脉动有关。因为地幔中具有硫同位素的不均一性，大陆岩浆硫本身可能有 $5‰\sim7‰$的分布范围(Ueda 和 Sakai，1984)，因此形成 Py3 的岩浆热液本身就富集^{34}S。因为矿物交代反应是以溶解-再沉淀还是固态扩散机制的形式取决于氧化还原条件以及流体相的存在，因此流体氧化过程的硫同位素分馏可能导致子矿物(Py4：平均 0.22；Mc1：2.01‰)比母矿物(平均 6.22‰)有更低的 $\delta^{34}S$ 值(Mandeville，2010；Ohmoto，1972；Wu et al.，2018；Wu et al.，2019)。流体氧化过程中，重^{34}S 会优先进入氧化态的 S 种类中，导致流体中后结晶出来的硫化物 $\delta^{34}S$ 值下降，因此，从氧化后的流体中结晶出来的黄铁矿和白铁矿会比氧化前结晶的硫化物具有更低的 $\delta^{34}S$ 值(Mandeville，2010；Ohmoto，1972；Wu et al.，2018；Wu et al.，2019)。角砾型矿石中 Py3 和 Mc1 共存[图5-2(c)]，指示流体的氧化作用可能是水压致裂作用导致的(Wu et al.，2018；Wu et al.，2019)。此外，Mc1 共沉淀的 Py4 有更高的 $\delta^{34}S$ 值，可能是共沉淀的硫化物矿物之间的同位素交换平衡作用导致的(Kajiwara et al.，1969；Kokh et al.，2020；Li 和 Liu，2006；Ohmoto，1972)。

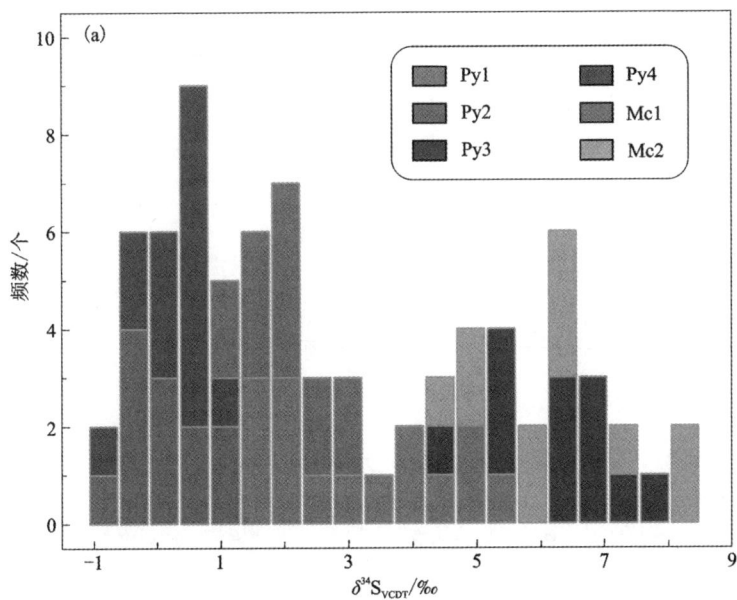

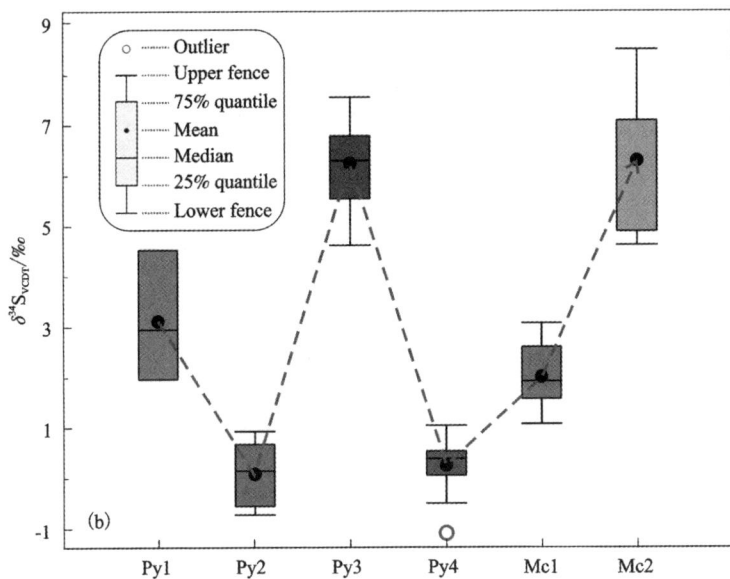

（a）直方图；（b）箱形图。

图 5-10　不同世代黄铁矿和白铁矿的 $\delta^{34}S$ 值

扫一扫，看彩图

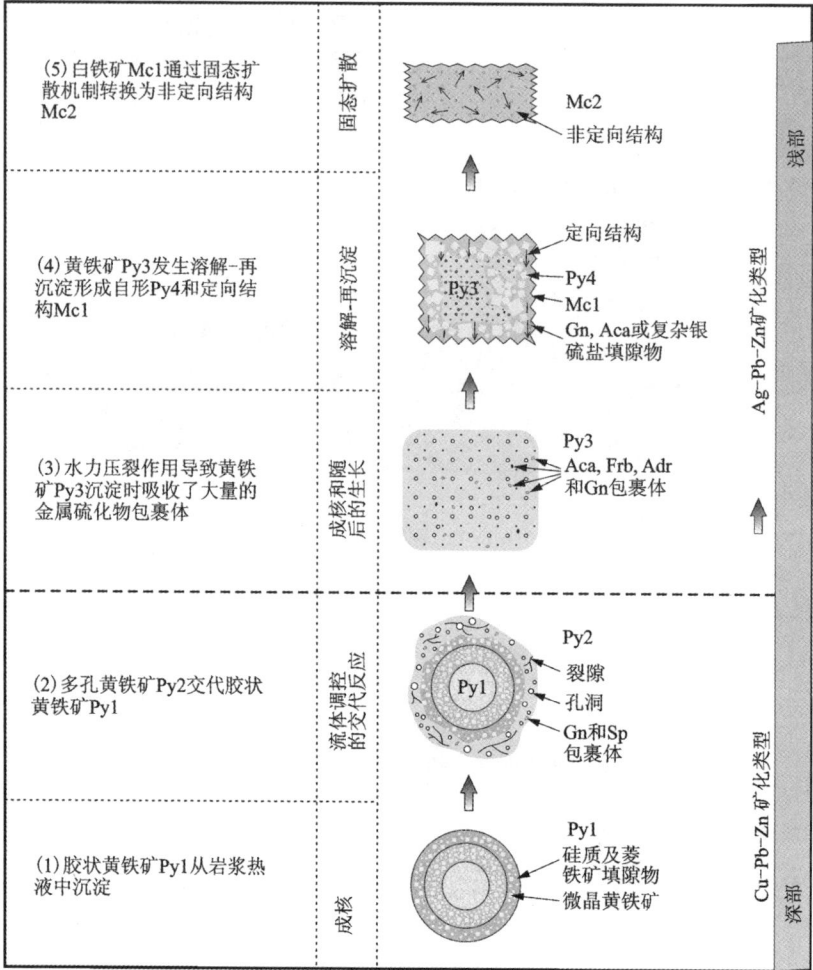

图 5-11　那更银矿与银富集相关的黄铁矿和白铁矿交代过程

　　Mc2 比典型的岩浆来源硫($0\pm5‰$)(Ohmoto 和 Rey,1979；Seal,2006)有更正的 $\delta^{34}S$ 值(平均 6.33‰)。先前石英 H-O 同位素研究表明,晚阶段天水逐渐增加,导致流体氧化和 pH 增加,进而使得硫化物具有更负的 $\delta^{34}S$ 值。然而,由于 Mc2 总与菱锰矿共存[图 5-4(f)~(i)],因此 Mc1 到 Mc2 的 $\delta^{34}S$ 值下降可能是由另一期高 $\delta^{34}S$ 值的含锰流体侵入所致。与先前导致水压致裂作用相关的矿化类型不同,新的流体渗入可能导致了细脉状矿化。总的来说,脉状矿化发生于缓慢演化的成矿流体,这有利于固态扩散作用的进行,从而形成富银 Mc2。同时,多期次间歇性水压致裂作用引起的快速降压可能会导致二硫化物络合物失稳,有利于 Py3 的溶解以及 Py4 和 Mc1 的沉淀(图 5-11)。

那更黄铁矿白铁矿结构、化学成分及硫同位素记录了热液银多金属矿体系的演化(图 5-11)。总体来说,以往的流体包裹体研究和 PCA 分析以及 Py1-Py2 贫金属元素特征(特征金属组合:Co-Ni-Mn)(图 5-7)表明,在相对高温的 Cu-Pb-Zn 成矿阶段(主要 270~330℃),主要有 Cu 和一些 Pb、Zn 矿化发生(Chen et al.,2020)。相对之下,Py3-Py4 和 Mc1-Mc2 具有富金属元素特征(特征金属组合:Ag-Pb-Zn-Mn-Sb-Hg-As-Cu-Sn)(图 5-7),表明在相对较低的温度下(主要 150~250℃),这些金属更利于沉淀(Chen et al.,2020)。从母矿物 Py1(平均 3.15‰)到 Py2(平均 0.09‰)以及从母矿物 Py3(平均 6.22‰)到子矿物 Py4(平均 0.22‰)和 Mc1(平均 2.01‰)均有 $\delta^{34}S$ 值的下降,揭示了两期流体氧化事件,这可能诱发了深部 Cu-Pb-Zn 和浅部 Ag-Pb-Zn 的硫化物或硫盐沉淀(图 5-11)。结合 Ⅱ 和 Ⅲ 成矿阶段的明显穿插关系,Py2 和 Py3 具有明显的化学性质差异(如 Py2 成分均一,Py3 富包裹体)和 $\delta^{34}S$ 值差异(如 Py2 为平均 0.09‰,Py3 为平均 6.22‰),指示两期截然不同的流体活动。Py3 和菱铁矿以及 Mc2 和菱锰矿的密切共生关系表明,两期流体活动,还包括次生流体渗入,并且富碳酸盐的流体渗入可能驱动了矿物交代反应的发生,因此加强了矿化作用。

总的来说,多期次的流体活动可能促进了矿物交代反应的发生。成矿流体氧化还原状态控制了交代反应路径(溶解-再沉淀或者固态扩散反应)。此外,本次研究认为:(1)固态扩散反应可能比溶解-再沉淀机制在富集金属元素方面更高效;(2)在黄铁矿和白铁矿同时沉淀时,银更容易进入白铁矿中,可见白铁矿中的潜在银资源(达到几千×10^{-6})需要充分重视。

5.6　结论

(1)结合主成分分析,硫化物结构特征和 LA-ICP-MS 微量元素特征表明,在黄铁矿和白铁矿同时沉淀时,银更倾向于进入白铁矿中。

(2)那更富银定向结构白铁矿(Mc1)主要在相对高温和高氧逸度的条件下,从形成角砾状矿石的流体中沉淀;而富银非定向结构白铁矿(Mc2)具有化学成分的渐变不均匀特征,且从低温和高 pH 条件下形成脉状矿石的流体中沉淀,通常与碳酸盐矿物共生。这些显著的差异表明,成矿流体成分和物化条件可能制约了矿物交代作用的反应方式(溶解-再沉淀或固态扩散)。

(3)那更黄铁矿和白铁矿总体具有较正的 $\delta^{34}S$ 值(-1.09‰~8.50‰),指示硫主要来自岩浆作用;不同世代黄铁矿和白铁矿的 $\delta^{34}S$ 值的差异由多期次脉动流体的本质特征和水压致裂作用、天水混合引起的物化条件变化控制。

第6章 主要结论及展望

通过本次对那更银矿区岩浆作用与成矿机理的研究，主要获得了以下结论：

(1)那更贫晶体流纹岩、富晶体英安玢岩、富晶体流纹英安岩具有相似的 Nd 同位素和锆石 Hf 同位素、球粒陨石标准化稀土元素配分曲线以及 $^{207}Pb/^{204}Pb$、$^{208}Pb/^{204}Pb$ 与 $^{206}Pb/^{204}Pb$ 较好的线性关系，表明这些岩石具有共同的岩浆来源。这些岩石具有亏损的全岩 $\varepsilon_{Nd}(t)$ 值($-9.7 \sim -7.4$)和锆石 $\varepsilon_{Hf}(t)$ 值($-7.2 \sim -3.5$)以及古元古代的二阶段模式年龄($1707 \sim 1474$ Ma)，表明岩浆来自古老下地壳。

(2)那更(次)火山岩中的锆石核边年龄差距揭示了长达 15 Myr 的岩浆房过程，包括从初始岩浆就位到贫晶体流纹质熔体提取再到富晶体流纹英安质熔体喷发。

(3)那更(次)火山岩的锆石 Ti 温度计揭示了晶粥在岩浆房中长期以近固相线的温度储存的现象。富挥发分岩浆热液流体的加入可能通过降低熔融温度的形式活化了残余晶粥，形成了富晶体流纹英安岩。

(4)那更晚二叠世—中三叠世复式岩体形成于富集地幔来源与新生下地壳来源熔体的混合作用。然而，那更(玄武)安山岩来自新生下地壳的部分熔融。

(5)形成那更晚二叠世—中三叠世侵入-火山杂岩的岩浆可能在深部完全冷却或火山喷发前经历了长达 $8 \sim 9$ Myr 的储存过程。

(6)形成那更晚二叠世—中三叠世侵入-火山杂岩的岩浆在深部岩浆储库以近固相线的温度状态储存。

(7)东昆仑古特提斯俯冲作用开启于约 271 Ma，终结于约 240 Ma。

(8)结合主成分分析、硫化物结构特征和 LA-ICP-MS 微量元素特征表明，在黄铁矿和白铁矿同时沉淀时，银更倾向于进入白铁矿中。

(9)那更富银定向结构白铁矿(Mc1)主要形成于相对高温和高氧逸度的条件，且从形成角砾状矿石的流体中沉淀；而富银非定向结构白铁矿(Mc2)具有化学成分的不均匀渐变特征，且从低温和高 pH 条件下形成脉状矿石的流体中沉淀，通常与碳酸盐矿物共生。这些显著的差异表明，成矿流体成分和物化条件可能制约了矿物交代作用的反应方式(溶解-再沉淀或固态扩散)。

（10）那更黄铁矿和白铁矿总体较正的 $\delta^{34}S$ 值（$-1.09‰\sim8.50‰$），指示硫主要来自岩浆作用；不同世代黄铁矿和白铁矿的 $\delta^{34}S$ 值的差异由多期次脉动流体的固有性质和水压致裂作用、天水混合引起的物化条件变化控制。

本次研究还存在的问题包括：

（1）锆石的封闭温度较高，可能没有记录低温体系的过程。

（2）锆石的 Ce^{4+}/Ce^{3+} 参数示踪氧化还原条件目前还有较大的争议。

（3）晶粥再活化形成富晶体流纹英安岩的流体与挥发分来源并没有得到很好的约束。

磷灰石 $[Ca_5(PO_4)_3(F,\ Cl,\ OH)]$ 在自然界三大岩类及一些岩浆热液矿床中均广泛分布，因其独有的结构，能吸收 F、Cl、H_2O 等多种挥发分进入其晶格，因此下一步拟利用磷灰石的元素和同位素组成进一步示踪晶粥的再活化过程及流体驱动机理，具体如下：

（1）利用磷灰石显微镜及扫描电镜结构分析，查明形态、结构、包裹体及元素分带。

（2）利用磷灰石微区原位 SIMS Cl-H-O 同位素分析，阐明流体与挥发分的来源。

（3）利用磷灰石微区原位主微量元素分析，剖析 f_{O_2} 变化，定量刻画流体及挥发分演变。

参考文献

［1］ Abart R, Petrishcheva E, Fischer F D, et al. Thermodynamic model for diffusion controlled reaction rim growth in a binary system: Application to the forsterite-enstatite-quartz system ［J］. American Journal of Science, 2009, 309(2): 114-131.

［2］ Ackerson M R, Mysen B O, Tailby N D, et al. Low-temperature crystallization of granites and the implications for crustal magmatism［J］. Nature, 2018, 559(7712): 94-97.

［3］ Adegoke I A, Xia F, Deditius A P, et al. A new mode of mineral replacement reactions involving the synergy between fluid-induced solid-state diffusion and dissolution-reprecipitation: A case study of the replacement of bornite by copper sulfides［J］. Geochimica et Cosmochimica Acta, 2021: S0016703721002325.

［4］ Altree-Williams A, Pring A, Ngothai Y, et al. Textural and compositional complexities resulting from coupled dissolution-reprecipitation reactions in geomaterials［J］. Earth Science Reviews, 2015, 150: 628-651.

［5］ Annen C. From plutons to magma chambers: thermal constraints on the accumulation of eruptible silicic magma in the upper crust［J］. Earth and Planetary Science Letters, 2009, 284(3-4): 409-416.

［6］ Annen C, Blundy J D, Leuthold J, et al. Construction and evolution of igneous bodies: Towards an integrated perspective of crustal magmatism［J］. Lithos, 2015, 230: 206-221.

［7］ Arakawa Y, Endo D, Oshika J, et al. High-silica rhyolites of Niijima volcano in the northern Izu-Bonin arc, Japan: Petrological and geochemical constraints on magma generation and supply ［J］. Lithos, 2019, 330-331: 223-237.

［8］ Asimow P D, Langmuir C H. The importance of water to oceanic mantle melting regimes ［J］. Nature, 2003, 421(6925): 815-820.

［9］ Aubaud C. Hydrogen partition coefficients between nominally anhydrous minerals and basaltic melts［J］. Geophysical Research Letters, 2004, 31(20): L20611.

［10］ Ayers J. Trace element modeling of aqueous fluid-peridotite interaction in the mantle wedge of subduction zones［J］. Contributions to Mineralogy and Petrology, 1998, 132(4): 390-404.

［11］ Ba J, Chen N S, Wang Q Y, et al. Nd-Sr-Pb isotopic compositions of cordierite granite on southern margin of the Qaidam Block, NW China, and constraints on its petrogenesis, tectonic affinity of source region and tectonic implications［J］. Journal of Earth Science, 2012, 37

（Suppl.）：80-92.

[12] Bachmann O, Bergantz G. The magma reservoirs that feed supereruptions[J]. Elements, 2008, 4(1)：17-21.

[13] Bachmann O, Bergantz G W. On the origin of crystal-poor rhyolites：Extracted from batholithic crystal mushes[J]. Journal of Petrology, 2004, 45(8)：1565-1582.

[14] Bachmann O, Bergantz G W. Gas percolation in upper-crustal silicic crystal mushes as a mechanism for upward heat advection and rejuvenation of near-solidus magma bodies[J]. Journal of Volcanology and Geothermal Research, 2006, 149(1-2)：85-102.

[15] Bachmann O, Bergantz G W. Rejuvenation of the Fish Canyon magma body：A window into the evolution of large-volume silicic magma systems[J]. Geology, 2003, 31(9)：789-792.

[16] Bachmann O, Deering C D, Lipman P W, et al. Building zoned ignimbrites by recycling silicic cumulates：Insight from the 1000 km^3 Carpenter Ridge Tuff, CO[J]. Contributions to Mineralogy and Petrology, 2014, 167(6)：1-13.

[17] Bachmann O, Dungan M A, Lipman B W. The Fish Canyon magma body, San Juan volcanic field, Colorado：Rejuvenation and eruption of an upper-crustal batholith[J]. Journal of Petrology, 2002, 43(8)：1469-1503.

[18] Bachmann O, Huber C. Silicic magma reservoirs in the Earth's crust[J]. American Mineralogist, 2016, 101(11)：2377-2404.

[19] Bachmann O, Miller C F, de Silva S L. The volcanic-plutonic connection as a stage for understanding crustal magmatism[J]. Journal of Volcanology and Geothermal Research, 2007, 167(1-4)：1-23.

[20] Baker D R. Granitic melt viscosity and dike formation[J]. Journal of Structural Geology, 1998, 20(9-10)：1395-1404.

[21] Ballard J R, Palin J M, Campbell I H. Relative oxidation states of magmas inferred from Ce (Ⅳ)/Ce(Ⅲ) in zircon：application to porphyry copper deposits of northern Chile. Contributions to Mineralogy and Petrology, 2002, 144(3)：347-364.

[22] Barboni M, Annen C, Schoene B. Evaluating the construction and evolution of upper crustal magma reservoirs with coupled U/Pb zircon geochronology and thermal modeling：a case study from the Mt. Capanne pluton(Elba, Italy)[J]. Earth and Planetary Science Letters, 2015, 432：436-448.

[23] Barboni M, Boehnke P, Schmitt A K, et al. Warm storage for arc magmas[J]. Proceedings of the National Academy of Sciences, 2016, 113(49)：13959-13964.

[24] Barrie C D, Boyce A J, Boyle A P, et al. Growth controls in colloform pyrite[J]. American Mineralogist, 2009, 94(4)：415-429.

[25] Barth A P, Feilen A D G, Yager S L, et al. Petrogenetic connections between ash-flow tuffs and a granodioritic to granitic intrusive suite in the Sierra Nevada arc, California[J]. Geosphere, 2012, 8(2)：250-264.

[26] Bauer M E, Burisch M, Ostendorf J, et al. Trace element geochemistry of sphalerite in

contrasting hydrothermal fluid systems of the Freiberg district, Germany: insights from LA-ICP-MS analysis, near-infrared light microthermometry of sphalerite-hosted fluid inclusions, and sulfur isotope geochemistry[J]. Mineralium Deposita, 2019, 54(2): 237-262.

[27] Behrens H, Gaillard F. Geochemical aspects of melts: volatiles and redox behavior[J]. Elements, 2006, 2(5): 275-280.

[28] Belissont R, Boiron M C, Luais B, et al. LA-ICP-MS analyses of minor and trace elements and bulk Ge isotopes in zoned Ge-rich sphalerites from the Noailhac-Saint-Salvy deposit (France): Insights into incorporation mechanisms and ore deposition processes[J]. Geochimica et Cosmochimica Acta, 2014, 126: 518-540.

[29] Belousova E, Griffin W, O'Reilly S Y, et al. Igneous zircon: trace element composition as an indicator of source rock type[J]. Contributions to Mineralogy and Petrology, 2002, 143(5): 602-622.

[30] Berger A, Burri T, Alt-Epping P, et al. Tectonically controlled fluid flow and water-assisted melting in the middle crust: an example from the Central Alps[J]. Lithos, 2008, 102(3-4): 598-615.

[31] Bian Q T, Li D H, Pospelov I, et al. Age, geochemistry and tectonic setting of Buqingshan ophiolites, North Qinghai-Tibet Plateau, China[J]. Journal of Asian Earth Sciences, 2004, 23(4): 577-596.

[32] Blanchard M, Alfredsson M, Brodholt J, et al. Arsenic incorporation into FeS_2 pyrite and its influence on dissolution: A DFT study[J]. Geochimica et Cosmochimica Acta, 2007, 71(3): 624-630.

[33] Blichert-Toft J, Chauvel C, Albarède F. Separation of Hf and Lu for high-precision isotope analysis of rock samples by magnetic sector-multiple collector ICP-MS[J]. Contributions to Mineralogy and Petrology, 1997, 127(3): 248-260.

[34] Blundy J, Wood B. Prediction of crystal-melt partition coefficients from elastic moduli[J]. Nature, 1994, 372(6505): 452-454

[35] Boudreau A. Fluid fuxing of cumulates: the J-M Reef and associated rocks of the Stillwater complex, Montana[J]. Journal of Petrology, 1999, 40(5): 755-772.

[36] Bourdon B. Melting dynamics beneath the Tonga-Kermadec island arc inferred from $^{231}Pa-^{235}U$ systematics[J]. Science, 1999, 286(5449): 2491-2493.

[37] Bouvet de Maisonneuve C, Forni F, Bachmann O. Magma reservoir evolution during the build up to and recovery from caldera-forming eruptions-A generalizable model? [J] Earth Science Reviews, 2021, 218: 103684.

[38] Bralia A, Sabatini G, Troja F. A revaluation of the Co/Ni ratio in pyrite as geochemical tool in ore genesis problems: Evidences from southern tuscany pyritic deposits[J]. Mineralium Deposita, 1979, 14(3): 353-374.

[39] Brown E H, McClelland W C. Pluton emplacement by sheeting and vertical ballooning in part of the southeast Coast Plutonic Complex, British Columbia[J]. Geological Society of America

Bulletin, 2000, 112(5): 708-719.

[40] Bryan S E, Ferrari L, Reiners P W, et al. New insights into crustal contributions to large-volume rhyolite generation in the Mid-Tertiary Sierra Madre Occidental Province, Mexico, revealed by U-Pb geochronology[J]. Journal of Petrology, 2008, 49(1): 47-77.

[41] Burgisser A, Bergantz G W. A rapid mechanism to remobilize and homogenize highly crystalline magma bodies[J]. Nature, 2011, 471(7337): 212-215.

[42] Burnham A D, Berry A J. The effect of oxygen fugacity, melt composition, temperature and pressure on the oxidation state of cerium in silicate melts[J]. Chemical Geology, 2014, 366: 52-60.

[43] Cadoux A, Blichert-Toft J, Pinti D L, et al. A unique lower mantle source for Southern Italy volcanics[J]. Earth and Planetary Science Letters, 2007, 259(3-4): 227-238.

[44] Cao H W, Li G M, Zhang R Q, et al. Genesis of the Cuonadong tin polymetallic deposit in the Tethyan Himalaya: Evidence from geology, geochronology, fluid inclusions and multiple isotopes[J]. Gondwana Research, 2021, 92: 72-101.

[45] Carlson W D. Dependence of reaction kinetics on H_2O activity as inferred from rates of intergranular diffusion of aluminium[J]. Earth and Planetary Science Letters, 2010, 28(7): 735-752.

[46] Cashman K V, Sparks R S J, Blundy J D. Vertically extensive and unstable magmatic systems: A unified view of igneous processes[J]. Science, 2017, 355(6331): eaag3055.

[47] Castillo P R. Adakite petrogenesis[J]. Lithos, 2012, 134-135: 304-316.

[48] Charlier B L A, Ginibre C, Morgan D, et al. Methods for the microsampling and high-precision analysis of strontium and rubidium isotopes at single crystal scale for petrological and geochronological applications[J]. Chemical Geology, 2006, 232(3-4): 114-133.

[49] Charlier B L A, Wilson C J N, Lowenstern J B, et al. Magma generation at a large, hyperactive silicic volcano(Taupo, New Zealand)revealed by U-Th and U-Pb systematics in zircons[J]. Journal of Petrology, 2005, 46(1): 3-32.

[50] Chen G C, Pei X Z, Li R B, et al. Lithospheric extension of the post-collision stage of the Paleo-Tethys oceanic system in the East Kunlun Orogenic Belt: insights from Late Triassic Plutons[J]. Earth Science Frontiers, 2019, 26(4): 191-208.

[51] Chen G C, Pei X Z, Li R B, et al. Late Triassic magma mixing in the East Kunlun orogenic belt: a case study of Hehegang Xilikete granodiorites[J]. Geology in China, 2013, 40(4): 1044-1065.

[52] Chen N S, Wang X Y, Zhang H F, et al. Geochemistry and Nd-Sr-Pb isotopic compositions of granitoids from Qaidam and Oulongbuluke micro-blocks, NW China: constraints on basement nature and tectonic affinity[J]. Journal of Earth Science, 2007, 32(1): 7-21.

[53] Chen Q, Sun M, Zhao G, et al. Origin of the mafic microgranular enclaves(MMEs)and their host granitoids from the Tagong pluton in Songpan-Ganze terrane: An igneous response to the closure of the Paleo-Tethys ocean[J]. Lithos, 2017, 290-291: 1-17.

[54] Chen S J, Li R S, Ji W H, et al. The Permian lithofacies paleogeographic characteristics and basin-mountain conversion in the Kunlun Orogenic Belt[J]. Geology in China, 2010, 37(2): 374-393.

[55] Chen X D. Ore-Forming Processes of the Nageng Large Ag-Polymetallic Deposit, East Kunlun Orogen, NW China[D]. Chengdu: Chengdu University of Technology, 2019, 1-113.

[56] Chen X D, Li B, Sun C B, et al. Protracted storage for calc-alkaline andesitic magma in magma chambers: Perspective from the Nageng andesite, East Kunlun Orogen, NW China [J]. Minerals, 2021, 11(2): 198.

[57] Chen X D, Li B, Tang L, et al. Silver enrichment and trace element deportment in hydrothermal replacement reactions: Perspective from the Nageng Ag-polymetallic deposit, East Kunlun Orogen, NW China[J]. Ore Geology Reviews, 2022, 142: 104691.

[58] Chen X D, Li Y G, Li M T, et al. Ore geology, fluid inclusions, and C-H-O-S-Pb isotopes of Nagengkangqieergou Ag - polymetallic deposit, East Kunlun Orogen, NW China [J]. Geological Journal, 2020, 55(4): 2572-2590.

[59] Claiborne L L, Miller C F, Flanagan D M, et al. Zircon reveals protracted magma storage and recycling beneath Mount St. Helens[J]. Geology, 2010a, 38(11): 511-531.

[60] Claiborne L L, Miller C F, Walker B A, et al. Tracking magmatic processes through Zr/Hf ratios in rocks and Hf and Ti zoning in zircons: An example from the Spirit Mountain batholith, Nevada[J]. Mineralogical Magzine, 2006, 70(5): 517-543.

[61] Claiborne L L, Miller C F, Wooden J L. Trace element composition of igneous zircon: a thermal and compositional record of the accumulation and evolution of a large silicic batholith, Spirit Mountain, Nevada[J]. Contributions to Mineralogy and Petrology, 2010b, 160(4): 511-531.

[62] Cliff R A, Hanser A, Hofmann A W. Evaluation of a ^{202}Pb-^{205}Pb Double Spike for High-Precision Lead Isotope Analysis [J]. Earth Processes: Reading the Isotopic Code, 1996, 95: 429.

[63] Coleman D S, Gray W, Glazner A F. Rethinking the emplacement and evolution of zoned plutons: Geochronologic evidence for incremental assembly of the Tuolumne Intrusive Suite, California[J]. Geology, 2004, 32(5): 433-436.

[64] Connelly J N, Bizzarro M. Lead isotope evidence for a young formation age of the Earth-Moon system[J]. Earth and Planetary Science Letters, 2016, 452: 36-43.

[65] Connelly J N, Bollard J, Bizzarro M. Pb-Pb chronometry and the early Solar System [J]. Geochimica et Cosmochimica Acta, 2017, 201: 345-363.

[66] Cook N J, Ciobanu C L, Mao J W. Textural control on gold distribution in As-free pyrite from the Dongping, Huangtuliang and Hougou gold deposits, North China Craton(Hebei Province, China)[J]. Chemical Geology, 2009a, 264(1-4): 101-121.

[67] Cook N J, Ciobanu C L, Pring A, et al. Trace and minor elements in sphalerite: A LA-ICPMS study[J]. Geochimica et Cosmochimica Acta, 2009b, 73(16): 4761-4791.

［68］ Cook N J, Spry P G, Vokes F M. Mineralogy and textural relationships among sulphosalts and related minerals in the Bleikvassli Zn−Pb−(Cu) deposit, Nordland, Norway［J］. Mineralium Deposita 1998, 34(1): 35−56.

［69］ Cooper K M, Kent A J R. Rapid remobilization of magmatic crystals kept in cold storage ［J］. Nature, 2014, 506(7489): 480−483.

［70］ Costa A. Viscosity of high crystal content melts: Dependence on solid fraction: CRYSTAL− CONTENT VISCOSITY DEPENDENCE［J］. Geophysical Research Letters, 2005, 32 (22): L22308.

［71］ Couch S, Sparks R S J, Carroll M R. Mineral disequilibrium in lavas explained by convective self-mixing in open magma chambers［J］. Nature, 2001, 411(6841): 1037−1039.

［72］ Dasgupta R, Hirschmann M M. Melting in the Earth's deep upper mantle caused by carbon dioxide［J］. Nature, 2006, 440(7084): 659−662.

［73］ Dasgupta R, Hirschmann M M, Smith N D. Water follows carbon: CO_2 incites deep silicate melting and dehydration beneath mid-ocean ridges［J］. Geology, 2007, 35(2): 135−138.

［74］ Deditius A P, Reich M, Kesler S E, et al. The coupled geochemistry of Au and As in pyrite from hydrothermal ore deposits［J］. Geochimica et Cosmochimica Acta, 2014, 140: 644−670.

［75］ Deering C D, Keller B, Schoene B, et al. Zircon record of the plutonic-volcanic connection and protracted rhyolite melt evolution［J］. Geology, 2016, 44(4): 267−270.

［76］ Di Salvo S, Avanzinelli R, Isaia R, et al. Crystal-mush reactivation by magma recharge: Evidence from the Campanian Ignimbrite activity, Campi Flegrei volcanic field, Italy ［J］. Lithos, 2020, 376−377: 105780.

［77］ Ding Q F, Jiang S Y, Sun F Y. Zircon U−Pb geochronology, geochemical and Sr−Nd−Hf isotopic compositions of the Triassic granite and diorite dikes from the Wulonggou mining area in the Eastern Kunlun Orogen, NW China: Petrogenesis and tectonic implications［J］. Lithos, 2014, 205: 266−283.

［78］ Dohmen R, Milke R. Diffusion in polycrystalline materials: Grain boundaries, mathematical models, and experimental data［J］. Reviews in Mineralogy and Geochemistry, 2010, 72(1): 921−970.

［79］ Dong Y, He D, Sun S, et al. Subduction and accretionary tectonics of the East Kunlun Orogen, Western segment of the Central China Orogenic System［J］. Earth Science Reviews, 2018, 186: 231−261.

［80］ Duan G, Brugger J, Etschmann B, et al. Formation of Mg−carbonates and Mg−hydroxides via calcite replacement controlled by fluid pressure［J］. Contributions to Mineralogy and Petrology, 2021, 176(1): 1−14.

［81］ Dubé B, Williamson K, Mcnicoll V, et al. Timing of gold mineralization at Red Lake, Northwestern Ontario, Canada: New constraints from U−Pb geochronology at the Goldcorp

High-Grade Zone, Red Lake Mine, and the Madsen Mine[J]. Economic Geology, 2004, 99(8): 1611-1631.

[82] Faure G, Mensing T M. Isotopes: Principles and Applications[M]. Hoboken: John Wiley & Sons, Inc, 2005.

[83] Feng J Y, Tang L, Santosh M, et al. Genesis of hydrothermal gold mineralization in the Qianhe deposit, central China: Constraints from in situ sulphur isotope and trace elements of pyrite [J]. Geological Journal, 2021, 56(6): 3241-3256.

[84] Feng Y, Yuan W, Tian Y, et al. Preservation and exhumation history of the Harizha-Halongxiuma mining area in the East Kunlun Range, Northeastern Tibetan Plateau, China [J]. Ore Geology Reviews, 2017, 90: 1018-1031.

[85] Ferry J M, Watson E B. New thermodynamic models and revised calibrations for the Ti-in-zircon and Zr-in-rutile thermometers[J]. Contributions to Mineralogy and Petrology, 2007, 154(4): 429-437.

[86] Foley M L, Miller C F, Gualda G A R. Architecture of a super-sized magma chamber and remobilization of its basal cumulate(Peach Spring Tuff, USA)[J]. Journal of Petrology, 2020, 61(1): egaa020.

[87] Folkes C B, de Silva S L, Wright H M, et al. Geochemical homogeneity of a long-lived, large silicic system: evidence from the Cerro Galán caldera, NW Argentina [J]. Bulletin of Volcanology, 2011, 73(10): 1455-1486.

[88] Forni F, Bachmann O, Mollo S, et al. The origin of a zoned ignimbrite: Insights into the Campanian Ignimbrite magma chamber (Campi Flegrei, Italy) [J]. Earth and Planetary Science Letters, 2016, 449: 259-271.

[89] Fougerouse D, Micklethwaite S, Tomkins A G, et al. Gold remobilisation and formation of high grade ore shoots driven by dissolution-reprecipitation replacement and Ni substitution into auriferous arsenopyrite[J]. Geochimica et Cosmochimica Acta, 2016, 178: 143-159.

[90] Frenzel M, Hirsch T, Gutzmer J. Gallium, germanium, indium, and other trace and minor elements in sphalerite as a function of deposit type—A meta-analysis [J]. Ore Geology Reviews, 2016, 76: 52-78.

[91] Gardés E, Wunder B, Marquardt K, et al. The effect of water on intergranular mass transport: new insights from diffusion-controlled reaction rims in the $MgO - SiO_2$ system [J]. Contributions to Mineralogy and Petrology, 2012, 164(1): 1-16.

[92] Geisler T, Dohmen L, Lenting C, et al. Real-time in situ observations of reaction and transport phenomena during silicate glass corrosion by fluid-cell Raman spectroscopy [J]. Nature Materials, 2019, 18(4): 342-348.

[93] Geisler T, Pidgeon R T, Kurtz R, et al. Experimental hydrothermal alteration of partially metamict zircon[J]. American Mineralogist, 2003, 88(10): 1496-1513.

[94] Geisler T, Schaltegger U, Tomaschek F. Re-equilibration of zircon in aqueous fluids and melts [J]. Elements, 2007, 3(1): 43-50.

[95] Gelman S E, Deering C D, Bachmann O, et al. Identifying the crystal graveyards remaining after large silicic eruptions[J]. Earth and Planetary Science Letters, 2014, 403: 299-306.

[96] Gelman S E, Gutiérrez F J, Bachmann O. On the longevity of large upper crustal silicic magma reservoirs[J]. Geology, 2013, 41(7): 759-762.

[97] Ghiorso M, Gualda G. A method for estimating the activity of titania in magmatic liquids from the compositions of coexisting rhombohedral and cubic iron-titanium oxides[J]. Contributions to Mineralogy and Petrology, 2013, 165(1): 73-81.

[98] Glazner A F, Coleman D S, Gray W. Are plutons assembled over millions of years by amalgamation from small magma chambers? [J]. GSA Today, 2004, 14(4/5): 4-11

[99] Glazner A F, Coleman D S, Mills R D. The volcanic-plutonic connection [C]//Physical geology of shallow magmatic systems. Springer, 2015, pp 61-82.

[100] Goldsmith J R, Laves F. The microcline-sanidine stability relations [J]. Geochimica et Cosmochimica Acta, 1954, 5(1): 1-19.

[101] Goldstein S L, O'Nions R K, Hamilton P J. A Sm-Nd isotopic study of atmospheric dusts and particulates from major river systems[J]. Earth and Planetary Science Letters, 1984. 70(2): 221-236.

[102] Griffin W L, Belousova E A, Shee S R, et al. Archean crustal evolution in the northern Yilgarn Craton: U-Pb and Hf-isotope evidence from detrital zircons [J]. Precambrian Research, 2004, 131(3-4): 231-282.

[103] Grunder A L, Klemetti E W, Feeley T C, et al. Eleven million years of arc volcanism at the Aucanquilcha Volcanic Cluster, northern Chilean Andes: implications for the life span and emplacement of plutons[J]. Earth and Environmental Science Transactions of the Royal Society of Edinburgh, 2006, 97(4): 415-436.

[104] Gualda G A R, Ghiorso M S. MELTs_Excel: A Microsoft Excel-based MELTS interface for research and teaching of magma properties and evolution [J]. Geochemistry, Geophysics, Geosystems, 2015, 16(1): 315-324.

[105] Gualda G A R, Ghiorso M S, Lemons R V, et al. Rhyolite-MELTS: a modified calibration of MELTS optimized for silica-rich, fluid-bearing magmatic systems[J]. Journal of Petrology, 2012, 53(5): 875-890.

[106] Günther D, Heinrich C A. Enhanced sensitivity in laser ablation-ICP mass spectrometry using helium-argon mixtures as aerosol carrier [J]. Journal of Analytical Atomic Spectrometry, 1999. 14(9): 1363-1368.

[107] Guo A L, Zhang G W, Sun Y G, et al. Sr-Nd-Pb isotopic geochemistry of late-Paleozoic mafic volcanic rocks in the surrounding areas of the Gonghe basin, Qinghai province and geological implications[J]. Acta Petrologica Sinica, 2007, 23(4): 747-754

[108] Hamelin B, Manhes G, Albarede F, et al. Precise lead isotope measurements by the double spike technique: a reconsideration[J]. Geochimica et Cosmochimica Acta, 1985, 49(1): 173-182.

[109] Haranczyk C. Noncolloidal origin of colloform textures[J]. Economic Geology, 1969, 64(4): 466-468.

[110] Harlov D E. Apatite: a fingerprint for metasomatic processes[J]. Elements, 2015, 11(3): 171-176.

[111] Harmer S L, Nesbitt H W. Stabilization of pyrite (FeS$_2$), marcasite (FeS$_2$), arsenopyrite (FeAsS) and loellingite (FeAs$_2$) surfaces by polymerization and auto-redox reactions [J]. Surface Science, 2004, 564(1-3): 38-52.

[112] Harnois L. The CIW index: a new chemical index of weathering[J]. Sedimentary Geology, 1988, 55(3): 319-322.

[113] He D, Dong Y, Liu X, et al. Zircon U-Pb geochronology and Hf isotope of granitoids in East Kunlun: Implications for the Neoproterozoic magmatism of Qaidam Block, Northern Tibetan Plateau[J]. Precambrian Research, 2018, 314: 377-393.

[114] He D, Dong Y, Zhang F, et al. The 1.0 Ga S-type granite in the East Kunlun Orogen, Northern Tibetan Plateau: Implications for the Meso-to Neoproterozoic tectonic evolution [J]. Journal of Asian Earth Sciences, 2016, 130: 46-59.

[115] He X X, Zhu X K, Yang C, et al. High-precision analysis of Pb isotope ratios using MC-ICP-MS[J]. Acta Geoscientica Sinica, 2005, 26(z1): 19-22.

[116] Hedenquist J W, Arribas A, Reynolds T J. Evolution of an intrusion-centered hydrothermal system: Far southeast-Lepanto porphyry and epithermal Cu-Au deposits, Philippines [J]. Economic Geology, 1998, 93(4): 373-404.

[117] Heinrich C A. The physical and chemical evolution of low-salinity magmatic fluids at the porphyry to epithermal transition: a thermodynamic study[J]. Mineralium Deposita, 2005, 39(8): 864-889.

[118] Hidalgo T, Verrall M, Beinlich A, et al. Replacement reactions of copper sulphides at moderate temperature in acidic solutions[J]. Ore Geology Reviews, 2020, 123: 103569.

[119] Hildreth W. Volcanological perspectives on Long Valley, Mammoth Mountain, and Mono Craters: several contiguous but discrete systems[J]. Journal of Volcanology and Geothermal Research, 2004, 136(3-4): 169-198.

[120] Hildreth W. Gradients in silicic magma chambers: Implications for lithospheric magmatism [J]. Journal of Geophysical Research: Solid Earth, 86(B11): 10153-10192.

[121] Hildreth W, Fierstein J, Calvert A. Early postcaldera rhyolite and structural resurgence at Long Valley Caldera, California[J]. Journal of Volcanology and Geothermal Research, 2017, 335: 1-34.

[122] Hill G J, Caldwell T G, Heise W, et al. Distribution of melt beneath Mount St Helens and Mount Adams inferred from magnetotelluric data[J]. Nature Geoscience, 2009, 2(11): 785-789.

[123] Holness M B. Melt segregation from silicic crystal mushes: a critical appraisal of possible mechanisms and their microstructural record [J]. Contributions to Mineralogy and

Petrology, 2018, 173(6): 1-17.

[124] Holtz F, Johannes W. Maximum and minimum water contents of granitic melts: implications for chemical and physical properties of ascending magmas[J]. Lithos, 1994, 32(1-2): 149-159.

[125] Holtz F, Johannes W, Tamic N, et al. Maximum and minimum water contents of granitic melts generated in the crust: a reevaluation and implications[J]. Lithos, 2001, 56(1): 1-14.

[126] Hou Z Q, Gao Y F, Qu X M, et al. Origin of adakitic intrusives generated during mid-Miocene east-west extension in southern Tibet[J]. Earth and Planetary Science Letters, 2004, 220: 139-155.

[127] Hu X K, Tang L, Zhang S T, et al. In situ trace element and sulfur isotope of pyrite constrain ore genesis in the Shapoling molybdenum deposit, East Qinling Orogen, China[J]. Ore Geology Reviews, 2019, 105: 123-136.

[128] Hu Y, Niu Y, Li J, et al. Petrogenesis and tectonic significance of the late Triassic mafic dikes and felsic volcanic rocks in the East Kunlun Orogenic Belt, Northern Tibet Plateau[J]. Lithos, 2016, 245: 205-222.

[129] Hu Z, Liu Y, Gao S, et al. A "wire" signal smoothing device for laser ablation inductively coupled plasma mass spectrometry analysis[J]. Spectrochimica Acta Part B: Atomic Spectroscopy, 2012, 78: 50-57.

[130] Huang H, Niu Y, Nowell G, et al. Geochemical constraints on the petrogenesis of granitoids in the East Kunlun Orogenic belt, northern Tibetan Plateau: Implications for continental crust growth through syn-collisional felsic magmatism. Chemical Geology, 2014, 370: 1-18.

[131] Huber C, Bachmann O, Dufek J. Crystal-poor versus crystal-rich ignimbrites: a competition between stirring and reactivation[J]. Geology, 2012, 40(2): 115-118.

[132] Huber C, Bachmann O, Dufek J. Thermo-mechanical reactivation of locked crystal mushes: Melting-induced internal fracturing and assimilation processes in magmas[J]. Earth and Planetary Science Letters, 2011, 304: 443-454.

[133] Huppert H E, Woods A W. The role of volatiles in magma chamber dynamics[J]. Nature, 2002, 420(6915): 493-495.

[134] Iwamori H, Albaréde F, Nakamura H. Global structure of mantle isotopic heterogeneity and its implications for mantle differentiation and convection[J]. Earth and Planetary Science Letters, 2010, 299(3-4): 339-351.

[135] Jackson M D, Blundy J, Sparks R S J. Chemical differentiation, cold storage and remobilization of magma in the Earth's crust[J]. Nature, 2018, 564(7736): 405-409.

[136] Jacobsen S B, Wasserburg G J. Sm-Nd isotopic evolution of chondrites[J]. Earth and Planetary Science Letters, 1980, 50(1): 139-155.

[137] Jahn B, Cuvellier H. Pb-Pb and U-Pb geochronology of carbonate rocks: an assessment [J]. Chemical Geology, 1994, 115(1-2): 125-151.

[138] Kadik A. Formation of carbon and hydrogen species in magmas at low oxygen fugacity[J].

Journal of Petrology, 2004, 45(7): 1297-1310.

[139] Kaiser J F, de Silva S, Schmitt A K, et al. Million-year melt-presence in monotonous intermediate magma for a volcanic-plutonic assemblage in the Central Andes: Contrasting histories of crystal-rich and crystal-poor super-sized silicic magmas[J]. Earth and Planetary Science Letters, 2017, 457: 73-86.

[140] Kajiwara Y, Krouse H R, Sasaki A. Experimental study of sulfur isotope fractionation between coexistent sulfide minerals[J]. Earth and Planetary Science Letters, 1969, 7(3): 271-277.

[141] Karakas O, Degruyter W, Bachmann O, et al. Lifetime and size of shallow magma bodies controlled by crustal-scale magmatism [J]. Nature Geoscience, 2017, 10(6): 446-450.

[142] Karlstrom L, Rudolph M L, Manga M. Caldera size modulated by the yield stress within a crystal-rich magma reservoir[J]. Nature Geoscience, 2012, 5(6): 402-405.

[143] Katz R F, Spiegelman M, Langmuir C H. A new parameterization of hydrous mantle melting: PARAMETERIZATION OF WET MELTING [J]. Geochemistry, Geophysics, Geosystems, 2003, 4(9): 1073.

[144] Kawamoto T, Kanzaki M, Mibe K, et al. Separation of supercritical slab-fluids to form aqueous fluid and melt components in subduction zone magmatism[J]. Proceedings of the National Academy of Sciences, 2012, 109(46): 18695-18700.

[145] Keller C B, Schoene B, Barboni M, et al. Volcanic-plutonic parity and the differentiation of the continental crust[J]. Nature, 2015, 523(7560): 301-307.

[146] Klaver M, Blundy J D, Vroon P Z. Generation of arc rhyodacites through cumulate-melt reactions in a deep crustal hot zone: evidence from Nisyros volcano[J]. Earth and Planetary Science Letters, 2018, 497: 169-180.

[147] Knorsch M, Deditius A P, Xia F, et al. The impact of hydrothermal mineral replacement reactions on the formation and alteration of carbonate-hosted polymetallic sulfide deposits: A case study of the Artemis prospect, Queensland, Australia[J]. Ore Geology Reviews, 2020, 116: 103232.

[148] Koch I. Analysis of multivariate and high-dimensional data theory and practice[M]. Cambridge University Press, Cambridge, 2012.

[149] Kokh M A, Assayag N, Mounic S, et al. Multiple sulfur isotope fractionation in hydrothermal systems in the presence of radical ions and molecular sulfur[J]. Geochimica et Cosmochimica Acta, 2020, 285: 100-128.

[150] Kuritani T, Nakamura E. Precise isotope analysis of nanogram-level Pb for natural rock samples without use of double spikes[J]. Chemical Geology, 2002, 186(1-2): 31-43.

[151] Large R R, Maslennikov V V, Robert F, et al. Multistage sedimentary and metamorphic origin of pyrite and gold in the giant Sukhoi Log deposit, Lena Gold Province, Russia[J]. Economic Geology, 2007, 102(7): 1233-1267.

[152] Laumonier M, Karakas O, Bachmann O, et al. Evidence for a persistent magma reservoir with large melt content beneath an apparently extinct volcano [J]. Earth and Planetary Science Letters, 2019, 521: 79-90.

[153] Le Bas M J, Maitre R W L, Streckeisen A, Zanettin B. IUGS subcommission on the systematics of igneous rocks. chemical classification of volcanic rock based on the total alkali-silica diagram[J]. Journal of Petrology, 1986, 27(3): 745-750.

[154] Le Maitre R W, Streckeisen A, Zanettin B, et al. A Classification and Glossary of Terms [M]. Cambridge, UK, Cambridge University Press, 2002.

[155] Li B, Jiang S Y. Geochronology and geochemistry of Cretaceous Nanshanping alkaline rocks from the Zijinshan district in Fujian Province, South China: Implications for crust-mantle interaction and lithospheric extension [J]. Journal of Asian Earth Sciences, 2014, 93: 253-274.

[156] Li G J, Wang Q F, Zhu H P, et al. Fluids inclusion constraints on the origin of the Shiduolong hydrothermal vein-type Mo-Pb-Zn deposit, Qinghai Province[J]. Acta Petrologica Sinica, 2013a, 29(4): 1377-1391.

[157] Li K, Brugger J, Pring A. Exsolution of chalcopyrite from bornite-digenite solid solution: an example of a fluid-driven back-replacement reaction[J]. Mineralium Deposita, 2018a, 53(7): 903-908.

[158] Li K, Pring A, Etschmann B, et al. Coupling between mineral replacement reactions and co-precipitation of trace elements: An example from the giant Olympic Dam deposit[J]. Ore Geology Reviews, 2020a, 117: 103267.

[159] Li M T, Li Z Q. Constraints of S-Pb-C-O isotope compositions on the origin of Nagengkangqieer silver deposit, East Kunlun Mountains, China[J]. Acta Mineralogica Sinica, 2017, 37(6): 771-781.

[160] Li R, Pei X, Pei L, et al. The Early Triassic Andean-type Halagatu granitoids pluton in the East Kunlun orogen, northern Tibet Plateau: Response to the northward subduction of the Paleo-Tethys Ocean[J]. Gondwana Research, 2018b, 62: 212-226.

[161] Li R C, Chen H Y, Large R R, et al. Ore-forming fluid source of the orogenic gold deposit: Implications from a combined pyrite texture and geochemistry study[J]. Chemical Geology, 2020b, 552: 119781.

[162] Li W K, Cheng Y Q, Yang Z M. Geo-f_{O_2}: Integrated software for analysis of magmatic oxygen fugacity[J]. Geochemistry, Geophysics, Geosystems, 2019, 20(5): 2542-2555.

[163] Li X H, Liu Y, Li Q L, et al. Precise determination of Phanerozoic zircon Pb/Pb age by multicollector SIMS without external standardization: MULTICOLLECTOR SIMS ZIRCON Pb/Pb DATING[J]. Geochemistry, Geophysics, Geosystems, 2009, 10(4): Q04010.

[164] Li X W, Huang X F, Luo M F, et al. Petrogenesis and geodynamic implications of the Mid-Triassic lavas from East Kunlun, northern Tibetan Plateau [J]. Journal of Asian Earth Sciences, 2015, 105: 32-47.

［165］Li X W, Mo X X, Yu X H, et al. Petrology and geochemistry of the early Mesozoic pyroxene andesites in the Maixiu Area, West Qinling, China: Products of subduction or syn-collision? ［J］. Lithos, 2013b, 172-173: 158-174.

［166］Li Y, Liu J. Calculation of sulfur isotope fractionation in sulfides［J］. Geochimica et Cosmochimica Acta, 2006, 70(7): 1789-1795.

［167］Liew T C, Hofmann A W. Precambrian crustal components, plutonic associations, plate environment of the Hercynian Fold Belt of central Europe: Indications from a Nd and Sr isotopic study［J］. Contributions to Mineralogy and Petrology, 1988, 98(2): 129-138.

［168］Lippman F. Phase diagrams depicting aqueous solubility of binary mineral systems［J］. Neues Jahrbuch Fur Mineralogie Abhandlungen, 1980, 139: 1-25.

［169］Litasov K, Ohtani E. The solidus of carbonated eclogite in the system $CaO-Al_2O_3-MgO-SiO_2-Na_2O-CO_2$ to 32GPa and carbonatite liquid in the deep mantle［J］. Earth and Planetary Science Letters, 2010, 295: 115-126.

［170］Liu B, Ma C Q, Huang J, et al. Petrogenesis and tectonic implications of Upper Triassic appinite dykes in the East Kunlun orogenic belt, northern Tibetan Plateau［J］. Lithos, 2017, 284: 766-778.

［171］Liu B, Ma C Q, Zhang J Y, et al. Petrogenesis of Early Devonian intrusive rocks in the east part of Eastern Kunlun Orogen and implication for Early Paleozoic processes［J］. Acta Petrologica Sinica, 2012, 28: 1785-1807.

［172］Liu B, Ma C Q, Zhang J Y, et al. $^{40}Ar-^{39}Ar$ age and geochemistry of subduction-related mafic dikes in northern Tibet, China: petrogenesis and tectonic implications［J］. International Geology Review, 2014, 56(1): 57-73.

［173］Liu Y, Gao S, Hu Z, et al. Continental and oceanic crust recycling-induced melt-peridotite interactions in the Trans-North China Orogen: U-Pb dating, Hf isotopes and trace elements in zircons from mantle xenoliths［J］. Journal of Petrology, 2010, 51(1-2): 537-571.

［174］Liu Y, Zong K, Kelemen P B, et al. Geochemistry and magmatic history of eclogites and ultramafic rocks from the Chinese continental scientific drill hole: Subduction and ultrahigh-pressure metamorphism of lower crustal cumulates［J］. Chemical Geology, 2008, 247(1-2): 133-153.

［175］Loftus-Hills G, Solomon M. Cobalt, nickel and selenium in sulphides as indicators of ore genesis［J］. Mineralium Deposita, 1967, 2(3): 228-242.

［176］Lu T Y, He Z Y, Klemd R. Identifying crystal accumulation and melt extraction during formation of high-silica granite［J］. Geology, 2022, 50(2): 216-221.

［177］Lubbers J, Deering C, Bachmann O. Genesis of rhyolitic melts in the upper crust: Fractionation and remobilization of an intermediate cumulate at Lake City caldera, Colorado, USA［J］. Journal of Volcanology and Geothermal Research, 2020, 392: 106750.

［178］Ludwig K R. User's manual for isoplot 3.00, a geochronlogical toolkit for microsoft excel［J］. Berkeley Geochronology Center Specical Publication, 2003, 4: 25-32.

[179] Lugmair G W, Carlson R W. The Sm－Nd history of KREEP. In: Proc. 9th Lunar and Planetary Science Conference Proceedings[C]. 1978, 9: 689-704.

[180] Lugmair G W, Marti K. Lunar initial ^{143}Nd/^{144}Nd: differential evolution of the lunar crust and mantle[J]. Earth and Planetary Science Letters, 1978, 39(3): 349-357.

[181] Luo M F, Mo X X, Yu X H, et al. Zircon LA-ICP-MS U-Pb age dating, petrogenesis and tectonic implications of the late Triassic granites from the Xiangride area, East Kunlun [J]. Acta Petrologica Sinica, 2014, 30(11): 3229-3241.

[182] Ma J, Wei G, Xu Y, et al. Variations of Sr－Nd－Hf isotopic systematics in basalt during intensive weathering[J]. Chemical Geology, 2010, 269(3-4): 376-385.

[183] Mandeville C W. Sulfur: a ubiquitous and useful tracer in Earth and planetary sciences [J]. Elements, 2010, 6(2): 75-80.

[184] Mangler M F, Petrone C M, Prytulak J. Magma recharge patterns control eruption styles and magnitudes at Popocatépetl volcano(Mexico)[J]. Geology, 2022, 50(3): 366-370.

[185] Maniar P D, Piccoli P M. Tectonic discrimination of granitoids. Geological Society of America Bulletin[J], 1989, 101(5): 635-643.

[186] Marchev P, Raicheva R, Downes H, et al. Compositional diversity of Eocene-Oligocene basaltic magmatism in the Eastern Rhodopes, SE Bulgaria: implications for genesis and tectonic setting[J]. Tectonophysics, 2004, 393(1-4): 301-328.

[187] Marinova I, Ganev V, Titorenkova R. Colloidal origin of colloform-banded textures in the Paleogene low-sulfidation Khan Krum gold deposit, SE Bulgaria[J]. Mineralium Deposita, 2014, 49(1): 49-74.

[188] Marsh B D. On the crystallinity, probability of occurrence, and rheology of lava and magma [J]. Contributions to Mineralogy and Petrology, 1981, 78(1): 85-98.

[189] Marsh B D. On bimodal differentiation by solidification front instability in basaltic magmas, part 1: basic mechanics[J]. Geochimica et Cosmochimica Acta, 2002, 66(12): 2211-2229.

[190] Marsh B D. Solidification fronts and magmatic evolution[J]. Mineralogical Magzine, 1996, 60(398): 5-40.

[191] Marshall B, Gilligan L B. Remobilization, syn-tectonic processes and massive sulphide deposits [J]. Ore Geology Reviews, 1993, 8(1-2): 39-64.

[192] Masotta M, Mollo S, Gaeta M, et al. Melt extraction in mush zones: The case of crystal-rich enclaves at the Sabatini Volcanic District (central Italy) [J]. Lithos, 2016, 248－251: 288-292.

[193] Matzel J E P, Bowring S A, Miller R B. Time scales of pluton construction at differing crustal levels: Examples from the Mount Stuart and Tenpeak intrusions, North Cascades, Washington [J]. Geological Society of America Bulletin, 2006, 118: 1412-1430.

[194] Mazziotti Tagliani S, Nicotra E, Viccaro M, et al. Halogen-dominant mineralization at Mt. Calvario dome (Mt. Etna) as a response of volatile flushing into the magma plumbing system [J]. Miner Petrol, 2012, 106: 89-105.

[195] McCubbin F M, Jolliff B L, Nekvasil H, et al. Fluorine and chlorine abundances in lunar apatite: Implications for heterogeneous distributions of magmatic volatiles in the lunar interior [J]. Geochimica et Cosmochimica Acta, 2011, 75(17): 5073-5093.

[196] McNulty B A, Tong W, Tobisch O T. Assembly of a dike-fed mamga chamber: The Jackass Lakes pluton, central Sierra Nevada, Califorlia [J]. Geological Society of America Bulletin, 1996, 108(8): 926-940.

[197] McPhie J, Kamenetsky V, Allen S, et al. The fluorine link between a supergiant ore deposit and a silicic large igneous province[J]. Geology, 2011, 39(11): 1003-1006.

[198] McVey B G, Hooft E E E, Heath B A, et al. Magma accumulation beneath Santorini volcano, Greece, from P-wave tomography. Geology, 2020, 48(3): 231-235.

[199] Mehrer H. Diffusion in solids: fundamentals, methods, materials, diffusion-controlled processes[M]. Springer Science & Business Media, 2007.

[200] Melchiorre E B. Carbon and hydrogen stable isotope microanalysis and data correction for rare carbonate minerals: Case studies for stichtite (Mg_6Cr_2 [(OH)$_{16}$ | CO_3] · H_2O) and malachite ($Cu_2CO_3(OH)_2$)[J]. Chemical Geology, 2014, 367: 63-69.

[201] Meng L, Li Z X, Chen H, et al. Geochronological and geochemical results from Mesozoic basalts in southern South China Block support the flat-slab subduction model[J]. Lithos, 2012, 132-133: 127-140.

[202] Middlemost E A K. Naming materials in the magma/igneous rock system[J]. Earth Science Reviews, 1994, 37(3-4): 215-224.

[203] Miller C F, Wark D A. Supervolcanoes and their explosive supereruptions[J]. Elements, 2008, 4(1): 11-15.

[204] Miller J S, Wooden J L. Residence, resorption and recycling of zircons in Devils Kitchen Rhyolite, Coso Volcanic Field, California [J]. Journal of Petrology, 2004, 45 (11): 2155-2170.

[205] Morel M L A, Nebel O, Nebel-Jacobsen Y J, et al. Hafnium isotope characterization of the GJ-1 zircon reference material by solution and laser-ablation MC-ICPMS [J]. Chemical Geology, 2008, 255(1-2): 231-235.

[206] Morey A A, Tomkins A G, Bierlein F P, et al. Bimodal distribution of gold in pyrite and arsenopyrite: Examples from the Archean Boorara and Bardoc shear systems, Yilgarn Craton, Western Australia[J]. Economic Geology, 2008, 103(3): 599-614.

[207] Murowchick J B. Marcasite inversion and the petrographic determination of pyrite ancestry [J]. Economic Geology, 1992, 87(4): 1141-1152.

[208] Nebel O, Scherer E E, Mezger K. Evaluation of the [87]Rb decay constant by age comparison against the U-Pb system[J]. Earth and Planetary Science Letters, 2011, 301(1-2): 1-8.

[209] Ni Z Y, Li N, Zhang H, et al. Pb-Sr-Nd isotope constraints on the ore-forming elements of the Dahu Au-Mo deposit, Henan province[J]. Acta Petrologica Sinica, 2009, 25 (11): 2823-2832.

[210] Nikkhou F, Kartal M, Xia F. Ferric methanesulfonate as an effective and environmentally sustainable lixiviant for Zn extraction from sphalerite (ZnS) [J]. Journal of Industrial and Engineering Chemistry, 2021, 96: 226-235.

[211] Norberg N. Experimental development of patch perthite from synthetic cryptoperthite: Microstructural evolution and chemical re-equilibration [J]. American Mineralogist, 2013, 98(8-9): 1429-1441.

[212] Ohmoto H. Systematics of sulfur and carbon isotopes in hydrothermal ore deposits [J]. Economic Geology, 1972, 67(5): 551-578.

[213] Ohmoto H, Rey R O. Isotopes of sulfur and carbon, in Barnes, H. L., ed., Geochemistry of hydrothermal ore deposits[C]. New York: Wiley, 1979: 509-567.

[214] O'Neil J R, Taylor H P. The oxygen isotope and cation exchange chemistry of feldspars [J]. American Mineralogist, 1967, 52(9-10): 1414-1437.

[215] Papale P. Modeling of the solubility of a two-component H_2O+CO_2 fluid in silicate liquids [J]. American Mineralogist, 1999, 84(4): 477-492.

[216] Parmigiani A, Huber C, Bachmann O. Mush microphysics and the reactivation of crystal-rich magma reservoirs[J]. Journal of Geophysical Research: Solid Earth, 2014, 119(8): 6308-6322.

[217] Parsons I. Feldspars and fluids in cooling plutons[J]. Mineralogical Magzine, 1978, 42(321): 1-17.

[218] Parsons I, Lee M R. Mutual replacement reactions in alkali feldspars I: microtextures and mechanisms[J]. Contributions to Mineralogy and Petrology, 2009, 157(5): 641-661.

[219] Paton C, Hellstrom J, Paul B, et al. Iolite: Freeware for the visualisation and processing of mass spectrometric data[J]. Journal of Analytical Atomic Spectrometry, 2011, 26(12): 2508-2518.

[220] Pearce J A. A user's guide to basalt discrimination diagrams. Trace element geochemistry of volcanic rocks: applications for massive sulphide exploration[J]. Geological Association of Canada, Short Course Notes, 1996, 12(79): 113.

[221] Peng W. Abiotic methane generation through reduction of serpentinite-hosted dolomite: Implications for carbon mobility in subduction zones[J]. Geochimica et Cosmochimica Acta, 2021, 311: 119-140.

[222] Philpotts A R, Philpotts D E. Crystal-mush compaction in the Cohassett flood-basalt flow, Hanford, Washington[J]. Journal of Volcanology and Geothermal Research, 2005, 145(3-4): 192-206.

[223] Plank T, Langmuir C H. The chemical composition of subducting sediment and its consequences for the crust and mantle[J]. Chemical Geology, 1998, 145(3-4): 325-394.

[224] Polat A, Hofmann A W, Rosing M T. Boninite-like volcanic rocks in the 3.7-3.8 Ga Isua greenstone belt, West Greenland: geochemical evidence for intra-oceanic subduction zone processes in the early Earth[J]. Chemical Geology, 2002, 184(3-4): 231-254.

［225］Pollok K, Putnis C V, Putnis A. Mineral replacement reactions in solid solution-aqueous solution systems: volume changes, reactions paths and end-points using the example of model salt systems［J］. American Journal of Science, 2011, 311(3): 211-236.

［226］Popa R G, Bachmann O, Huber C. Explosive or effusive style of volcanic eruption determined by magma storage conditions［J］. Nature Geoscience, 2021, 14(10): 781-786.

［227］Putnis A. Mineral replacement reactions: from macroscopic observations to microscopic mechanisms［J］. Mineralogical Magzine, 2002, 66(5): 689-708.

［228］Putnis A. Why mineral interfaces matter［J］. Science, 2014, 343(6178): 1441-1442.

［229］Putnis A. Mineral replacement reactions［J］. Reviews in Mineralogy and Geochemistry, 2009, 70: 87-124.

［230］Putnis A, Putnis C V. The mechanism of reequilibration of solids in the presence of a fluid phase［J］. Journal of Solid State Chemistry, 2007, 180(5): 1783-1786.

［231］Qian G, Brugger J, Skinner W M, et al. An experimental study of the mechanism of the replacement of magnetite by pyrite up to 300℃［J］. Geochimica et Cosmochimica Acta, 2010, 74(19): 5610-5630.

［232］Qian G, Xia F, Brugger J, et al. Replacement of pyrrhotite by pyrite and marcasite under hydrothermal conditions up to 220℃: An experimental study of reaction textures and mechanisms［J］. American Mineralogist, 2011, 96(11-12): 1878-1893.

［233］Ram R, Kalnins C, Pownceby MI, et al. Selective radionuclide co-sorption onto natural minerals in environmental and anthropogenic conditions［J］. Journal of Hazardous Materials, 2021, 409: 124989.

［234］Reich M, Deditius A, Chryssoulis S, et al. Pyrite as a record of hydrothermal fluid evolution in a porphyry copper system: A SIMS/EMPA trace element study［J］. Geochimica et Cosmochimica Acta, 2013, 104: 42-62.

［235］Reid M R. How long does it take to supersize an eruption?［J］. Elements, 2008, 4(1): 23-28.

［236］Reid M R, Vazquez J A, Schmitt A K. Zircon-scale insights into the history of a Supervolcano, Bishop Tuff, Long Valley, California, with implications for the Ti-in-zircon geothermometer［J］. Contributions to Mineralogy and Petrology, 2011, 161(2): 293-311.

［237］Rey P, Vanderhaeghe O, Teyssier C. Gravitational collapse of the continental crust: definition, regimes and modes［J］. Tectonophysics, 2001(3-4), 342: 435-449.

［238］Reynolds R L, Goldhaber M B, Carpenter D J. Biogenic and nonbiogenic ore-forming processes in the south Texas uranium district: Evidence from the Panna Maria deposit［J］. Economic Geology, 1982, 77(3): 541-556.

［239］Roedder E. The non-colloidal origin of "colloform" textures in sphalerite ores［J］. Economic Geology, 1968, 63(5): 451-471.

［240］Rottier B, Kouzmanov K, Wälle M, et al. Sulfide replacement processes revealed by textural and LA-ICP-MS trace element analyses: Example from the early mineralization stages at Cerro de Pasco, Peru[J]. Economic Geology, 2016, 111(6): 1347-1367.

[241] Rubatto D, Muntener O, Barnhoorn A, et al. Dissolution-reprecipitation of zircon at low-temperature, high-pressure conditions (Lanzo Massif, Italy) [J]. American Mineralogist, 2008, 93(10): 1519-1529.

[242] Rubin A E, Cooper K M, Till C B, et al. Rapid cooling and cold storage in a silicic magma reservoir recorded in individual crystals[J]. Science, 2017, 356(6343): 1154-1156.

[243] Rudge J F, Reynolds B C, Bourdon B. The double spike toolbox[J]. Chemical Geology, 2009, 265(3-4): 420-431.

[244] Rudnick R L, Gao S, Holland H D, et al. Composition of the continental crust[J]. The Crust, 2003, 3: 1-64.

[245] Ruiz-Agudo E, Putnis C V, Putnis A. Coupled dissolution and precipitation at mineral-fluid interfaces[J]. Chemical Geology, 2014, 383: 132-146.

[246] Rye R O, Ohmoto H. Sulfur and carbon isotopes and ore genesis: A review[J]. Economic Geology, 1974, 69(6): 826-842.

[247] Saunders A D, Tarney J. Geochemical characteristics of basaltic volcanism within back-arc basins[J]. Geological Society, London, Special Publications, 1984, 16(1): 59-76.

[248] Saunders J A, Unger D L, Kamenov G D, et al. Genesis of Middle Miocene Yellowstone hotspot-related bonanza epithermal Au-Ag deposits, Northern Great Basin, USA [J]. Mineralium Deposita, 2008, 43(7): 715-734.

[249] Scaillet B, Holtz F, Pichavant M. Phase equilibrium constraints on the viscosity of silicic magmas: 1. Volcanic-plutonic comparison[J]. Journal of Geophysical Research: Solid Earth, 1998, 103(B11): 27257-27266.

[250] Scherer E, Münker C, Mezger K. Calibration of the Lutetium-Hafnium Clock[J]. Science, 2001, 293(5530): 683-687.

[251] Schieber J. Marcasite in black shales—a mineral proxy for oxygenated bottom waters and intermittent oxidation of Carbonaceous muds[J]. Journal of Sedimentary Research, 2011, 81(7): 447-458.

[252] Schieber J, Riciputi L. Pyrite and marcasite coated grains in the Ordovician Winnipeg Formation, Canada: An intertwined record of surface conditions, stratigraphic condensation, geochemical "reworking", and microbial activity[J]. Journal of Sedimentary Research, 2005, 75(5): 907-920.

[253] Schmitt A K, Klitzke M, Gerdes A, et al. Zircon hafnium-oxygen isotope and trace element petrochronology of intraplate volcanic rocks from the eifel(germany)and implications for mantle versus crustal origins of zircon megacrysts[J]. Journal of Petrology, 2017, 58(9): 1841-1870.

[254] Schoonen M A A, Barnes H L. Mechanisms of pyrite and marcasite formation from solution: Ⅲ. Hydrothermal processes [J]. Geochimica et Cosmochimica Acta, 1991, 55(12): 3491-3504.

[255] Seal R R. Sulfur isotope geochemistry of sulfide minerals [J]. Reviews in Mineralogy and Geochemistry, 2006, 61(1): 633-677.

[256] Selvaraja V, Fiorentini MarcoL, Jeon H, et al. Evidence of local sourcing of sulfur and gold in an Archaean sediment-hosted gold deposit[J]. Ore Geology Reviews, 2017, 89: 909-930.

[257] Shannon R D. Revised effective ionic radii and systematic studies of interatomic distances in halides and chalcogenides[J]. Acta crystallographica section A: crystal physics, diffraction, theoretical and general crystallography, 1976, 32(5): 751-767.

[258] Shao F, Niu Y, Liu Y, et al. Petrogenesis of Triassic granitoids in the East Kunlun Orogenic Belt, northern Tibetan Plateau and their tectonic implications[J]. Lithos, 2017, 282-283: 33-44.

[259] Siégel C, Bryan S E, Allen C M, et al. Use and abuse of zircon-based thermometers: a critical review and a recommended approach to identify antecrystic zircons[J]. Earth Science Reviews, 2018, 176: 87-116.

[260] Sillitoe R H, Hedenquist J W. Linkages between volcanotectonic settings, ore-fluid compositions, and epithermal precious metal deposits[C] Simmons S F, Graham I. Volcanic, Geothermal, and Ore-Forming Fluids: Rulers and Witnesses of Processes within the Earth. Society of Economic Geologists, Inc, 2005, 10: 315-343.

[261] Smythe D J, Brenan J M. Magmatic oxygen fugacity estimated using zircon-melt partitioning of cerium[J]. Earth and Planetary Science Letters, 2016, 453: 260-266.

[262] Song K R, Tang L, Zhang S T, et al. Genesis of the Bianjiadayuan Pb-Zn polymetallic deposit, Inner Mongolia, China: Constraints from in-situ sulfur isotope and trace element geochemistry of pyrite[J]. Geoscience Frontiers, 2019, 10(5): 1863-1877.

[263] Song S, Bi H, Qi S, et al. HP-UHP metamorphic belt in the east kunlun orogen: final closure of the proto-tethys ocean and formation of the Pan-North-China Continent [J]. Journal of Petrology, 2018, 59(11): 2043-2060.

[264] Song S, Su L, Niu Y, et al. CH$_4$ inclusions in orogenic harzburgite: evidence for reduced slab fluids and implication for redox melting in mantle wedge[J]. Geochimica et Cosmochimica Acta, 2009, 73(6): 1737-1754.

[265] Spruzeniece L, Piazolo S, Maynard-Casely H E. Deformation-resembling microstructure created by fluid-mediated dissolution-precipitation reactions [J]. Nature Communications, 2017, 8(1): 14032.

[266] Sun S S, McDonough W F. Chemical and isotopic systematics of oceanic basalts: implications for mantle composition and processes[J]. Geological Society, London, Special Publications, 1989, 42(1): 313-345

[267] Sung Y H, Brugger J, Ciobanu C L, et al. Invisible gold in arsenian pyrite and arsenopyrite from a multistage Archaean gold deposit: Sunrise Dam, Eastern Goldfields Province, Western Australia[J]. Mineralium Deposita, 2009, 44(7): 765-791.

[268] Swinden H S, Jenner G A, Fryer B J, et al. Petrogenesis and paleotectonic history of the Wild

Bight Group, an Ordovician rifted island arc in central Newfoundland [J]. Contributions to Mineralogy and Petrology, 1990, 105(2): 219−241.

[269] Szymanowski D, Wotzlaw J F, Ellis B S, et al. Protracted near-solidus storage and pre-eruptive rejuvenation of large magma reservoirs[J]. Nature Geoscience, 2017, 10(10): 777−782.

[270] Tang L, Hu X K, Santosh M, et al. Multistage processes linked to tectonic transition in the genesis of orogenic gold deposit: A case study from the Shanggong lode deposit, East Qinling, China[J]. Ore Geology Reviews, 2019, 111: 102998.

[271] Tang L, Zhao Y, Zhang S T, et al. Origin and evolution of a porphyry-breccia system: Evidence from zircon U−Pb, molybdenite Re−Os geochronology, in situ sulfur isotope and trace elements of the Qiyugou deposit, China[J]. Gondwana Research, 2021, 89: 88−104.

[272] Taniuchi H, Kuritani T, Yokoyama T, et al. A new concept for the genesis of felsic magma: the separation of slab-derived supercritical liquid[J]. Scientific Reports, 2020, 10(1): 1−9.

[273] Tappa M J, Coleman D S, Mills R D, et al. The plutonic record of a silicic ignimbrite from the Latir volcanic field, New Mexico: PLUTON − IGNIMBRITE CONNECTIONS, QUESTA, NM[J]. Geochemistry, Geophysics, Geosystems, 2011, 12(10): Q10011.

[274] Tatsumi Y. Geochemical modeling of partial melting of subducting sediments and subsequent melt-mantle interaction: Generation of high-Mg andesites in the Setouchi volcanic belt, southwest Japan[J]. Geology, 2001, 29(4): 323−326.

[275] Tavazzani L, Peres S, Sinigoi S, et al. Timescales and mechanisms of crystal-mush rejuvenation and melt extraction recorded in permian plutonic and volcanic rocks of the sesia magmatic system (southern alps, italy) [J]. Journal of Petrology, 2020, 61(5): egaa049.

[276] Tenailleau C, Pring A, Etschmann B, et al. Transformation of pentlandite to violarite under mild hydrothermal conditions[J]. American Mineralogist, 2006, 91(4): 706−709.

[277] Thornber M R. Supergene alteration of sulphides, I. A chemical model based on massive nickel sulphide deposits at Kambalda, Western Australia [J]. Chemical Geology, 1975, 15(1): 1−14.

[278] Tian N, Sun F Y, Pan Z C, et al. Triassic igneous activities in the east flank of the East Kunlun orogenic belt: the Daheba complex example[J]. International Geology Review, 2021: 1−28.

[279] Ueda A, Sakai H. Sulfur isotope study of Quaternary volcanic rocks from the Japanese Islands Arc[J]. Geochimica et Cosmochimica Acta, 1984, 48(9): 1837−1848.

[280] Vazquez J A. Probing the accumulation history of the voluminous toba magma[J]. Science, 2004, 305(5686): 991−994.

[281] Wang H, Feng C, Li D, et al. Geology, geochronology and geochemistry of the Saishitang Cu deposit, East Kunlun Mountains, NW China: Constraints on ore genesis and tectonic setting [J]. Ore Geology Reviews, 2016, 72: 43−59.

[282] Wang X C, Li X H, Li Z X, et al. The Willouran basic province of South Australia: its relation

to the Guibei large igneous province in South China and the breakup of Rodinia[J]. Lithos, 2010, 119(3-4): 569-584.

[283] Ward K M, Zandt G, Beck S L, et al. Seismic imaging of the magmatic underpinnings beneath the Altiplano-Puna volcanic complex from the joint inversion of surface wave dispersion and receiver functions[J]. Earth and Planetary Science Letters, 2014, 404: 43-53.

[284] Watson E, Cherniak D. Oxygen diffusion in zircon[J]. Earth and Planetary Science Letters, 1997, 148(3-4): 527-544.

[285] Watson E B, Harrison T M. Zircon saturation revisited: temperature and composition effects in a variety of crustal magma types[J]. Earth and Planetary Science Letters, 1983, 64(2): 295-304.

[286] Watson E B, Wark D A, Thomas J B. Crystallization thermometers for zircon and rutile [J]. Contributions to Mineralogy and Petrology, 1997, 151(4), 413-433.

[287] Wei P, Gao J F, Zhao K D, et al. Separation method of Rb-Sr, Sm-Nd using DCTA and HIBA[J]. Journal of Nanjing University (Natural Sciences), 2005, 41(4): 445-450.

[288] White W M. Sources of oceanic basalts: Radiogenic isotopie evidence[J]. Geology, 1985, 13(2): 115-118.

[289] Whitney J A, Stormer J C. Mineralogy, Petrology, and Magmatic Conditions from the Fish Canyon Tuff, Central San Juan Volcanic Field, Colorado[J]. Journal of Petrology, 1985, 26(2): 726-762.

[290] Wiedenbeck M, Allé P, Corfu F, et al. Three natural zircon standards for U-Th-Pb, Lu-Hf, trace element and REE analyses[J]. Geostandards Newsletter, 1995, 19(1): 1-23.

[291] Wilkin R T, Barnes H L. Pyrite formation by reactions of iron monosulfides with dissolved inorganic and organic sulfur species[J]. Geochimica et Cosmochimica Acta, 1996, 60(21): 4167-4179.

[292] Winchester J A, Floyd P A. Geochemical discrimination of different magma series and their differentiation products using immobile elements [J]. Chemical Geology, 1977, 20: 325-343.

[293] Winderbaum L, Ciobanu C L, Cook N J, et al. Multivariate analysis of a LA-ICP-MS trace element dataset for pyrite[J]. Mathematical Geosciences, 2012, 44(7): 823-842.

[294] Wolff J A, Ellis B S, Ramos F C, et al. Remelting of cumulates as a process for producing chemical zoning in silicic tuffs: a comparison of cool, wet and hot, dry rhyolitic magma systems[J]. Lithos, 2015, 236-237: 275-286.

[295] Wolff J A, Forni F, Ellis B S, et al. Europium and barium enrichments in compositionally zoned felsic tuffs: a smoking gun for the origin of chemical and physical gradients by cumulate melting[J]. Earth and Planetary Science Letters, 2020, 540: 116251.

[296] Wolff P E, Koepke J, Feig S T. The reaction mechanism of fluid-induced partial melting of gabbro in the oceanic crust[J]. European Journal of Mineralogy, 2013, 25(3): 279-298.

[297] Woodhead JonD, Volker F, McCulloch M T. Routine lead isotope determinations using a lead-

207-lead-204 double spike: a long-term assessment of analytical precision and accuracy [J]. Analyst, 1995, 120(1): 35-39.

[298] Worden R H, Walker F D L, Parsons I, et al. Development of microporosity, diffusion channels and deuteric coarsening in perthitic alkali feldspars[J]. Contributions to Mineralogy and Petrology, 1990, 104(5): 507-515.

[299] Wu C, Zuza A V, Chen X, et al. Tectonics of the Eastern Kunlun Range: Cenozoic Reactivation of a Paleozoic-Early Mesozoic Orogen [J]. Tectonics, 2019a, 38 (5): 1609 -1650.

[300] Wu D Q, Sun FY, Pan Z C, et al. Geochronology, geochemistry, and Hf isotopic compositions of Triassic igneous rocks in the easternmost segment of the East Kunlun Orogenic Belt, NW China: implications for magmatism and tectonic evolution[J]. International Geology Review, 2021, 63(8): 1011-1029.

[301] Wu F Y, Yang Y H, Xie L W, et al. Hf isotopic compositions of the standard zircons and baddeleyites used in U-Pb geochronology [J]. Chemical Geology, 2006, 234 (1-2): 105-126.

[302] Wu Y F, Evans K, Li J W, et al. Metal remobilization and ore-fluid perturbation during episodic replacement of auriferous pyrite from an epizonal orogenic gold deposit[J]. Geochimica et Cosmochimica Acta, 2019b, 245: 98-117.

[303] Wu Y F, Li J W, Evans K, et al. Ore-forming processes of the Daqiao epizonal orogenic gold deposit, West Qinling Orogen, China: Constraints from textures, trace Elements, and sulfur isotopes of pyrite and marcasite, and raman spectroscopy of carbonaceous material [J]. Economic Geology, 2018, 113(5): 1093-1132.

[304] Wyart J, Sabatier G. Mobilité des ions des silicium et aluminiumdan les cristaux de feldspath [J]. Bulletin de la Société française de Minéralogie et de Cristallographie, 1958, 81: 223-226

[305] Xia F, Adegoke I A, Pearce M A, et al. Is solid-state diffusion slower than dissolution-reprecipitation during low temperature mineral-fluid interactions? [C]. Hawaii: Goldschmidt, 2020.

[306] Xia F, Brugger J, Chen G, et al. Mechanism and kinetics of pseudomorphic mineral replacement reactions: A case study of the replacement of pentlandite by violarite [J]. Geochimica et Cosmochimica Acta, 2009, 73(7): 1945-1969.

[307] Xia R, Deng J, Qing M, et al. Petrogenesis of ca. 240 Ma intermediate and felsic intrusions in the Nan'getan: Implications for crust-mantle interaction and geodynamic process of the East Kunlun Orogen[J]. Ore Geology Reviews, 2017, 90: 1099-1117.

[308] Xia R, Wang C, Deng J, et al. Crustal thickening prior to 220 Ma in the East Kunlun Orogenic Belt: Insights from the Late Triassic granitoids in the Xiao-Nuomuhong pluton[J]. Journal of Asian Earth Sciences, 2014, 93: 193-210.

[309] Xia R, Wang C, Qing M, et al. Zircon U-Pb dating, geochemistry and Sr-Nd-Pb-Hf-O

isotopes for the Nan'getan granodiorites and mafic microgranular enclaves in the East Kunlun Orogen: Record of closure of the Paleo-Tethys[J]. Lithos, 2015, 234-235: 47-60.

[310] Xin W, Sun F Y, Zhang Y T, et al. Mafic-intermediate igneous rocks in the East Kunlun Orogenic Belt, northwestern China: Petrogenesis and implications for regional geodynamic evolution during the Triassic[J]. Lithos, 2019, 346-347: 105159.

[311] Xing Y, Etschmann B, Liu W, et al. The role of fluorine in hydrothermal mobilization and transportation of Fe, U and REE and the formation of IOCG deposits[J]. Chemical Geology, 2019, 504: 158-176.

[312] Xiong F H, Ma C Q, Chen B, et al. Intermediate-mafic dikes in the East Kunlun Orogen, Northern Tibetan Plateau: a window into paleo-arc magma feeding system[J]. Lithos, 2019, 340-341: 152-165.

[313] Xiong F H, Ma C Q, Jiang H A, et al. Geochronology and petrogenesis of Triassic high-K calc-alkaline granodiorites in the East Kunlun Orogen, West China: Juvenile lower crustal melting during post-collisional extension[J]. Journal of Earth Science, 2016, 27(3): 474-490.

[314] Xiong F H, Ma C Q, Zhang J Y, et al. Reworking of old continental lithosphere: an important crustal evolution mechanism in orogenic belts, as evidenced by Triassic I-type granitoids in the East Kunlun orogen, Northern Tibetan Plateau[J]. Journal of the Geological Society, 2014, 171(6): 847-863.

[315] Xiong F H, Ma C Q, Zhang J Y, et al. LA-ICP-MS zircon U-Pb dating, elements and Sr-Nd-Hf isotope geochemistry of the early Mesozoic mafic dyke swarms in East Kunlun orogenic belt[J]. Acta Petrologica Sinica, 2011, 27(11): 3350-3364.

[316] Xiong F H, Ma C Q, Zhang J Y, et al. The origin of mafic microgranular enclaves and their host granodiorites from East Kunlun, Northern Qinghai-Tibet Plateau: implications for magma mixing during subduction of Paleo-Tethyan lithosphere[J]. Mineralogy and Petrology, 2012, 104(3): 211-224.

[317] Xu M, Jing Z, Bajgain S K, et al. High-pressure elastic properties of dolomite melt supporting carbonate-induced melting in deep upper mantle[J]. Proceedings of the National Academy of Sciences, 2020, 117(31): 18285-18291.

[318] Yan L L, He Z Y, Beier C, et al. Zircon trace element constrains on the link between volcanism and plutonism in SE China[J]. Lithos, 2018, 320-321: 28-34.

[319] Yan Y T, Li S R, Jia B J, et al. Composition typomorphic characteristics and statistic analysis of pyrite in gold deposit of different genetic types[J]. Frontiers of Earth Science, 2012, 19 (4): 214-226

[320] Yang T, Zhou H B, Zheng Z H, et al. Geological characteristics and genetic type of the Nagengkangqieer silver polymetallic deposit in East Kunlun[J]. Northwestern Geology, 2017, 50(4): 186-199.

[321] Yang Y Q, Xu Q L, Zhang B S. Zircon U-Pb ages and its geological significance of

the monzonitic granite in the Aikengdelesite, Eastern Kunlun[J]. Nothwestern Geology, 2013, 46(1): 56-62.

[322] Yang Z F. Combining quantitative textural and geochemical studies to understand the solidification processes of a granite porphyry: Shanggusi, East Qinling, China[J]. Journal of Petrology, 2012, 53(9): 1807-1835.

[323] Yang Z F, Luo Z H, Lu X X, et al. The role of external fluid in the Shanggusi dynamic granitic magma system, East Qinling, China: Quantitative integration of textural and chemical data[J]. Lithos, 2014, 208-209: 339-360.

[324] Yu M, Dick J M, Feng C, et al. The tectonic evolution of the East Kunlun Orogen, Northern Tibetan Plateau: a critical review with an integrated geodynamic model[J]. Journal of Asian Earth Sciences, 2020, 191: 104168.

[325] Yu N, Jin W, Ge W C, et al. Geochemical study on peraluminous granite from Jinshuikou in East Kunlun[J]. Global Geology, 2005, 24(2): 123-128.

[326] Yuan B, Zhang C, Yu H, et al. Element enrichment characteristics: Insights from element geochemistry of sphalerite in Daliangzi Pb-Zn deposit, Sichuan, Southwest China[J]. Journal of Geochemical Exploration, 2018, 186: 187-201.

[327] Zhang H F, Chen Y L, Xu W C, et al. Granitoids around Gonghe basin in Qinghai Province: petrogenesis and tectonic implications [J]. Acta Petrologica Sinica, 2006, 22 (12): 2910-2922

[328] Zhang J H, Yang J H, Chen J Y, et al. Genesis of late Early Cretaceous high-silica rhyolites in eastern Zhejiang Province, Southeast China: A crystal mush origin with mantle input [J]. Lithos, 2018, 296-299: 482-495.

[329] Zhang J Y, Ma C Q, Xiong F H, et al. Petrogenesis and tectonic significance of the Late Permian-Middle Triassic calc-alkaline granites in the Balong region, eastern Kunlun Orogen, China[J]. Geological Magzine, 2012, 149(5): 892-908.

[330] Zhao J, Brugger J, Grguric B A, et al. Fluid-enhanced coarsening of mineral microstructures in hydrothermally synthesized bornite-digenite solid solution[J]. ACS Earth and Space Chemistry, 2017, 1(8): 465-474.

[331] Zhao J, Brugger J, Xia F, et al. Dissolution-reprecipitation vs. solid-state diffusion: Mechanism of mineral transformations in sylvanite, $(AuAg)_2Te_4$, under hydrothermal conditions[J]. American Mineralogist, 2013, 98(1): 19-32.

[332] Zhao X, Fu L, Wei J, et al. Late Permian back-arc extension of the Eastern Paleo-Tethys Ocean: Evidence from the East Kunlun Orogen, Northern Tibetan Plateau[J]. Lithos, 2019, 340-341: 34-48.

[333] Zhou H, Zhang D, Wei J, et al. Petrogenesis of Late Triassic mafic enclaves and host granodiorite in the Eastern Kunlun Orogenic Belt, China: Implications for the reworking of juvenile crust by delamination-induced asthenosphere upwelling [J]. Gondwana Research, 2020, 84: 52-70.

[334] Zong K, Liu Y, Gao C, et al. In situ U–Pb dating and trace element analysis of zircons in thin sections of eclogite: Refining constraints on the ultra high-pressure metamorphism of the Sulu terrane, China[J]. Chemical Geology, 2010, 269(3–4): 237–251.

[335] Zou B, Ma C. Crystal mush rejuvenation induced by heat and water transfer: Evidence from amphibole analyses in the Jialuhe Composite Pluton, East Kunlun Orogen, northern Tibet Plateau[J]. Lithos, 2020, 376–377: 105722.

[336] 周久龙. 马达加斯加 Ambatondrazaka 钒钛磁铁矿矿床成因模型: 来自岩石学与地球化学的约束[D]. 北京: 中国地质大学, 2012.

[337] 徐夕生, 王孝磊, 赵凯, 等. 新时期花岗岩研究的进展和趋势[J]. 矿物岩石地球化学通报, 2020, 39(5): 899–911.

[338] 李敏同, 李忠权. 东昆仑那更康切尔银矿床 S–Pb–C–O 同位素地球化学特征[J]. 矿物学报, 2017, 37(6): 771–781.

[339] 武亚峰. 青海省都兰县那更康切尔沟银矿床地质特征及成因[D]. 长春: 吉林大学, 2019.

[340] 王硕, 王孝磊, 杜德. 火山岩—侵入岩的联系[J]. 高校地质学报, 2020, 26: 497–505.

[341] 程黎鹿. 峨眉山大火成岩省的岩浆运移、滞留、演化过程的岩石学和数值模拟研究[D]. 北京: 中国地质大学, 2014.

[342] 罗照华, 卢欣祥, 许俊玉, 等. 成矿侵入体的岩石学标志[J]. 岩石学报, 2010, 26(8): 2247–2254.

[343] 罗照华, 周久龙, 黑慧欣, 等. 超级喷发(超级侵入)后成矿作用[J]. 岩石学报, 2014, 30(11): 3131–3154.

[344] 贺振宇, 颜丽丽. 锆石微量元素地球化学对硅质火山岩浆系统的制约[J]. 岩石矿物学杂志, 2021, 40(5): 939–951.

[345] 陈晓东. 东昆仑那更康切尔银多金属矿成矿作用[D]. 成都: 成都理工大学, 2019.

[346] 马昌前, 邹博文, 高珂, 等. 晶粥储存、侵入体累积组装与花岗岩成因[J]. 地球科学, 2020, 45(12): 4332–4351.

附 录

附表 3-1 那更(次)火山杂岩锆石 LA-ICP-MS U-Pb 同位素数据

点号	点位	Th/(×10⁻⁶)	U/(×10⁻⁶)	Th/U	同位素比值						年龄/Ma			
					$^{207}Pb/^{206}Pb$	±1σ	$^{207}Pb/^{235}U$	±1σ	$^{206}Pb/^{238}U$	±1σ	$^{207}Pb/^{235}U$	±1σ	$^{206}Pb/^{238}U$	±1σ
英安玢岩(DP2)														
DP2-01	灰色边	91.4	114	0.80	0.0517	0.0034	0.2461	0.0143	0.0353	0.0005	223.4	11.6	223.6	3.2
DP2-02	灰色边	80.4	108	0.74	0.0532	0.0036	0.2518	0.0136	0.0351	0.0006	228.0	11.0	222.6	3.5
DP2-03	灰色边	86.8	109	0.80	0.0526	0.0032	0.2550	0.0134	0.0355	0.0006	230.6	10.9	224.8	3.5
DP2-04	灰色边	97.6	137	0.71	0.0532	0.0030	0.2514	0.0138	0.0346	0.0006	227.7	11.2	219.3	3.5
DP2-05	灰色边	81.8	100	0.82	0.0510	0.0034	0.2371	0.0142	0.0346	0.0005	216.0	11.7	219.4	3.1
DP2-06	灰色边	62.6	71.2	0.88	0.0516	0.0037	0.2497	0.0155	0.0351	0.0006	226.3	12.6	222.6	4.0
DP2-07	灰色边	42.6	79.3	0.54	0.0525	0.0039	0.2524	0.0161	0.0350	0.0006	228.5	13.1	221.9	3.6
DP2-08	灰色边	63.0	93.0	0.68	0.0544	0.0036	0.2562	0.0147	0.0348	0.0006	231.6	11.9	220.6	3.6
DP2-09	灰色边	61.0	98.9	0.62	0.0485	0.0028	0.2311	0.0130	0.0349	0.0006	211.1	10.7	221.3	3.6

续附表3-1

点号	点位	Th/(×10⁻⁶)	U/(×10⁻⁶)	Th/U	同位素比值						年龄/Ma			
					$^{207}Pb/^{206}Pb$	±1σ	$^{207}Pb/^{235}U$	±1σ	$^{206}Pb/^{238}U$	±1σ	$^{207}Pb/^{235}U$	±1σ	$^{206}Pb/^{238}U$	±1σ
DP2-10	灰色边	74.8	110	0.68	0.0547	0.0039	0.2552	0.0167	0.0351	0.0006	230.8	13.5	222.4	3.6
DP2-11	灰色边	80.5	106	0.76	0.0510	0.0033	0.2403	0.0147	0.0347	0.0005	218.7	12.0	220.2	3.3
DP2-12	灰色边	95.5	127	0.75	0.0512	0.0029	0.2450	0.0137	0.0346	0.0005	222.5	11.2	219.4	3.1
DP2-13	灰色边	78.6	109	0.72	0.0535	0.0033	0.2637	0.0168	0.0355	0.0005	237.6	13.5	224.7	3.3
DP2-14	灰色边	80.5	111	0.72	0.0503	0.0028	0.2393	0.0126	0.0344	0.0005	217.8	10.3	218.3	2.9
DP2-15	灰色边	52.2	72.7	0.72	0.0499	0.0038	0.2321	0.0156	0.0345	0.0006	211.9	12.9	218.8	4.0
DP2-16	灰色边	62.8	86.7	0.72	0.0552	0.0036	0.2616	0.0146	0.0348	0.0006	236.0	11.8	220.7	4.0
DP2-17	灰色边	87.0	118	0.74	0.0530	0.0031	0.2496	0.0129	0.0344	0.0005	226.2	10.5	218.0	3.1
DP2-18	灰色边	55.9	70.6	0.79	0.0490	0.0040	0.2285	0.0167	0.0346	0.0006	208.9	13.8	219.0	3.7
DP2-19	灰色边	58.0	91.7	0.63	0.0533	0.0034	0.2430	0.0136	0.0340	0.0006	220.8	11.1	215.4	3.5
DP2-20	灰色边	90.4	124	0.73	0.0523	0.0034	0.2445	0.0151	0.0342	0.0004	222.1	12.3	216.7	2.6
DP2-21	灰色边	59.9	79.1	0.76	0.0537	0.0047	0.2435	0.0170	0.0343	0.0006	221.3	13.8	217.7	3.7
DP2-22	灰色边	86.0	112	0.77	0.0511	0.0027	0.2380	0.0124	0.0340	0.0005	216.8	10.2	215.4	3.1
DP2-23	灰色边	78.1	98.8	0.79	0.0519	0.0033	0.2368	0.0136	0.0340	0.0005	215.8	11.1	215.6	3.4
DP2-24	灰色边	72.6	102	0.71	0.0545	0.0032	0.2620	0.0145	0.0354	0.0006	236.3	11.6	224.5	3.5
DP2-25	灰色边	47.7	58.5	0.82	0.0524	0.0041	0.2399	0.0171	0.0337	0.0006	218.4	14.0	213.7	3.8
DP2-26	灰色边	56.2	71.6	0.78	0.0546	0.0040	0.2571	0.0179	0.0345	0.0006	232.3	14.5	218.4	4.0

续附表3-1

点号	点位	Th/(×10⁻⁶)	U/(×10⁻⁶)	Th/U	同位素比值						年龄/Ma			
					$^{207}Pb/^{206}Pb$	±1σ	$^{207}Pb/^{235}U$	±1σ	$^{206}Pb/^{238}U$	±1σ	$^{207}Pb/^{235}U$	±1σ	$^{206}Pb/^{238}U$	±1σ
DP2-27	灰色边	69.6	101	0.69	0.0530	0.0032	0.2470	0.0147	0.0339	0.0006	224.1	12.0	214.9	3.7
DP2-28	灰色边	41.7	61.8	0.67	0.0543	0.0043	0.2540	0.0164	0.0350	0.0006	229.8	13.3	221.7	3.8
DP2-29	灰色边	57.8	101	0.57	0.0525	0.0031	0.2480	0.0142	0.0347	0.0005	225.0	11.6	220.0	3.3
DP2-30	灰色边	38.1	55.8	0.68	0.0508	0.0047	0.2350	0.0162	0.0353	0.0007	214.3	13.3	223.9	4.6
DP2-31	灰色边	90.4	131	0.69	0.0530	0.0034	0.2535	0.0156	0.0347	0.0005	229.4	12.7	220.0	2.9
DP2-32	深灰色核	207	172	1.21	0.0496	0.0031	0.2414	0.0142	0.0354	0.0005	219.6	11.6	224.4	2.9
DP2-33	深灰色核	148	131	1.13	0.0492	0.0033	0.2433	0.0167	0.0356	0.0005	221.1	13.6	225.7	3.0
DP2-34	深灰色核	97.5	92.0	1.06	0.0532	0.0034	0.2639	0.0162	0.0359	0.0006	237.8	13.0	227.2	3.9
DP2-35	深灰色核	701	303	2.32	0.0504	0.0021	0.2532	0.0110	0.0366	0.0005	229.2	8.9	231.7	3.1
DP2-36	深灰色核	101	99.1	1.02	0.0486	0.0030	0.2364	0.0129	0.0362	0.0005	215.5	10.6	229.3	3.2
DP2-37	深灰色核	134	126	1.07	0.0505	0.0031	0.2500	0.0146	0.0362	0.0005	226.6	11.8	229.2	3.4
DP2-38	深灰色核	398	213	1.87	0.0512	0.0025	0.2496	0.0115	0.0356	0.0005	226.3	9.4	225.7	2.9
DP2-39	深灰色核	86.3	92.4	0.93	0.0552	0.0041	0.2713	0.0189	0.0365	0.0007	243.7	15.1	230.8	4.2
DP2-40	深灰色核	162	224	0.72	0.0527	0.0020	0.2614	0.0100	0.0360	0.0004	235.8	8.1	227.7	2.6
贫晶体流纹岩(CPR1)														
CPR1-01	灰色边	80.0	122	0.65	0.0487	0.0042	0.2268	0.0185	0.0339	0.0007	207.5	15.3	215.1	4.2
CPR1-02	灰色边	165	180	0.92	0.0480	0.0033	0.2241	0.0139	0.0344	0.0005	205.3	11.5	217.8	2.9

续附表3-1

点号	点位	Th/ (×10⁻⁶)	U/ (×10⁻⁶)	Th/U	同位素比值						年龄/Ma			
					$^{207}Pb/^{206}Pb$	±1σ	$^{207}Pb/^{235}U$	±1σ	$^{206}Pb/^{238}U$	±1σ	$^{207}Pb/^{235}U$	±1σ	$^{206}Pb/^{238}U$	±1σ
CPR1-03	灰色边	95.3	132	0.72	0.0476	0.0037	0.2217	0.0158	0.0341	0.0006	203.3	13.1	216.5	3.8
CPR1-04	灰色边	173	167	1.04	0.0520	0.0029	0.2483	0.0129	0.0352	0.0006	225.2	10.5	223.0	3.8
CPR1-05	灰色边	150	199	0.76	0.0494	0.0029	0.2329	0.0132	0.0349	0.0005	212.6	10.9	221.2	3.2
CPR1-06	灰色边	48.5	84.1	0.58	0.0496	0.0051	0.2305	0.0216	0.0351	0.0007	210.6	17.8	222.7	4.5
CPR1-07	灰色边	73.0	156	0.47	0.0540	0.0036	0.2583	0.0166	0.0353	0.0006	233.3	13.4	223.4	3.8
CPR1-08	灰色边	101	139	0.73	0.0487	0.0031	0.2389	0.0149	0.0354	0.0006	217.5	12.2	224.4	3.5
CPR1-09	灰色边	94.4	132	0.72	0.0520	0.0039	0.2454	0.0171	0.0348	0.0005	222.8	13.9	220.4	3.2
CPR1-10	灰色边	72.3	95.5	0.76	0.0485	0.0048	0.2267	0.0202	0.0352	0.0006	207.5	16.8	223.2	4.0
CPR1-11	灰色边	188	201	0.93	0.0517	0.0028	0.2441	0.0111	0.0339	0.0004	221.7	9.0	215.1	2.3
CPR1-12	灰色边	54.8	89.1	0.61	0.0524	0.0036	0.2418	0.0151	0.0338	0.0006	219.9	12.3	214.1	3.5
CPR1-13	灰色边	75.2	109	0.69	0.0508	0.0034	0.2422	0.0132	0.0355	0.0006	220.2	10.8	225.2	3.4
CPR1-14	灰色边	110	126	0.88	0.0509	0.0042	0.2396	0.0180	0.0345	0.0006	218.1	14.7	218.5	3.5
CPR1-15	灰色边	60.0	99.7	0.60	0.0559	0.0039	0.2579	0.0143	0.0348	0.0006	233.0	11.5	220.7	3.9
CPR1-16	深灰色核	142	152	0.93	0.0557	0.0031	0.2784	0.0149	0.0366	0.0005	249.4	11.8	231.5	3.1
CPR1-17	深灰色核	305	264	1.16	0.0560	0.0021	0.2822	0.0098	0.0367	0.0004	252.4	7.7	232.2	2.4
CPR1-18	深灰色核	184	176	1.05	0.0483	0.0030	0.2386	0.0139	0.0361	0.0005	217.2	11.4	228.8	3.2
CPR1-19	深灰色核	83.5	94.6	0.88	0.0501	0.0029	0.2448	0.0135	0.0355	0.0005	222.3	11.0	224.7	2.8

续附表3-1

点号	点位	Th/(×10⁻⁶)	U/(×10⁻⁶)	Th/U	同位素比值						年龄/Ma			
					$^{207}Pb/^{206}Pb$	±1σ	$^{207}Pb/^{235}U$	±1σ	$^{206}Pb/^{238}U$	±1σ	$^{207}Pb/^{235}U$	±1σ	$^{206}Pb/^{238}U$	±1σ
CPR1-20	深灰色核	240	212	1.14	0.0478	0.0024	0.2324	0.0114	0.0353	0.0004	212.1	9.4	223.5	2.7
CPR1-21	深灰色核	137	136	1.00	0.0528	0.0025	0.2578	0.0116	0.0356	0.0005	232.9	9.4	225.4	3.1
CPR1-22	深灰色核	201	193	1.04	0.0505	0.0023	0.2546	0.0110	0.0367	0.0004	230.3	8.9	232.4	2.7
CPR1-23	深灰色核	198	186	1.07	0.0503	0.0022	0.2498	0.0108	0.0359	0.0004	226.4	8.8	227.4	2.6
CPR1-24	深灰色核	297	219	1.36	0.0547	0.0027	0.2651	0.0129	0.0352	0.0004	238.7	10.3	223.0	2.5
CPR1-25	深灰色核	154	188	0.82	0.0541	0.0029	0.2693	0.0134	0.0359	0.0005	242.1	10.8	227.4	3.3
CPR1-26	深灰色核	197	162	1.22	0.0532	0.0036	0.2607	0.0161	0.0362	0.0006	235.2	12.9	229.2	3.9
CPR1-27	深灰色核	529	326	1.62	0.0540	0.0023	0.2713	0.0112	0.0366	0.0004	243.7	8.9	231.7	2.7
富晶体流纹英安岩(CRR2)														
CRR2-01	浅灰色边	89.8	114	0.79	0.0558	0.0041	0.2615	0.0181	0.0343	0.0006	235.9	14.5	217.1	3.4
CRR2-02	浅灰色边	101	125	0.81	0.0560	0.0044	0.2513	0.0184	0.0327	0.0005	227.6	14.9	207.5	3.1
CRR2-03	浅灰色边	325	241	1.35	0.0512	0.0052	0.2382	0.0245	0.0337	0.0004	216.9	20.1	213.9	2.4
CRR2-04	浅灰色边	123	145	0.85	0.0530	0.0058	0.2342	0.0261	0.0323	0.0006	213.7	21.5	204.8	3.5
CRR2-05	浅灰色边	74.4	89.2	0.83	0.0552	0.0037	0.2559	0.0148	0.0341	0.0006	231.3	12.0	216.0	3.6
CRR2-06	浅灰色边	61.8	91.6	0.67	0.0522	0.0033	0.2438	0.0141	0.0340	0.0006	221.6	11.5	215.5	3.5
CRR2-07	浅灰色边	155	168	0.92	0.0491	0.0028	0.2341	0.0116	0.0344	0.0004	213.5	9.5	217.8	2.7
CRR2-08	浅灰色边	86.2	110	0.78	0.0509	0.0061	0.2266	0.0267	0.0330	0.0008	207.4	22.1	209.3	4.9
CRR2-09	浅灰色边	256	219	1.17	0.0541	0.0051	0.2454	0.0221	0.0333	0.0004	222.9	18.0	211.1	2.6
CRR2-10	浅灰色边	715	454	1.57	0.0481	0.0034	0.2277	0.0162	0.0337	0.0004	208.3	13.4	213.6	2.3

续附表3-1

点号	点位	Th/(×10⁻⁶)	U/(×10⁻⁶)	Th/U	同位素比值							年龄/Ma			
					$^{207}Pb/^{206}Pb$	±1σ	$^{207}Pb/^{235}U$	±1σ	$^{206}Pb/^{238}U$	±1σ		$^{207}Pb/^{235}U$	±1σ	$^{206}Pb/^{238}U$	±1σ
CRR2-11	浅灰色边	69.7	105	0.66	0.0556	0.0038	0.2600	0.0162	0.0342	0.0006		234.6	13.1	216.5	3.5
CRR2-12	浅灰色边	412	273	1.51	0.0522	0.0052	0.2451	0.0244	0.0333	0.0005		222.5	19.9	211.1	3.1
CRR2-13	浅灰色边	29.0	52.6	0.55	0.0559	0.0051	0.2505	0.0188	0.0343	0.0008		227.0	15.2	217.6	4.9
CRR2-14	灰色幔	116	112	1.03	0.0550	0.0046	0.2521	0.0170	0.0342	0.0005		228.2	13.8	216.9	3.4
CRR2-15	灰色幔	358	282	1.27	0.0532	0.0026	0.2565	0.0107	0.0350	0.0004		231.9	8.6	222.0	2.4
CRR2-16	灰色幔	110	143	0.77	0.0550	0.0041	0.2648	0.0159	0.0352	0.0005		238.5	12.8	223.1	3.2
CRR2-17	灰色幔	90.3	110	0.82	0.0547	0.0035	0.2631	0.0153	0.0352	0.0005		237.1	12.3	223.0	3.4
CRR2-18	灰色幔	308	280	1.10	0.0532	0.0033	0.2529	0.0156	0.0349	0.0005		228.9	12.6	220.9	3.3
CRR2-19	灰色幔	274	241	1.14	0.0559	0.0032	0.2605	0.0145	0.0339	0.0006		235.0	11.7	215.1	3.4
CRR2-20	灰色幔	207	193	1.07	0.0508	0.0036	0.2410	0.0169	0.0348	0.0007		219.2	13.8	220.7	4.1
CRR2-21	灰色幔	91.5	118	0.78	0.0518	0.0047	0.2478	0.0192	0.0353	0.0007		224.8	15.6	223.7	4.1
CRR2-22	灰色幔	1273	775	1.64	0.0498	0.0022	0.2355	0.0105	0.0341	0.0004		214.7	8.7	215.9	2.5
CRR2-23	灰色幔	83.3	91.1	0.92	0.0557	0.0038	0.2619	0.0153	0.0353	0.0007		236.2	12.3	223.5	4.1
CRR2-24	灰色幔	57.7	91.1	0.63	0.0557	0.0058	0.2642	0.0219	0.0355	0.0010		238.0	17.6	225.2	6.4
CRR2-25	灰色幔	97.3	113	0.86	0.0543	0.0032	0.2603	0.0147	0.0353	0.0006		234.9	11.9	223.8	4.0
CRR2-26	灰色幔	90.8	102	0.89	0.0522	0.0038	0.2414	0.0167	0.0339	0.0005		219.6	13.7	215.0	3.4
CRR2-27	灰色幔	59.0	80.1	0.74	0.0568	0.0069	0.2508	0.0235	0.0340	0.0009		227.3	19.1	215.8	5.8
CRR2-28	灰色幔	96.1	101	0.96	0.0501	0.0034	0.2363	0.0149	0.0348	0.0006		215.4	12.2	220.4	3.8
CRR2-29	灰色幔	34.5	70.1	0.49	0.0489	0.0037	0.2308	0.0144	0.0356	0.0007		210.9	11.8	225.5	4.4
CRR2-30	灰色幔	95.3	107	0.89	0.0511	0.0030	0.2451	0.0140	0.0346	0.0006		222.6	11.4	219.5	3.7

续附表3-1

点号	点位	Th/ (×10⁻⁶)	U/ (×10⁻⁶)	Th/U	同位素比值						年龄/Ma			
					$^{207}Pb/^{206}Pb$	±1σ	$^{207}Pb/^{235}U$	±1σ	$^{206}Pb/^{238}U$	±1σ	$^{207}Pb/^{235}U$	±1σ	$^{206}Pb/^{238}U$	±1σ
CRR2-31	灰色幔	61.3	67.9	0.90	0.0525	0.0057	0.2328	0.0214	0.0342	0.0007	212.5	17.6	216.5	4.5
CRR2-32	深灰色核	394	292	1.35	0.0530	0.0035	0.2625	0.0154	0.0360	0.0005	236.7	12.4	227.9	3.4
CRR2-33	深灰色核	547	416	1.32	0.0513	0.0029	0.2587	0.0134	0.0361	0.0005	233.6	10.8	228.7	3.3
CRR2-34	深灰色核	330	275	1.20	0.0498	0.0030	0.2672	0.0141	0.0360	0.0005	240.4	11.3	228.2	3.3
CRR2-35	深灰色核	42.3	75.0	0.56	0.0558	0.0065	0.2581	0.0241	0.0359	0.0009	233.1	19.4	227.1	5.6
CRR2-36	深灰色核	256	225	1.14	0.0543	0.0022	0.2695	0.0106	0.0359	0.0004	242.3	8.5	227.5	2.5
标样														
GJ-1-01		37.3	445	0.08	0.0617	0.0021	0.8417	0.0287	0.0984	0.0011	620.1	15.8	605.3	6.4
GJ-1-02		9.04	301	0.03	0.0590	0.0015	0.8023	0.0194	0.0983	0.0009	598.1	10.9	604.6	5.3
GJ-1-03		8.90	298	0.03	0.0584	0.0016	0.7926	0.0215	0.0983	0.0010	592.6	12.2	604.6	5.9
GJ-1-04		8.96	292	0.03	0.0611	0.0016	0.8280	0.0210	0.0979	0.0010	612.5	11.7	602.0	5.8
GJ-1-05		8.99	298	0.03	0.0595	0.0016	0.8034	0.0219	0.0974	0.0008	598.7	12.3	599.0	4.8
GJ-1-06		8.89	296	0.03	0.0598	0.0015	0.8132	0.0198	0.0984	0.0008	604.2	11.1	605.0	4.6
GJ-1-07		8.94	300	0.03	0.0597	0.0013	0.8113	0.0179	0.0982	0.0008	603.2	10.1	603.6	4.4
GJ-1-08		8.83	293	0.03	0.0609	0.0014	0.8308	0.0186	0.0989	0.0007	614.1	10.3	607.7	3.9
GJ-1-09		8.16	266	0.03	0.0606	0.0017	0.8200	0.0222	0.0981	0.0008	608.0	12.4	603.1	4.8
GJ-1-10		9.22	309	0.03	0.0613	0.0015	0.8361	0.0210	0.0987	0.0007	617.0	11.6	606.6	4.3
GJ-1-11		9.31	312	0.03	0.0612	0.0015	0.8244	0.0192	0.0975	0.0007	610.5	10.7	599.5	4.0
GJ-1-12		7.91	268	0.03	0.0606	0.0018	0.8300	0.0232	0.0989	0.0008	613.6	12.9	608.1	4.6
GJ-1-13		9.73	317	0.03	0.0613	0.0015	0.8257	0.0194	0.0975	0.0008	611.2	10.8	599.9	4.5

续附表3-1

点号	点位	Th/ (×10⁻⁶)	U/ (×10⁻⁶)	Th/U	同位素比值						年龄/Ma			
					$^{207}Pb/^{206}Pb$	±1σ	$^{207}Pb/^{235}U$	±1σ	$^{206}Pb/^{238}U$	±1σ	$^{207}Pb/^{235}U$	±1σ	$^{206}Pb/^{238}U$	±1σ
GJ-1-14		8.43	270	0.03	0.0590	0.0015	0.7987	0.0202	0.0976	0.0009	596.1	11.4	600.5	5.0
GJ-1-15		8.78	279	0.03	0.0594	0.0016	0.8074	0.0214	0.0985	0.0008	601.0	12.0	605.6	4.7
GJ-1-16		8.50	284	0.03	0.0576	0.0025	0.7862	0.0266	0.0980	0.0011	589.0	15.1	602.7	6.3
GJ-1-17		8.70	282	0.03	0.0608	0.0021	0.8180	0.0265	0.0975	0.0009	606.9	14.8	599.8	5.3
PLE-01		44.9	498	0.09	0.0545	0.0017	0.4089	0.0136	0.0539	0.0005	348.1	9.8	338.4	3.3
PLE-02		31.7	386	0.08	0.0547	0.0019	0.4051	0.0142	0.0535	0.0006	345.4	10.3	335.7	3.4
PLE-03		58.0	630	0.09	0.0538	0.0015	0.3989	0.0106	0.0537	0.0005	340.8	7.7	337.2	3.0
PLE-04		42.3	479	0.09	0.0533	0.0016	0.3971	0.0118	0.0539	0.0005	339.5	8.5	338.5	3.2
PLE-05		75.8	682	0.11	0.0526	0.0012	0.3916	0.0085	0.0539	0.0004	335.6	6.2	338.1	2.5
PLE-06		72.1	663	0.11	0.0522	0.0017	0.3892	0.0088	0.0538	0.0004	333.8	6.4	337.7	2.6
PLE-07		62.6	589	0.11	0.0538	0.0013	0.3993	0.0095	0.0538	0.0005	341.2	6.9	338.1	2.9
PLE-08		107	977	0.11	0.0523	0.0010	0.3909	0.0075	0.0540	0.0004	335.0	5.5	339.1	2.2
PLE-09		113	1019	0.11	0.0538	0.0011	0.4026	0.0086	0.0541	0.0004	343.6	6.2	339.6	2.3
PLE-10		80.6	751	0.11	0.0531	0.0011	0.3958	0.0082	0.0538	0.0003	338.6	6.0	337.9	2.1
PLE-11		100	877	0.11	0.0532	0.0014	0.3995	0.0104	0.0541	0.0004	341.3	7.6	339.7	2.6
PLE-12		137	1164	0.12	0.0518	0.0013	0.3876	0.0099	0.0541	0.0004	332.6	7.3	339.7	2.5
PLE-13		98.4	877	0.11	0.0528	0.0020	0.3956	0.0123	0.0535	0.0005	338.5	9.0	336.1	3.0
PLE-14		161	1363	0.12	0.0530	0.0016	0.3956	0.0115	0.0535	0.0005	338.4	8.4	335.7	3.1

附表 3-2 那更（次）火山杂岩微量元素数据

点号	点位	T_{ZircTi}/°C	Ti/(×10⁻⁶)	Hf/(×10⁻⁶)	Th/(×10⁻⁶)	U/(×10⁻⁶)	P/(×10⁻⁶)	Nb/(×10⁻⁶)	Ta/(×10⁻⁶)	La/(×10⁻⁶)	Ce/(×10⁻⁶)	Pr/(×10⁻⁶)	Nd/(×10⁻⁶)	Sm/(×10⁻⁶)	Eu/(×10⁻⁶)	Gd/(×10⁻⁶)
英安斑岩（DP2）																
DP2-01	灰色边	736	6.32	11127	92.3	121	207	1.49	0.82	0.03	9.00	0.03	0.66	1.69	0.23	9.25
DP2-02	灰色边	764	8.47	10200	96.6	112	343	2.07	0.90	0.00	9.30	0.09	1.95	4.33	0.48	23.7
DP2-03	灰色边	726	5.66	11624	62.6	81.2	387	1.31	0.80	1.23	11.2	0.42	2.16	2.08	0.27	11.3
DP2-04	灰色边	694	3.91	11160	90.2	121	262	1.78	0.96	0.01	9.10	0.03	0.60	1.64	0.32	11.8
DP2-05	灰色边	787	10.7	10439	92.9	111	383	2.15	1.09	0.01	9.49	0.09	1.88	4.12	0.45	20.2
DP2-06	灰色边	766	8.65	10493	62.6	71.2	287	1.44	0.75	0.00	8.08	0.04	0.98	2.35	0.26	15.6
DP2-07	灰色边	738	6.43	11889	42.6	79.3	916	1.28	0.69	7.37	20.8	1.94	7.34	1.86	0.18	5.82
DP2-08	灰色边	701	4.26	11467	63.0	93.0	242	1.18	0.72	0.17	7.57	0.08	0.60	1.15	0.16	8.52
DP2-09	灰色边	688	3.65	11568	61.0	98.9	172	1.18	0.72	0.00	5.94	0.02	0.39	0.95	0.17	6.58
DP2-10	灰色边	1677	1242	11321	74.8	110	320	4.23	0.76	1.76	10.6	0.57	2.50	1.33	0.16	6.89
DP2-11	灰色边	724	5.53	11696	80.5	106	293	1.96	0.95	0.00	9.77	0.02	0.65	1.74	0.24	12.8
DP2-12	灰色边	718	5.15	10917	95.5	127	1026	1.90	0.91	7.46	27.0	2.18	11.3	4.19	0.39	13.6
DP2-13	灰色边	716	5.04	10816	78.6	109	2218	1.42	0.73	23.92	58.2	5.90	23.2	4.98	0.42	12.1
DP2-14	灰色边	714	4.92	11980	80.5	111	900	2.39	1.10	6.13	23.3	1.65	7.17	2.82	0.26	13.0
DP2-15	灰色边	737	6.36	11483	52.2	72.7	266	1.46	0.70	0.02	7.39	0.04	0.54	1.26	0.21	9.89
DP2-16	灰色边	690	3.75	11879	62.8	86.7	1798	1.21	0.70	15.28	44.9	3.95	17.8	3.98	0.35	11.1
DP2-17	灰色边	720	5.28	11604	87.0	118	7961	1.42	0.85	85.09	214	26.9	126	26.4	1.44	32.9
DP2-18	灰色边	760	8.15	11266	55.9	70.6	351	1.54	0.85	0.00	7.48	0.056	0.78	1.72	0.25	13.8
DP2-19	灰色边	727	5.69	12341	58.0	91.7	382	1.54	0.80	0.00	6.61	0.029	0.43	1.48	0.20	10.2
DP2-20	灰色边	742	6.73	12730	90.4	124	265	1.97	1.04	0.01	9.29	0.022	0.51	1.57	0.20	11.3
DP2-21	灰色边	702	4.32	9536	59.9	79.1	259	1.23	0.79	0.00	7.23	0.034	0.65	1.36	0.19	10.0
DP2-22	灰色边	674	3.07	9799	86.0	112	214	1.15	0.68	0.45	8.20	0.11	0.78	1.17	0.21	8.08

续附表 3-2

点号	点位	Tb/(×10⁻⁶)	Dy/(×10⁻⁶)	Ho/(×10⁻⁶)	Er/(×10⁻⁶)	Tm/(×10⁻⁶)	Yb/(×10⁻⁶)	Lu/(×10⁻⁶)	Y/(×10⁻⁶)	Zr/(×10⁻⁶)	Zr/Hf	Th/U	Yb/Gd	Ce^{4+}/Ce^{3+}
英安玢岩（DP2）														
DP2-01	灰色边	3.47	44.2	17.4	82.0	18.0	172	37.2	557	496000	44.6	0.76	18.6	103
DP2-02	灰色边	8.17	98.8	37.8	169	34.4	301	64.3	1136	496000	48.6	0.86	12.7	28.6
DP2-03	灰色边	4.19	51.5	20.3	89.4	18.5	171	36.1	608	496000	42.7	0.77	15.1	42.0
DP2-04	灰色边	4.79	55.6	23.0	105	23.0	222	48.5	713	496000	44.4	0.74	18.8	122
DP2-05	灰色边	7.39	86.1	33.5	151	31.4	281	59.5	1017	496000	47.5	0.84	13.9	31.0
DP2-06	灰色边	5.33	64.9	25.5	112	22.7	206	42.2	762	496000	47.3	0.88	13.3	52.8
DP2-07	灰色边	1.86	23.9	9.92	48.8	10.7	108	24.3	316	496000	41.7	0.54	18.5	31.8
DP2-08	灰色边	2.86	37.7	14.9	71.3	16.0	152	32.9	481	496000	43.3	0.68	17.8	110
DP2-09	灰色边	2.47	32.4	13.9	67.7	15.5	152	35.4	439	496000	42.9	0.62	23.1	150
DP2-10	灰色边	2.36	32.2	12.3	61.2	13.5	134	29.1	401	496000	43.8	0.68	19.4	47.0
DP2-11	灰色边	4.51	55.3	21.9	97.8	20.5	187	38.7	662	496000	42.4	0.76	14.6	104
DP2-12	灰色边	4.63	57.2	22.5	104	22.9	212	45.7	690	496000	45.4	0.75	15.5	21.3
DP2-13	灰色边	3.81	43.0	17.3	80.3	17.3	173	37.7	542	496000	45.9	0.72	14.4	22.4
DP2-14	灰色边	4.55	57.1	22.4	102	21.7	201	42.1	679	496000	41.4	0.72	15.4	31.4
DP2-15	灰色边	3.29	44.2	17.7	78.7	16.3	151	32.7	521	496000	43.2	0.72	15.3	105
DP2-16	灰色边	3.48	41.4	16.1	74.9	16.2	148	31.5	503	496000	41.8	0.72	13.3	22.2
DP2-17	灰色边	6.14	58.5	19.6	84.5	18.0	166	34.3	596	496000	42.7	0.74	5.06	5.96
DP2-18	灰色边	4.95	60.3	23.9	105	22.5	199	41.8	691	496000	44.0	0.79	14.5	70.3
DP2-19	灰色边	4.04	51.1	21.1	99.8	22.3	203	43.8	647	496000	40.2	0.63	19.9	121
DP2-20	灰色边	3.79	49.8	19.9	92.0	20.2	187	39.4	598	496000	39.0	0.73	16.6	133
DP2-21	灰色边	3.76	47.3	18.8	85.2	18.1	165	34.6	552	496000	52.0	0.76	16.5	87.3
DP2-22	灰色边	2.72	35.5	13.8	66.0	14.7	139	30.3	427	496000	50.6	0.77	17.3	92.8

续附表 3-2

点号	点位	T_{ZircTi}/℃	Ti/ (×10⁻⁶)	Hf/ (×10⁻⁶)	Th/ (×10⁻⁶)	U/ (×10⁻⁶)	P/ (×10⁻⁶)	Nb/ (×10⁻⁶)	Ta/ (×10⁻⁶)	La/ (×10⁻⁶)	Ce/ (×10⁻⁶)	Pr/ (×10⁻⁶)	Nd/ (×10⁻⁶)	Sm/ (×10⁻⁶)	Eu/ (×10⁻⁶)	Gd/ (×10⁻⁶)
DP2-23	灰色边	728	5.80	9620	78.1	98.8	568	1.34	0.78	2.84	14.6	0.87	4.10	2.73	0.28	13.1
DP2-24	灰色边	673	3.03	8875	72.6	102	154	1.37	0.72	0.21	7.35	0.10	0.87	1.29	0.18	7.53
DP2-25	灰色边	746	7.04	9694	47.7	58.5	208	1.45	0.78	0.00	6.23	0.022	0.42	1.62	0.26	11.6
DP2-26	灰色边	692	3.81	9742	56.2	71.6	169	1.36	0.76	0.01	6.91	0.025	0.51	1.61	0.19	10.2
DP2-27	灰色边	690	3.74	10000	69.6	101	258	1.20	0.70	0.82	8.39	0.251	1.36	1.61	0.22	9.03
DP2-28	灰色边	718	5.15	9553	41.7	61.8	133	1.18	0.62	0.00	6.12	0.012	0.45	0.84	0.16	6.98
DP2-29	灰色边	707	4.55	10173	57.8	101	140	1.42	0.85	0.00	5.66	0.020	0.21	0.73	0.084	4.99
DP2-30	灰色边	722	5.38	9003	38.1	55.8	183	1.12	0.52	0.00	5.26	0.015	0.42	0.94	0.16	7.57
DP2-31	灰色边	743	6.80	11203	90.4	131	245	1.85	1.01	0.04	9.08	0.090	1.13	2.13	0.35	13.2
DP2-32	深灰色核	828	15.7	10561	207	172	1030	2.33	1.00	4.08	22.1	1.54	10.7	9.44	1.00	48.7
DP2-33	深灰色核	754	7.65	11872	148	131	304	1.43	0.78	0.02	11.3	0.15	2.94	6.20	0.86	38.4
DP2-34	深灰色核	740	6.61	9456	97.5	92.0	415	1.26	0.60	0.01	7.36	0.11	1.75	4.21	0.42	24.2
DP2-35	深灰色核	730	5.88	8010	701	303	614	4.80	1.53	0.06	29.9	0.36	6.35	12.5	1.59	85.5
DP2-36	深灰色核	693	3.87	9369	101	99.1	206	0.86	0.54	0.01	8.31	0.052	1.12	3.26	0.45	19.3
DP2-37	深灰色核	722	5.39	8995	134	126	226	1.43	0.76	0.02	10.2	0.14	2.45	5.09	0.54	27.9
DP2-38	深灰色核	709	4.66	8226	398	213	496	3.15	1.07	0.03	31.4	0.39	7.83	15.4	1.44	86.1
DP2-39	深灰色核	692	3.85	8751	86.3	92.4	321	0.84	0.43	1.20	10.3	0.37	2.63	2.33	0.30	15.7
DP2-40	深灰色核	700	4.22	7323	162	224	350	1.66	0.57	0.03	6.16	0.31	5.68	9.34	2.47	41.5
贫晶体流纹岩 (CPR1)																
CPR1-01	灰色边	677	3.21	7742	80.0	122	394	2.90	0.86	3.37	15.1	1.35	7.58	4.33	0.43	18.6
CPR1-02	灰色边	691	3.80	7720	165	180	315	2.87	1.00	0.05	8.32	0.11	1.50	2.63	0.43	19.2
CPR1-03	灰色边	678	3.23	8049	95.3	132	330	2.87	0.90	0.39	9.23	0.16	1.53	2.53	0.43	16.6
CPR1-04	灰色边	737	6.36	7273	173	167	523	3.10	0.86	4.09	18.0	1.49	8.53	6.07	0.79	30.3

续附表 3-2

点号	点位	Tb/(×10⁻⁶)	Dy/(×10⁻⁶)	Ho/(×10⁻⁶)	Er/(×10⁻⁶)	Tm/(×10⁻⁶)	Yb/(×10⁻⁶)	Lu/(×10⁻⁶)	Y/(×10⁻⁶)	Zr/(×10⁻⁶)	Zr/Hf	Th/U	Yb/Gd	Ce⁴⁺/Ce³⁺
DP2-23	灰色边	4.39	52.9	19.9	93.1	19.4	176	36.8	601	496000	51.6	0.79	13.4	28.0
DP2-24	灰色边	2.71	34.3	14.2	66.6	14.7	140	30.3	429	496000	55.9	0.71	18.6	74.5
DP2-25	灰色边	4.08	52.2	20.5	93.2	19.4	176	37.1	603	496000	51.2	0.82	15.2	96.9
DP2-26	灰色边	3.55	46.0	18.5	84.4	17.6	167	34.9	544	496000	50.9	0.78	16.5	93.9
DP2-27	灰色边	2.98	37.7	15.0	68.6	15.5	141	30.3	459	496000	49.6	0.69	15.6	50.4
DP2-28	灰色边	2.36	29.7	11.9	57.1	12.3	111	23.1	370	496000	51.9	0.67	15.9	113
DP2-29	灰色边	2.12	26.2	11.1	56.2	13.1	130	29.8	359	496000	48.8	0.57	26.1	257
DP2-30	灰色边	2.63	33.6	13.5	61.4	13.0	119	25.1	402	496000	55.1	0.68	15.7	97.4
DP2-31	灰色边	4.65	61.0	23.2	108	23.1	209	45.3	706	496000	44.3	0.69	15.8	61.2
DP2-32	深灰色核	16.2	187	68.9	291	57.5	491	98.0	1946	496000	47.0	1.21	10.1	12.1
DP2-33	深灰色核	12.0	145	54.9	232	45.3	391	78.0	1535	496000	41.8	1.13	10.2	20.3
DP2-34	深灰色核	8.14	98.5	37.8	162	32.4	284	58.7	1080	496000	52.5	1.06	11.7	23.4
DP2-35	深灰色核	30.1	354	131	548	102.5	843	161	3632	496000	61.9	2.32	9.86	25.0
DP2-36	深灰色核	6.48	77.7	29.4	130	26.5	230	47.1	856	496000	52.9	1.02	11.9	41.0
DP2-37	深灰色核	9.23	108	40.7	175	34.8	296	58.2	1171	496000	55.1	1.07	10.6	21.8
DP2-38	深灰色核	29.4	340	125	527	100	822	161	3397	496000	60.3	1.87	9.55	19.8
DP2-39	深灰色核	5.41	63.3	24.0	108	22.1	202	41.0	725	496000	56.7	0.93	12.9	30.4
DP2-40	深灰色核	12.7	144	53.5	239	50.6	469	100	1604	496000	67.7	0.72	11.3	5.31
贫晶体流纹岩(CPR1)														
CPR1-01	灰色边	6.54	76.8	29.2	129	26.1	231	47.8	848	496000	64.1	0.65	12.4	14.3
CPR1-02	灰色边	7.01	85.1	31.9	140	27.8	244	48.1	932	496000	64.2	0.92	12.7	37.0
CPR1-03	灰色边	5.91	72.3	27.5	122	24.2	219	42.6	796	496000	61.6	0.72	13.2	40.4
CPR1-04	灰色边	10.3	124	45.6	198	37.8	332	66.1	1308	496000	68.2	1.04	11.0	13.7

续附表 3-2

点号	点位	T_{ZircTi}/°C	Ti/(×10⁻⁶)	Hf/(×10⁻⁶)	Th/(×10⁻⁶)	U/(×10⁻⁶)	P/(×10⁻⁶)	Nb/(×10⁻⁶)	Ta/(×10⁻⁶)	La/(×10⁻⁶)	Ce/(×10⁻⁶)	Pr/(×10⁻⁶)	Nd/(×10⁻⁶)	Sm/(×10⁻⁶)	Eu/(×10⁻⁶)	Gd/(×10⁻⁶)
CPR1-05	灰色边	681	3.34	8287	150	199	363	4.69	1.32	0.58	11.9	0.24	1.90	4.22	0.38	21.2
CPR1-06	灰色边	716	5.06	8364	48.5	84.1	251	1.55	0.64	0.00	4.69	0.04	0.71	1.75	0.23	11.9
CPR1-07	灰色边	685	3.52	8463	73.0	156	267	2.48	1.32	0.03	4.60	0.05	0.95	2.28	0.33	13.1
CPR1-08	灰色边	664	2.70	9299	101	139	426	2.48	0.86	0.09	6.84	0.11	2.43	5.04	0.72	31.5
CPR1-09	灰色边	684	3.47	9324	94.4	132	432	2.31	0.92	0.29	7.74	0.19	1.77	2.83	0.41	17.4
CPR1-10	灰色边	706	4.52	9039	72.3	95.5	542	1.35	0.53	0.0071	4.61	0.12	2.29	4.14	0.57	22.9
CPR1-11	灰色边	703	4.35	8790	188	201	1436	4.46	1.30	1.00	14.0	0.44	3.27	3.93	0.42	23.1
CPR1-12	灰色边	681	3.36	8038	54.8	89.1	2514	1.74	0.63	0.064	5.42	0.24	2.82	5.23	1.58	31.7
CPR1-13	灰色边	722	5.42	8380	75.2	109	1776	2.12	0.80	0.34	6.58	0.12	1.22	2.18	0.26	13.8
CPR1-14	灰色边	710	4.74	7749	110	126	3845	3.47	1.14	4.56	18.0	1.60	8.80	5.10	0.47	17.9
CPR1-15	灰色边	663	2.70	8220	60.0	99.7	2352	3.04	1.07	0.050	6.13	0.041	0.71	2.07	0.31	14.3
CPR1-16	深灰色核	701	4.24	7418	142	152	1030	3.32	0.81	0.20	8.03	0.25	3.71	8.02	1.30	43.8
CPR1-17	深灰色核	761	8.20	8112	305	264	4737	4.55	1.11	6.29	26.5	2.57	18.5	19.1	3.68	95.8
CPR1-18	深灰色核	702	4.30	7387	184	176	1327	2.14	0.67	0.23	8.92	0.42	6.24	11.6	1.94	65.2
CPR1-19	深灰色核	694	3.91	7336	83.5	94.6	1372	1.14	0.42	0.22	4.94	0.21	3.21	6.21	0.89	33.4
CPR1-20	深灰色核	692	3.83	7705	240	212	1980	3.68	1.15	0.84	12.3	0.37	3.64	4.57	0.65	29.3
CPR1-21	深灰色核	711	4.75	7405	137	136	1934	1.48	0.55	0.034	5.91	0.25	4.69	9.66	1.57	55.9
CPR1-22	深灰色核	667	2.84	7176	201	193	1763	2.94	1.48	0.22	9.35	0.39	5.71	10.3	1.61	58.4
CPR1-23	深灰色核	743	6.80	6704	198	186	2479	2.81	0.74	0.022	8.77	0.18	3.96	9.06	1.58	53.6
CPR1-24	深灰色核	755	7.75	6630	297	219	6019	3.45	0.76	2.18	18.3	1.25	16.3	21.7	4.23	108
CPR1-25	深灰色核	694	3.90	7682	154	188	2868	6.81	1.39	0.037	9.46	0.19	3.23	6.51	0.84	39.1
CPR1-26	深灰色核	918	33.6	6565	197	162	3903	2.70	0.66	0.54	11.2	0.61	7.47	13.6	2.50	66.5
CPR1-27	深灰色核	735	6.24	7575	529	326	74929	8.37	2.14	11.4	47.6	7.59	79.8	211	72.1	993

续附表 3-2

点号	点位	Th/(×10⁻⁶)	Dy/(×10⁻⁶)	Ho/(×10⁻⁶)	Er/(×10⁻⁶)	Tm/(×10⁻⁶)	Yb/(×10⁻⁶)	Lu/(×10⁻⁶)	Y/(×10⁻⁶)	Zr/(×10⁻⁶)	Zr/Hf	Th/U	Yb/Gd	Ce⁴⁺/Ce³⁺
CPR1-05	灰色边	8.20	99.1	38.2	171	34.0	296	59.8	1111	496000	59.8	0.76	14.0	38.2
CPR1-06	灰色边	4.26	51.2	20.0	89.0	17.8	164	33.7	576	496000	59.3	0.58	13.8	42.7
CPR1-07	灰色边	4.90	62.5	24.0	108	22.8	207	42.0	716	496000	58.6	0.47	15.8	32.7
CPR1-08	灰色边	10.7	134	51.3	219	43.1	386	78.7	1433	496000	53.3	0.73	12.3	16.6
CPR1-09	灰色边	6.15	76.4	30.1	133	26.7	237	49.4	856	496000	53.2	0.72	13.6	30.3
CPR1-10	灰色边	8.01	97.3	36.1	158	30.8	270	54.3	1037	496000	54.9	0.76	11.8	11.2
CPR1-11	灰色边	7.76	96.4	36.4	160	31.1	276	54.6	1055	496000	56.4	0.93	11.9	28.2
CPR1-12	灰色边	10.3	95.7	29.4	108	19.8	174	34.7	888	496000	61.7	0.61	5.50	5.88
CPR1-13	灰色边	4.73	56.9	22.4	100	20.5	182	36.9	649	496000	59.2	0.69	13.2	36.0
CPR1-14	灰色边	5.84	70.6	26.4	116	23.2	207	41.1	752	496000	64.0	0.88	11.6	13.1
CPR1-15	灰色边	5.11	65.0	25.7	113	23.7	213	43.9	727	496000	60.3	0.60	14.9	57.6
CPR1-16	深灰色核	14.3	165	58.8	246	47.1	409	79.6	1642	496000	66.9	0.93	9.33	9.68
CPR1-17	深灰色核	30.0	328	113	461	86.6	716	142	3163	496000	61.1	1.16	7.47	6.11
CPR1-18	深灰色核	20.3	229	82.2	342	65.8	567	110	2269	496000	67.1	1.05	8.70	6.04
CPR1-19	深灰色核	10.9	126	45.2	192	36.9	319	62.9	1280	496000	67.6	0.88	9.53	6.92
CPR1-20	深灰色核	9.88	119	44.6	193	37.4	322	64.2	1277	496000	64.4	1.14	11.0	21.2
CPR1-21	深灰色核	17.5	193	69.0	281	53.4	450	89.0	1882	496000	67.0	1.00	8.05	4.83
CPR1-22	深灰色核	18.4	207	75.2	309	59.5	501	98.3	2064	496000	69.1	1.04	8.58	7.10
CPR1-23	深灰色核	18.0	214	79.3	327	62.3	525	105	2184	496000	74.0	1.07	9.80	10.5
CPR1-24	深灰色核	31.8	345	117	470	86.3	719	139	3187	496000	74.8	1.36	6.65	3.84
CPR1-25	深灰色核	13.1	157	58.9	246	48.2	425	83.5	1634	496000	64.6	0.82	10.8	15.7
CPR1-26	深灰色核	20.8	226	79.0	313	60.3	496	96.4	2138	496000	75.6	1.22	7.46	5.43
CPR1-27	深灰色核	269	2006	413	999	130	807	122	11939	496000	65.5	1.62	0.81	-0.53

续附表 3-2

富晶体流纹英安岩（CRR2）

点号	点位	T_{ZircTi}/℃	Ti/(×10⁻⁶)	Hf/(×10⁻⁶)	Th/(×10⁻⁶)	U/(×10⁻⁶)	P/(×10⁻⁶)	Nb/(×10⁻⁶)	Ta/(×10⁻⁶)	La/(×10⁻⁶)	Ce/(×10⁻⁶)	Pr/(×10⁻⁶)	Nd/(×10⁻⁶)	Sm/(×10⁻⁶)	Eu/(×10⁻⁶)	Gd/(×10⁻⁶)
CRR2-01	浅灰色边	754	7.65	9737	89.8	114	1099	1.68	0.71	11.22	33.4	3.71	20.2	8.68	0.96	31.3
CRR2-02	浅灰色边	711	4.75	9228	101	125	307	1.75	0.64	0.15	5.43	0.21	2.89	5.43	0.80	32.3
CRR2-03	浅灰色边	918	33.5	9357	325	241	725	4.59	1.11	4.82	26.9	1.96	11.7	9.03	1.01	48.8
CRR2-04	浅灰色边	1316	344	9560	123	145	312	4.10	0.87	0.81	9.65	0.55	4.32	3.87	0.73	19.9
CRR2-05	浅灰色边	726	5.67	9521	74.4	89.2	242	0.99	0.42	0.08	4.52	0.12	3.13	5.98	0.79	32.9
CRR2-06	浅灰色边	730	5.88	9014	61.8	91.6	281	1.45	0.57	0.02	4.21	0.11	1.80	4.03	0.56	23.5
CRR2-07	浅灰色边	724	5.54	9289	155	168	549	2.18	0.86	3.36	15.7	1.36	7.50	5.54	0.69	28.2
CRR2-08	浅灰色边	857	20.4	9945	86.2	110	452	1.75	0.55	0.49	7.06	0.43	4.01	5.21	0.71	29.7
CRR2-09	浅灰色边	743	6.82	9359	256	219	1323	3.28	0.86	17.3	55.6	6.11	32.3	16.7	1.67	64.1
CRR2-10	浅灰色边	744	6.89	9273	715	454	897	7.85	1.68	12.4	62.2	5.70	34.9	26.8	2.89	118
CRR2-11	浅灰色边	734	6.14	9411	69.7	105	1912	1.92	0.68	17.3	48.9	6.07	32.2	9.45	1.05	27.3
CRR2-12	浅灰色边	752	7.46	9535	412	272	1330	4.29	1.22	23.3	77.0	9.64	48.7	23.1	2.27	75.5
CRR2-13	浅灰色边	721	5.35	7336	29.0	52.6	140	1.28	0.48	0.042	2.92	0.046	0.75	1.33	0.22	10.28
CRR2-14	灰色幔	758	7.96	9385	116	112	309	1.89	0.64	0.77	7.61	0.50	4.44	5.98	1.16	30.2
CRR2-15	灰色幔	750	7.32	9283	358	282	946	4.43	1.34	10.01	40.2	3.55	21.8	13.9	1.36	66.7
CRR2-16	灰色幔	772	9.17	9203	110	143	3071	2.41	0.81	33.1	87.0	10.65	50.6	14.3	1.00	34.1
CRR2-17	灰色幔	712	4.81	9556	90.3	110	1546	1.42	0.65	29.8	76.3	8.33	37.3	11.6	0.87	35.9
CRR2-18	灰色幔	709	4.66	8813	308	280	355	4.87	1.36	4.82	27.4	1.55	6.81	5.51	0.52	29.3
CRR2-19	灰色幔	737	6.35	7802	274	241	210	4.72	1.39	0.64	12.9	0.27	2.86	4.86	0.75	26.5
CRR2-20	灰色幔	719	5.25	7529	207	193	256	3.27	0.93	0.076	9.52	0.21	3.82	9.44	1.08	47.9
CRR2-21	灰色幔	678	3.24	7246	91.5	118	156	2.76	0.97	0.029	6.29	0.081	1.75	3.88	0.45	21.7
CRR2-22	灰色幔	683	3.44	7774	1273	775	1318	15.7	3.89	32.9	130	11.6	61.4	28.2	1.87	116

续附表 3-2

富晶体流纹英安岩（CRR2）

点号	点位	Th/($\times10^{-6}$)	Dy/($\times10^{-6}$)	Ho/($\times10^{-6}$)	Er/($\times10^{-6}$)	Tm/($\times10^{-6}$)	Yb/($\times10^{-6}$)	Lu/($\times10^{-6}$)	Y/($\times10^{-6}$)	Zr/($\times10^{-6}$)	Zr/Hf	Th/U	Yb/Gd	Ce^{4+}/Ce^{3+}
CRR2-01	浅灰色边	9.54	114	43.5	185	37.3	323	66.3	1225	496000	50.9	0.79	10.3	10.7
CRR2-02	浅灰色边	11.0	130	49.6	219	42.7	380	77.6	1433	496000	53.7	0.81	11.8	10.6
CRR2-03	浅灰色边	15.6	181	66.1	276	54.9	462	90.1	1860	496000	53.0	1.35	9.48	13.6
CRR2-04	浅灰色边	7.05	86.5	34.0	153	31.3	282	57.4	964	496000	51.9	0.85	14.2	16.8
CRR2-05	浅灰色边	10.7	125	47.8	199	39.6	343	69.6	1308	496000	52.1	0.83	10.4	7.05
CRR2-06	浅灰色边	8.10	99.7	39.3	174	36.1	313	66.5	1125	496000	55.0	0.67	13.3	14.3
CRR2-07	浅灰色边	9.63	114	43.6	193	39.4	346	71.2	1282	496000	53.4	0.92	12.2	14.9
CRR2-08	浅灰色边	10.5	125	47.6	206	41.5	363	74.5	1346	496000	49.9	0.78	12.2	11.0
CRR2-09	浅灰色边	19.8	221	80.1	340	66.1	555	112	2311	496000	53.0	1.17	8.66	9.47
CRR2-10	浅灰色边	37.9	415	146	597	112	933	177	4139	496000	53.5	1.57	7.89	8.37
CRR2-11	浅灰色边	8.19	93.7	36.7	166	34.2	313	66.6	1074	496000	52.7	0.66	11.5	11.0
CRR2-12	浅灰色边	22.0	244	86.8	348	66.5	562	108	2415	496000	52.0	1.51	7.44	7.36
CRR2-13	浅灰色边	3.78	49.9	19.3	92.0	19.5	183	39.1	583	496000	67.6	0.55	17.8	33.7
CRR2-14	灰色幔	10.7	119	45.8	199	40.2	348	70.5	1317	496000	52.8	1.03	11.5	9.71
CRR2-15	灰色幔	21.7	239	88.6	382	72.2	605	119	2449	496000	53.4	1.27	9.07	10.5
CRR2-16	灰色幔	9.53	108	39.7	176	35.0	316	64.8	1168	496000	53.9	0.77	9.28	10.2
CRR2-17	灰色幔	10.9	124	46.5	200	40.8	349	71.4	1322	496000	51.9	0.82	9.74	13.4
CRR2-18	灰色幔	10.4	127	49.1	206	40.1	352	68.1	1354	496000	56.3	1.10	12.0	28.1
CRR2-19	灰色幔	10.3	134	51.5	228	46.4	403	80.6	1482	496000	63.6	1.14	15.2	31.4
CRR2-20	灰色幔	15.2	177	66.2	273	53.4	460	90.4	1856	496000	65.9	1.07	9.59	11.0
CRR2-21	灰色幔	7.75	91.0	35.2	148	30.1	280	53.8	978	496000	68.5	0.78	12.9	20.7
CRR2-22	灰色幔	35.8	404	142	571	109	911	173	3895	496000	63.8	1.64	7.83	11.3

续附表 3-2

点号	点位	T_{ZircTi}/°C	Ti/(×10⁻⁶)	Hf/(×10⁻⁶)	Th/(×10⁻⁶)	U/(×10⁻⁶)	P/(×10⁻⁶)	Nb/(×10⁻⁶)	Ta/(×10⁻⁶)	La/(×10⁻⁶)	Ce/(×10⁻⁶)	Pr/(×10⁻⁶)	Nd/(×10⁻⁶)	Sm/(×10⁻⁶)	Eu/(×10⁻⁶)	Gd/(×10⁻⁶)
CRR2-23	灰色幔	717	5.12	10060	83.3	91.1	147	1.06	0.44	0.031	5.66	0.13	2.61	5.54	0.81	34.1
CRR2-24	灰色幔	677	3.21	7066	57.7	91.1	149	1.55	0.61	0.052	4.20	0.20	1.07	1.48	0.34	13.0
CRR2-25	灰色幔	737	6.37	9531	97.3	113	147	1.34	0.54	0.75	7.15	0.44	4.57	6.06	0.92	36.8
CRR2-26	灰色幔	723	5.45	9266	90.8	102	209	1.01	0.49	0.018	4.41	0.21	3.10	6.52	0.91	37.4
CRR2-27	灰色幔	712	4.85	7634	59.0	80.1	111	1.24	0.43	0.079	4.55	0.10	2.06	3.82	0.40	22.6
CRR2-28	灰色幔	709	4.69	8073	96.1	100.5	229	0.85	0.40	0.044	4.13	0.22	3.37	6.52	1.02	37.8
CRR2-29	灰色幔	729	5.81	7582	34.5	70.1	198	1.38	0.55	0.07	3.55	0.045	0.88	1.97	0.31	12.8
CRR2-30	灰色幔	660	2.58	8431	95.3	107	196	1.28	0.57	0.0075	5.90	0.12	2.26	5.66	0.70	34.0
CRR2-31	灰色幔	705	4.48	7583	61.3	67.9	161	0.80	0.30	0.014	3.08	0.15	2.79	4.51	0.87	29.6
CRR2-32	深灰色核	818	14.3	7870	394	292	886	5.14	1.60	18.9	63.9	6.52	37.0	15.3	1.36	59.8
CRR2-33	深灰色核	718	5.19	8391	547	416	682	8.52	2.26	15.6	64.3	5.86	31.1	16.7	0.96	72.2
CRR2-34	深灰色核	784	10.3	6986	330	275	1463	4.28	1.19	26.5	79.9	8.6	48.8	22.6	1.85	79.8
CRR2-35	深灰色核	698	4.11	7534	42.3	75.0	133	1.65	0.64	0.021	3.90	0.032	0.92	1.69	0.26	12.7
CRR2-36	深灰色核	730	5.89	6844	256	225	1020	3.83	1.10	9.3	35.0	3.39	19.0	11.5	1.11	54.6
标样																
GJ-1-01			2.92	6387	8.27	280	151	1.36	0.33	0.00	13.2	0.03	0.44	1.34	0.85	5.82
GJ-1-02			3.05	7678	9.04	301	62.9	1.34	0.43	0.00	15.1	0.02	0.59	1.17	1.00	6.84
GJ-1-03			2.20	7518	8.90	298	76.7	1.41	0.40	0.00	15.0	0.03	0.51	1.24	0.91	6.23
GJ-1-04			3.00	7350	8.96	292	103	1.30	0.39	0.00	15.1	0.04	0.42	1.34	0.90	6.39
GJ-1-05			3.02	7290	8.99	298	134	1.49	0.41	0.00	14.3	0.04	0.50	1.50	0.89	6.51
GJ-1-06			3.67	7207	8.89	296	9.13	1.52	0.44	0.00	14.6	0.03	0.48	1.39	0.93	6.46
GJ-1-07			4.03	7252	8.94	300	15.0	1.43	0.42	0.00	14.4	0.02	0.60	1.41	0.96	6.26
GJ-1-08			2.85	7157	8.83	293	69.5	1.54	0.40	0.00	14.4	0.02	0.38	1.27	0.85	6.62

续附表 3-2

点号	点位	Tb/($\times10^{-6}$)	Dy/($\times10^{-6}$)	Ho/($\times10^{-6}$)	Er/($\times10^{-6}$)	Tm/($\times10^{-6}$)	Yb/($\times10^{-6}$)	Lu/($\times10^{-6}$)	Y/($\times10^{-6}$)	Zr/($\times10^{-6}$)	Zr/Hf	Th/U	Yb/Gd	Ce^{4+}/Ce^{3+}
CRR2-23	灰色幔	10.8	127	47.0	202	39.2	335	67.5	1329	496000	49.3	0.92	9.82	10.7
CRR2-24	灰色幔	4.54	54.9	21.5	97.4	20.5	192	39.7	644	496000	70.2	0.63	14.7	32.4
CRR2-25	灰色幔	12.5	152	56.7	242	48.3	422	85.3	1628	496000	52.0	0.86	11.5	9.29
CRR2-26	灰色幔	12.1	144	53.7	228	45.3	386	77.3	1537	496000	53.5	0.89	10.3	6.78
CRR2-27	灰色幔	7.12	87.0	32.7	140	29.0	257	50.5	932	496000	65.0	0.74	11.4	12.3
CRR2-28	灰色幔	13.2	152	55.8	238	46.0	390	78.6	1584	496000	61.4	0.96	10.3	5.79
CRR2-29	灰色幔	4.58	54.8	22.3	104.3	21.9	206	44.7	657	496000	65.4	0.49	16.1	29.5
CRR2-30	灰色幔	11.0	130	48.1	206	39.7	336	67.3	1361	496000	58.8	0.89	9.89	12.5
CRR2-31	灰色幔	9.5	112	41.0	178	34.7	291	59.3	1165	496000	65.4	0.90	9.84	5.49
CRR2-32	深灰色核	18.6	209	74.8	305	58.7	501	97.0	2070	496000	63.0	1.35	8.39	9.63
CRR2-33	深灰色核	23.2	263	97	394	74.8	649	122	2653	496000	59.1	1.32	8.99	11.8
CRR2-34	深灰色核	23.4	263	92.8	375	70.7	609	114	2536	496000	71.0	1.20	7.63	7.94
CRR2-35	深灰色核	4.52	57.0	22.3	103	22.7	204	43.7	657	496000	65.8	0.56	16.0	33.8
CRR2-36	深灰色核	17.4	199	73.1	305	59.4	499	96.4	2047	496000	72.5	1.14	9.14	10.6
标样														
GJ-1-01		1.47	16.7	5.70	24.8	5.20	50.9	10.6	209					
GJ-1-02		1.87	18.1	6.42	28.4	6.02	58.2	12.8	233					
GJ-1-03		1.70	18.5	6.55	27.2	6.00	56.0	12.2	231					
GJ-1-04		1.70	18.0	6.47	27.4	5.64	56.2	12.4	229					
GJ-1-05		1.73	18.9	6.36	27.8	5.59	57.1	12.0	232					
GJ-1-06		1.79	17.5	6.48	27.8	5.76	55.2	12.2	230					
GJ-1-07		1.74	18.4	6.48	28.4	5.70	57.1	12.3	230					
GJ-1-08		1.77	18.0	6.30	27.1	5.68	54.8	11.9	223					

续附表 3-2

点号	点位	T_{ZircTi}/℃	Ti/(×10⁻⁶)	Hf/(×10⁻⁶)	Th/(×10⁻⁶)	U/(×10⁻⁶)	P/(×10⁻⁶)	Nb/(×10⁻⁶)	Ta/(×10⁻⁶)	La/(×10⁻⁶)	Ce/(×10⁻⁶)	Pr/(×10⁻⁶)	Nd/(×10⁻⁶)	Sm/(×10⁻⁶)	Eu/(×10⁻⁶)	Gd/(×10⁻⁶)
GJ-1-09			4.18	6663	8.16	266	701	1.38	0.35	0.01	13.1	0.02	0.48	1.21	0.91	5.58
GJ-1-10			3.03	7492	9.22	309	78.2	1.40	0.39	0.00	14.6	0.03	0.63	1.39	0.83	6.38
GJ-1-11			3.31	7415	9.31	312	31.7	1.42	0.47	0.01	14.7	0.02	0.54	1.23	0.96	6.81
GJ-1-12			2.07	6558	7.91	268	37.5	1.45	0.33	0.01	12.9	0.01	0.43	1.22	0.80	5.70
GJ-1-13			3.70	7746	9.73	317	74.5	1.48	0.43	0.00	14.6	0.01	0.40	1.35	0.85	6.96
GJ-1-14			2.78	6554	8.43	270	57.2	1.34	0.36	0.00	12.4	0.04	0.56	1.27	0.81	5.37
GJ-1-15			3.56	6922	8.78	279	60.5	1.42	0.36	0.00	12.8	0.02	0.57	1.32	0.78	5.96
GJ-1-16			3.56	7191	8.50	284	20.0	1.48	0.49	0.00	13.2	0.03	0.43	1.44	0.89	5.59
GJ-1-17			3.81	6669	8.70	282	0.00	1.36	0.36	0.01	12.6	0.02	0.39	0.92	0.71	4.94
PLE-01			38.0	10137	44.9	498	415	3.30	1.86	0.09	2.32	0.26	2.00	2.50	0.70	7.91
PLE-02			32.6	10459	31.7	386	353	2.50	1.35	0.01	1.35	0.05	0.61	1.09	0.35	4.75
PLE-03			71.1	12540	58.0	630	571	3.81	2.21	0.02	1.96	0.09	1.43	3.22	0.72	12.4
PLE-04			55.6	12915	42.3	479	393	2.81	1.78	0.10	1.99	0.16	1.05	1.81	0.58	8.47
PLE-05			71.4	11146	75.8	682	757	5.26	2.60	0.02	2.01	0.12	1.48	2.97	0.77	12.2
PLE-06			69.6	10832	72.1	663	745	5.10	2.48	0.01	2.05	0.12	1.47	2.96	0.80	11.1
PLE-07			64.8	9855	62.6	589	4640	4.58	2.15	0.01	1.79	0.07	0.98	2.39	0.85	9.71
PLE-08			104	11016	107	977	997	4.79	2.70	0.04	2.80	0.25	3.35	6.05	1.54	22.9
PLE-09			104	11250	113	1019	1094	4.90	2.68	0.05	2.76	0.31	3.55	6.34	1.74	24.3
PLE-10			81.4	10184	80.6	751	741	4.35	2.33	0.01	2.21	0.20	2.93	4.50	1.23	17.9
PLE-11			92.6	10318	100	877	847	4.81	2.55	0.05	2.61	0.29	3.12	5.33	1.45	22.1
PLE-12			72.3	9280	137	1164	451	4.48	2.94	0.09	3.11	0.44	5.06	5.88	1.47	21.9
PLE-13			96.3	10318	98.4	877	577	4.53	2.61	0.02	2.53	0.24	3.45	5.02	1.55	21.8
PLE-14			63.0	9798	161	1363	455	5.76	4.88	0.08	3.60	0.59	5.83	6.61	1.67	23.9

续附表 3-2

点号	点位	Tb/(×10⁻⁶)	Dy/(×10⁻⁶)	Ho/(×10⁻⁶)	Er/(×10⁻⁶)	Tm/(×10⁻⁶)	Yb/(×10⁻⁶)	Lu/(×10⁻⁶)	Y/(×10⁻⁶)	Zr/(×10⁻⁶)	Zr/Hf	Th/U	Yb/Gd	Ce⁴⁺/Ce³⁺
GJ-1-1-09		1.75	16.5	5.69	24.7	5.37	51.0	11.1	209					
GJ-1-1-10		1.78	18.5	6.57	28.5	6.03	56.5	12.8	229					
GJ-1-1-11		1.87	19.3	6.51	28.4	5.98	58.0	12.5	229					
GJ-1-1-12		1.55	16.9	5.77	25.2	5.32	50.3	11.3	209					
GJ-1-1-13		1.92	19.7	6.73	28.6	6.23	58.9	13.1	237					
GJ-1-1-14		1.59	16.3	5.97	24.4	5.46	50.0	11.0	207					
GJ-1-1-15		1.62	17.6	5.98	25.9	5.29	53.1	11.6	217					
GJ-1-1-16		1.78	18.1	6.19	26.2	5.66	52.4	12.4	223					
GJ-1-1-17		1.59	16.6	5.92	25.2	5.38	50.9	10.9	204					
PLE-01		2.91	29.5	8.75	29.3	5.08	34.2	5.23	279					
PLE-02		1.69	19.4	5.54	19.2	3.41	24.3	3.51	180					
PLE-03		4.77	52.2	14.8	54.3	9.23	67.7	9.68	494					
PLE-04		3.17	34.8	10.1	36.5	6.55	47.1	6.79	335					
PLE-05		4.12	45.3	12.5	41.7	6.83	47.5	6.65	397					
PLE-06		4.01	43.1	12.1	41.7	6.77	48.9	6.80	391					
PLE-07		3.62	38.7	10.6	35.8	6.00	42.0	5.79	350					
PLE-08		8.42	87.4	25.9	90.1	15.7	111	16.4	805					
PLE-09		8.75	93.1	26.8	94.6	16.1	120	17.5	841					
PLE-10		6.27	67.8	19.6	69.9	12.0	84.9	12.9	637					
PLE-11		7.81	83.7	24.0	86.8	14.9	110	15.9	794					
PLE-12		7.95	86.5	26.0	89.2	15.8	111	15.6	804					
PLE-13		7.79	82.0	23.4	83.3	14.6	106	15.7	766					
PLE-14		8.62	93.9	28.1	98.6	17.2	122	16.9	894					

附表 3-3　那更(次)火山杂岩主量元素和微量元素含量

样品编号	英安玢岩 (220 Ma)					贫晶体流纹岩 (220 Ma)								富晶体流纹英安岩 (213 Ma)				
	DP-1	DP-2	DP-3	DP-4	DP-5	CPR-1	CPR-2	CPR-3	CPR-4	CPR-5	CPR-6	CPR-7	CPR-8	CRR-1	CRR-2	CRR-3	CRR-4	CRR-5
钻孔编号	ZK2302	ZK2302	ZK2302	ZK2302	ZK2302	QZ0301	QZ0301	QZ0301	QZ0301	QZ0301	QZ0301	QZ0301	QZ0301	ZK0803	ZK0803	ZK0803	ZK0803	ZK0803
纬度	N35°47' 32.51"	N35°47' 32.54"	N35°47' 32.57"	N35°47' 32.60"	N35°47' 32.63"	N35°47' 32.84"	N35°47' 32.92"	N35°47' 33.00"	N35°47' 33.07"	N35°47' 33.15"	N35°47' 33.23"	N35°47' 33.31"	N35°47' 33.39"	N35°47' 11.51"	N35°47' 11.55"	N35°47' 11.60"	N35°47' 11.65"	N35°47' 11.70"
经度	E98°47' 40.79"	E98°47' 40.98"	E98°47' 41.18"	E98°47' 41.37"	E98°47' 41.57"	E98°47' 42.59"	E98°47' 42.85"	E98°47' 43.12"	E98°47' 43.38"	E98°47' 43.65"	E98°47' 43.91"	E98°47' 44.18"	E98°47' 44.44"	E98°47' 41.29"	E98°47' 41.62"	E98°47' 41.95"	E98°47' 42.28"	E98°47' 42.61"
海拔/m	3803.4	3794.7	3786.1	3777.4	3768.7	4032.6	4025.6	4018.5	4011.4	4004.4	3997.3	3990.2	3983.1	4009.8	3991.7	3973.6	3955.5	3937.3
主量元素/%																		
SiO_2	60.01	62.47	61.89	61.11	66.15	78.28	77.70	77.21	77.36	75.07	74.09	78.52	80.17	72.05	72.33	73.33	72.71	72.93
TiO_2	0.66	0.66	0.65	0.64	0.65	0.14	0.13	0.11	0.19	0.10	0.07	0.10	0.10	0.19	0.20	0.19	0.20	0.20
Al_2O_3	14.85	15.52	15.47	15.30	15.60	13.32	12.05	12.29	13.16	12.92	13.93	12.28	11.32	13.62	13.72	13.69	13.66	13.80
Fe_2O_3	0.71	0.82	0.77	0.71	0.70	0.51	1.40	0.98	1.08	2.30	0.37	1.31	0.59	1.73	1.68	1.87	1.73	1.66
FeO	3.32	3.73	3.42	2.98	3.33	0.41	0.18	0.25	0.33	0.88	0.14	0.50	0.22	0.58	0.48	0.44	0.45	0.59
$Fe_2O_3^T$	4.40	4.97	4.57	4.02	4.40	0.97	1.60	1.26	1.45	3.28	0.53	1.87	0.83	2.37	2.21	2.36	2.23	2.32
MnO	0.16	0.18	0.13	0.15	0.13	0.02	0.06	0.08	0.05	0.08	0.04	0.01	0.78	0.02	0.03	0.02	0.02	0.03
MgO	1.95	2.07	1.97	1.81	1.99	0.13	0.16	0.19	0.25	0.27	0.27	0.24	0.19	0.21	0.21	0.19	0.21	0.22
CaO	4.91	2.54	3.28	4.32	0.76	0.08	0.38	0.27	0.19	0.12	1.77	0.11	0.19	1.01	1.11	0.76	0.73	0.45
Na_2O	0.29	0.65	0.56	0.13	0.33	0.08	0.12	0.16	0.13	0.18	0.16	0.15	0.10	4.29	4.18	4.23	4.41	4.00
K_2O	5.25	5.05	5.20	5.58	5.53	3.94	5.42	4.52	5.07	3.85	3.98	3.39	3.28	3.75	3.85	3.65	3.74	4.03
P_2O_5	0.13	0.13	0.13	0.13	0.13	0.02	0.02	0.05	0.04	0.04	0.04	0.04	0.04	0.03	0.03	0.03	0.03	0.03

续附表3-3

样品编号	英安玢岩（220 Ma）					贫晶体流纹岩（220 Ma）								富晶体流纹英安岩（213 Ma）				
	DP-1	DP-2	DP-3	DP-4	DP-5	CPR-1	CPR-2	CPR-3	CPR-4	CPR-5	CPR-6	CPR-7	CPR-8	CRR-1	CRR-2	CRR-3	CRR-4	CRR-5
LOI	6.85	5.33	5.66	6.32	3.89	2.42	2.17	3.56	2.07	3.46	4.43	2.66	2.34	2.05	2.03	1.14	1.64	1.56
总计	99.1	99.2	99.1	99.2	99.2	99.4	99.8	99.7	99.9	99.3	99.3	99.3	99.3	99.5	99.8	99.5	99.5	99.5
CIW	0.61	0.73	0.69	0.65	0.89	0.98	0.93	0.94	0.96	0.96	0.80	0.96	0.96	0.60	0.61	0.62	0.61	0.65
计算 H_2O 含量														4.7	4.7	4.4	4.5	3.9
微量元素（$\times 10^{-6}$）																		
Rb	289	263	317	330	309	156	237	219	197	264	165	182	154	121	120	132	109	134
Ba	1217	1170	1266	1380	1196	382	624	582	674	403	328	272	185	1351	1538	1347	1203	1493
Th	11.4	11.7	12.4	11.5	11.1	14.0	13.8	13.2	13.6	9.83	9.60	9.31	8.44	14.2	14.2	14.9	12.5	14.1
U	2.00	2.44	2.24	1.77	1.79	2.32	2.11	2.27	2.18	1.87	1.44	1.65	1.56	1.85	2.46	2.80	1.97	1.81
Pb	17.2	16.8	17.1	17.2	14.9	54.5	23.5	36.8	42.3	20.4	17.8	23.4	35.5	17.6	15.4	22.7	18.3	17.8
Ta	1.44	1.43	1.51	1.30	1.32	1.23	1.03	1.16	1.08	0.86	0.78	0.80	0.78	1.62	1.65	1.68	1.42	1.60
Nb	13.6	13.7	14.5	12.6	13.1	15.7	16.8	16.5	15.2	16.2	13.0	13.7	13.8	16.6	16.7	17.3	14.8	16.6
Sr	177	99	127	167	149	15.4	38.1	19.4	24.6	9.8	71.3	10.5	11.8	221	232	295	207	228
Zr	198	207	208	203	201	203	194	197	201	206	161	185	180	188	295	211	133	191
Hf	5.24	5.51	5.49	5.32	5.17	7.23	5.93	6.49	6.26	5.48	4.77	5.22	5.03	5.54	7.68	6.19	4.52	5.49
Li	53.0	56.8	47.7	51.1	62.7	14.6	15.6	15.3	15.0	194	17.5	124	63.0	25.5	32.0	27.9	20.2	37.7
Be	2.49	3.04	2.76	2.82	3.22	1.68	2.32	1.83	1.95	3.14	2.90	3.00	1.83	1.98	1.77	2.20	1.75	2.13
Sc	12.7	13.0	13.5	12.7	12.6	6.23	6.35	6.29	6.32	9.00	2.38	6.40	5.35	8.98	8.34	8.77	7.91	8.62
V	53.6	51.1	52.0	51.4	50.4	0.58	1.27	0.93	1.12	3.96	1.88	2.86	1.79	5.07	2.83	3.12	2.82	3.47

续附表3-3

样品编号	英安玢岩（220 Ma）					贫晶体流纹岩（220 Ma）								富晶体流纹英安岩（213 Ma）				
	DP-1	DP-2	DP-3	DP-4	DP-5	CPR-1	CPR-2	CPR-3	CPR-4	CPR-5	CPR-6	CPR-7	CPR-8	CRR-1	CRR-2	CRR-3	CRR-4	CRR-5
Cr	17.2	16.5	17.4	17.5	15.7	0.62	0.71	0.66	0.70	15.6	84.7	3.25	16.2	0.91	0.52	0.60	1.14	0.98
Co	9.20	8.75	10.0	9.79	6.86	0.06	0.30	0.15	0.22	0.65	1.61	0.44	0.49	1.14	0.94	1.38	1.05	1.25
Ni	4.60	3.79	3.91	4.99	2.75	0.15	0.53	0.29	0.27	5.59	36.9	1.12	6.47	0.44	0.41	0.39	0.71	0.35
Cu	7.65	8.20	7.21	8.55	7.98	1.49	2.38	1.60	1.88	7.26	7.98	3.63	3.98	8.85	7.82	9.77	8.95	8.09
Zn	70.0	80.3	78.9	75.4	72.9	8.30	38.1	20.4	19.8	32.2	53.5	59.6	49.5	59.7	53.3	66.6	50.8	60.2
Ga	18.4	21.1	21.7	20.0	21.5	21.9	15.3	17.9	18.5	17.1	21.6	15.5	15.5	17.4	15.6	19.3	15.2	17.7
Mo	2.12	1.58	1.23	1.04	0.58	0.23	1.12	0.63	0.77	1.72	1.55	2.52	4.63	0.37	0.36	0.80	0.26	0.55
Cd	0.07	0.11	0.11	0.10	0.09	0.01	0.04	0.03	0.03	0.12	0.18	0.24	0.24	0.04	0.06	0.04	0.01	0.06
In	0.04	0.08	0.06	0.06	0.05	0.06	0.05	0.06	51.00	0.04	0.01	0.05	0.05	0.05	0.04	0.05	0.05	0.05
Sb	3.07	1.85	1.38	2.16	1.75	4.51	3.46	4.75	3.89	4.56	1.17	2.33	1.87	0.24	0.26	0.21	0.22	0.34
Cs	23.5	26.3	25.6	25.0	26.6	14.3	8.43	9.26	11.5	6.01	8.00	7.49	6.12	3.43	3.20	3.60	2.92	4.36
W	1.12	1.39	1.30	1.13	2.12	0.85	1.25	0.95	1.18	1.21	1.25	1.01	1.67	1.44	2.11	1.35	1.29	1.26
Tl	3.59	2.67	3.02	3.60	3.16	1.06	3.15	2.57	2.19	2.30	0.91	1.39	1.57	0.58	0.58	0.59	0.43	0.58
Bi	b.d.l.	0.05	0.02	0.02	0.02	0.03	0.03	0.03	0.03	0.08	0.003	0.08	0.07	0.04	0.01	0.08	0.03	0.03
La	38.0	39.5	41.0	38.9	38.7	54.3	49.0	52.1	53.4	49.8	39.3	45.4	38.7	55.0	50.7	64.2	47.8	52.0
Ce	75.5	79.2	81.7	79.3	77.2	102	97.3	99.8	101.4	97.3	75.4	88.7	79.3	100	96.1	119	92.9	102
Pr	7.9	8.5	8.4	8.2	8.0	11.6	10.6	10.9	11.3	10.5	8.0	9.5	8.1	11.1	10.5	13.6	10.0	11.2
Nd	28.3	29.0	28.8	29.2	29.0	43.6	38.8	39.5	41.8	38.3	28.3	34.9	29.8	40.3	37.2	49.5	35.3	39.6
Sm	5.65	5.97	5.93	5.94	5.75	7.91	7.36	7.58	7.81	7.23	4.99	6.35	5.27	8.09	7.33	9.98	6.92	8.03

续附表3-3

样品编号	英安玢岩（220 Ma）					贫晶体流纹岩（220 Ma）								富晶体流纹英安岩（213 Ma）				
	DP-1	DP-2	DP-3	DP-4	DP-5	CPR-1	CPR-2	CPR-3	CPR-4	CPR-5	CPR-6	CPR-7	CPR-8	CRR-1	CRR-2	CRR-3	CRR-4	CRR-5
Eu	1.54	1.53	1.56	1.53	1.61	0.84	1.16	1.12	0.84	0.85	0.87	0.81	0.78	1.47	1.46	1.78	1.27	1.51
Gd	5.49	5.72	5.79	5.55	5.52	6.74	6.44	6.68	6.53	7.49	5.61	6.55	6.04	7.84	7.31	9.59	6.57	7.63
Tb	0.93	0.94	0.89	0.90	0.86	1.19	0.95	1.08	0.99	1.12	0.74	0.86	0.74	1.26	1.17	1.49	1.03	1.27
Dy	4.65	5.02	4.84	4.71	4.38	6.62	5.57	6.44	5.72	6.00	4.30	4.76	4.00	7.28	6.77	8.35	5.81	7.23
Ho	0.88	0.91	0.87	0.84	0.77	1.28	1.12	1.18	1.25	1.24	0.78	0.94	0.74	1.30	1.25	1.44	1.03	1.31
Er	2.59	2.70	2.64	2.59	2.32	3.85	3.12	3.56	3.70	3.41	2.19	2.63	2.08	4.00	3.87	4.36	3.23	4.03
Tm	0.40	0.38	0.35	0.35	0.31	0.69	0.47	0.63	0.55	0.45	0.31	0.36	0.30	0.52	0.51	0.55	0.42	0.52
Yb	2.32	2.51	2.48	2.46	2.19	4.28	3.11	4.15	3.75	2.86	1.99	2.27	1.95	3.64	3.80	3.94	2.97	3.59
Lu	0.39	0.38	0.35	0.36	0.31	0.61	0.45	0.56	0.48	0.41	0.26	0.32	0.27	0.50	0.53	0.51	0.40	0.50
Y	21.1	22.4	22.1	21.2	18.9	34.8	32.0	32.8	33.4	39.7	27.5	28.1	22.4	32.8	32.9	36.2	26.1	33.2
ΣREE	175	182	186	181	177	246	225	235	240	227	173	204	178	242	229	288	216	240
LREE/HREE	8.89	8.82	9.19	9.19	9.62	8.72	9.62	8.69	9.43	8.88	9.69	9.93	10.1	8.20	8.06	8.54	9.05	8.22
$(La/Yb)_N$	11.7	11.3	11.9	11.3	12.7	9.10	11.3	9.01	10.2	12.5	14.2	14.3	14.3	10.8	9.57	11.7	11.5	10.4
δCe	1.07	1.06	1.08	1.09	1.08	1.00	1.05	1.03	1.01	1.04	1.05	1.05	1.10	0.99	1.02	0.99	1.04	1.04
δEu	0.85	0.80	0.81	0.81	0.87	0.35	0.51	0.48	0.36	0.36	0.50	0.38	0.42	0.56	0.61	0.56	0.58	0.59

续附表 3-3

标样

样品编号	GBW07103-tv	GBW07103-sv	GBW07111-tv	GBW07111-sv
主量元素/%				
SiO_2	72.72	72.83	59.48	59.68
TiO_2	0.29	0.29	0.76	0.77
Al_2O_3	13.46	13.40	16.69	16.56
Fe_2O_3	0.96	1.02		
FeO	1.04	1.01		
$Fe_2O_3^T$	2.11	2.14	6.12	6.06
MnO	0.06	0.06	0.10	0.09
MgO	0.41	0.42	2.76	2.81
CaO	1.54	1.55	4.64	4.72
Na_2O	3.10	3.13	4.07	4.05
K_2O	4.96	5.01	3.52	3.50
P_2O_5	0.09	0.09	0.34	0.34
LOI	0.74	0.69	1.04	1.04
总计	99.47	99.61	99.50	99.63

标样

样品编号	AGV-2-tv	AGV-2-sv	BHVO-2-tv	BHVO-2-sv	BCR-2-tv	BCR-2-sv	RGM-2-tv	RGM-2-sv
微量元素/($\times10^{-6}$)								
Rb	68.8	66.3	9.06	9.11	48.0	46.9	147	150
Ba	1117	1130	125	131	676	677	832	810
Th	6.19	6.10	1.20	1.22	6.08	5.70	14.7	15.1
U	1.92	1.86	0.41	0.40	1.70	1.69	5.72	5.80
Pb	13.4	13.2	1.44	1.60	10.5	11.0	19.8	19.3
Ta	0.83	0.87	1.17	1.14	0.80	0.78	0.95	0.95
Nb	14.1	14.5	18.7	18.1	12.5	12.6	9.18	9.30
Sr	671	661	387	396	340	340	107	108
Zr	234	230	166	172	183	184	223	220
Hf	5.09	5.00	4.33	4.36	5.06	4.90	6.00	6.20
Li	9.87	11.0	4.01	4.80	8.23	9.00	60.2	57.0
Be	2.26	2.30	0.91	1.00	2.18		2.52	2.37
Sc	12.8	13.0	32.0	32.0	33.1	33.0	4.51	4.40
V	121	120	312	317	421	416	12.6	13.0
Cr	15.6	16.0	285	280	16.1	16.5	3.43	5.90
Co	15.6	16.0	44.3	45.0	38.2	37.0	1.97	2.00
Ni	19.5	20.0	125	119	13.1	13.0	2.67	5.20
Cu	52.6	53.0	127	127	18.5	18.4	10.2	9.60
Zn	88.2	86.0	101	103	133	133	32.6	32.0
Ga	21.1	20.0	21.1	21.7	22.6	23.0	16.5	16.5
Mo	2.00		3.34	4.00	249	248	2.48	2.30
Cd	0.06		0.06	0.06	0.14	0.13	0.06	0.07
Cs	1.15	1.16	0.10	0.10	1.10	1.10	9.61	9.60
W	0.52		0.23	0.21	0.50		1.48	1.50

续附表 3-3

样品编号	标样							
	AGV-2-tv	AGV-2-sv	BHVO-2-tv	BHVO-2-sv	BCR-2-tv	BCR-2-sv	RGM-2-tv	RGM-2-sv
微量元素/($\times10^{-6}$)								
Tl	0.30	0.27	0.04	0.06	0.30		0.94	0.93
Bi	0.05	0.05	0.03	0.02	0.07	0.07	0.27	0.28
La	38.3	37.9	14.7	15.2	25.4	24.9	23.6	24.0
Ce	69.0	68.6	37.0	37.5	53.3	52.9	46.7	47.0
Pr	8.09	7.84	5.18	5.35	6.82	6.70	5.19	5.36
Nd	30.6	30.5	24.0	24.5	28.8	28.7	19.3	19.0
Sm	5.81	5.49	6.05	6.07	6.65	6.58	3.97	4.30
Eu	1.59	1.54	1.98	2.07	2.01	1.96	0.66	0.66
Gd	4.63	4.52	6.09	6.24	6.82	6.75	3.67	3.70
Tb	0.64	0.64	0.95	0.92	1.10	1.07	0.61	0.66
Dy	3.66	3.47	5.30	5.31	6.65	6.41	3.73	4.10
Ho	0.68	0.65	0.98	0.98	1.30	1.28	0.77	0.82
Er	1.83	1.81	2.49	2.54	3.77	3.66	2.28	2.35
Tm	0.26	0.26	0.34	0.33	0.53	0.54	0.37	0.37
Yb	1.71	1.62	1.95	2.00	3.53	3.38	2.44	2.60
Lu	0.26	0.25	0.28	0.27	0.50	0.50	0.38	0.40
Y	20.7	20.0	26.0	26.0	36.0	37.0	23.5	23.2

备注：LOI=烧失量；全铁表达为 $Fe_2O_3^T$；$\delta Eu=Eu_N/(Sm_N \cdot Gd_N)^{1/2}$；$\delta Ce=Ce_N/(La_N \cdot Pr_N)^{1/2}$；主量元素和微量元素的分析精度普遍优于 5%；tv=测试值；sv=标准值。

附表 3-4 那更（次）火山岩的全岩 Sr-Nd 同位素数据

样品编号	年龄/Ma	Rb/(×10⁻⁶)	Sr/(×10⁻⁶)	$\frac{^{87}Rb}{^{86}Sr}$	$\frac{^{87}Sr}{^{86}Sr}$	±2σ	$\left(\frac{^{87}Sr}{^{86}Sr}\right)_i$	Sm/(×10⁻⁶)	Nd/(×10⁻⁶)	$\frac{^{147}Sm}{^{144}Nd}$	$\frac{^{143}Nd}{^{144}Nd}$	±2σ	$\left(\frac{^{143}Nd}{^{144}Nd}\right)_i$	$\varepsilon_{Nd}(t)$	$T_{DM1}-Nd$/Ma	$T_{DM2}-Nd$/Ma
英安玢岩																
DP-1	220	302	182	4.80821	0.723302	0.000015	0.70872	5.16	27.5	0.11342	0.512089	0.000007	0.51193	-8.5	1458	1609
DP-2	220	275	102	7.81811	0.730887	0.000014	0.70718	5.45	29.1	0.11321	0.512056	0.000006	0.51190	-9.1	1502	1656
DP-3	220	318	126	7.31765	0.729608	0.000017	0.70742	5.29	28.3	0.11299	0.512082	0.000007	0.51192	-8.6	1467	1613
DP-4	220	326	165	5.72675	0.726288	0.000013	0.70892	5.15	27.5	0.11320	0.512101	0.000007	0.51194	-8.2	1442	1588
DP-5	220	336	59.0	16.55815	0.756177	0.000020	0.70797	5.59	29.9	0.11301	0.512022	0.000008	0.51186	-9.7	1548	1703
贫晶体流纹岩																
CPR-1	220	237	38.1	18.11997	0.793254	0.000006	0.73831	7.36	38.8	0.11476	0.512146	0.000005	0.51199	-7.4	1384	1544
CPR-2	220	79.5	12.5	18.42737	0.759003	0.000004	0.70313	1.80	8.96	0.12177	0.512155	0.000023	0.51199	-7.4	1385	1646
CPR-3	220	176	62.9	8.11425	0.730918	0.000005	0.70632	5.63	27.9	0.12181	0.512105	0.000007	0.51194	-8.4	1452	1729
CPR-4	220	210	16.5	37.25289	0.831866	0.000005	0.71891	7.37	38.9	0.11454	0.512116	0.000007	0.51196	-8.0	1424	1586
CPR-5	220	211	12.6	49.42460	0.851230	0.000005	0.70137	7.45	39.1	0.11518	0.512122	0.000007	0.51196	-7.9	1417	1587
富晶体流纹英安岩																
CRR-1	213	127	229	1.60564	0.714615	0.000011	0.70975	7.46	39.7	0.11359	0.512116	0.000007	0.51196	-7.9	1422	1571
CRR-2	213	121	236	1.48436	0.714302	0.000016	0.70980	6.85	37.1	0.11161	0.512050	0.000005	0.51189	-9.2	1507	1639
CRR-3	213	130	285	1.32056	0.714135	0.000021	0.71013	9.01	46.7	0.11663	0.511920	0.000008	0.51196	-7.9	1423	1614
CRR-4	213	129	246	1.51820	0.714497	0.000011	0.70989	7.21	39.4	0.11062	0.512115	0.000004	0.51196	-7.9	1418	1528

续附表3-4

样品编号	年龄/Ma	Rb/(×10⁻⁶)	Sr/(×10⁻⁶)	^{87}Rb/^{86}Sr	^{87}Sr/^{86}Sr	±2σ	(^{87}Sr/^{86}Sr)$_i$	Sm/(×10⁻⁶)	Nd/(×10⁻⁶)	^{147}Sm/^{144}Nd	^{143}Nd/^{144}Nd	±2σ	(^{143}Nd/^{144}Nd)$_i$	$\varepsilon_{Nd}(t)$	T_{DM1-Nd}/Ma	T_{DM2-Nd}/Ma
CRR-5	213	135	231	1.69203	0.714777	0.000018	0.70965	7.32	38.7	0.11434	0.512132	0.000005	0.51197	−7.6	1402	1559
标样																
NISTSRM 987-sv					0.710250											
NISTSRM 987-tv					0.710236	0.000007										
La Jolla-sv											0.511864					
La Jolla-tv											0.511858	0.000003				

备注：初始同位素比值根据 $t=213$ Ma 校正。校正公式如下：$(^{87}Sr/^{86}Sr)_i = (^{87}Sr/^{86}Sr)_{样品} - ^{87}Rb/^{86}Sr(e^{\lambda t}-1)$，$\lambda = 1.42 \times 10^{-11}$ a^{-1}；$(^{143}Nd/^{144}Nd)_i = (^{143}Nd/^{144}Nd)_{样品} - (^{147}Sm/^{144}Nd)_m \times (e^{\lambda t}-1)$；$\varepsilon_{Nd}(t) = [(^{143}Nd/^{144}Nd)_{样品}/(^{143}Nd/^{144}Nd)_{CHUR}(t) - 1] \times 10^4$；$(^{143}Nd/^{144}Nd)_{CHUR}(t) = 0.512638$，$(^{147}Sm/^{144}Sm)_{CHUR} = 0.1967$ (CHUR 表示球粒陨石均一储库)；$T_{DM-Nd} = 1/\lambda \times \ln \{1 + [(^{143}Nd/^{144}Nd)_{样品} - 0.51315]/[(^{147}Sm/^{144}Nd)_{样品} - 0.21317]\}$；$\lambda_{Sm-Nd} = 6.54 \times 10^{-12}$ a^{-1}。

附表 3-5　那更(次)火山杂岩的 Pb 同位素数据

样品编号	年龄/Ma	U/(×10⁻⁶)	Th/(×10⁻⁶)	Pb/(×10⁻⁶)	^{206}Pb/^{204}Pb	±2σ	^{207}Pb/^{204}Pb	±2σ	^{208}Pb/^{204}Pb	±2σ	(^{206}Pb/^{204}Pb)$_t$	(^{207}Pb/^{204}Pb)$_t$	(^{208}Pb/^{206}Pb)$_t$
英安玢岩													
DP-1	220	2.00	11.4	17.2	18.478	0.003	15.596	0.002	38.803	0.005	18.192	15.582	38.284
DP-2	220	2.44	11.7	16.8	18.533	0.002	15.597	0.001	38.772	0.003	18.175	15.579	38.226
DP-3	220	2.24	12.4	17.1	18.472	0.003	15.594	0.002	38.781	0.006	18.150	15.578	38.213
DP-4	220	1.77	11.5	17.2	18.479	0.003	15.599	0.002	38.793	0.005	18.226	15.586	38.269

续附表3-5

样品编号	年龄/Ma	U/(×10⁻⁶)	Th/(×10⁻⁶)	Pb/(×10⁻⁶)	^{206}Pb/^{204}Pb	±2σ	^{207}Pb/^{204}Pb	±2σ	^{208}Pb/^{204}Pb	±2σ	$(^{206}\mathrm{Pb}/^{204}\mathrm{Pb})_t$	$(^{207}\mathrm{Pb}/^{204}\mathrm{Pb})_t$	$(^{208}\mathrm{Pb}/^{206}\mathrm{Pb})_t$
DP-5	220	1.79	11.1	14.9	18.502	0.002	15.601	0.001	38.838	0.004	18.206	15.586	38.254
贫晶体流纹岩													
CPR-1	220	2.11	13.8	23.5	18.556	0.001	15.632	0.001	38.941	0.002	18.335	15.621	38.481
CPR-2	220	1.87	9.83	20.4	18.593	0.001	15.627	0.001	38.846	0.003	18.367	15.616	38.467
CPR-3	220	1.44	9.60	17.8	18.564	0.001	15.622	0.001	38.848	0.002	18.363	15.611	38.424
CPR-4	220	1.65	9.31	23.4	18.498	0.001	15.610	0.001	38.700	0.002	18.325	15.601	38.389
CPR-05	220	1.56	8.44	35.5	18.528	0.001	15.647	0.001	38.762	0.002	18.419	15.642	38.575
富晶体流纹英安岩													
CRR-1	213	1.85	14.2	17.6	18.501	0.002	15.605	0.002	38.962	0.005	18.242	15.592	38.329
CRR-2	213	2.46	14.2	15.4	18.605	0.002	15.607	0.003	38.988	0.006	18.210	15.587	38.263
CRR-3	213	2.80	14.9	22.7	18.510	0.002	15.600	0.002	38.788	0.003	18.206	15.585	38.274
CRR-4	213	1.97	12.5	18.3	18.532	0.002	15.615	0.002	38.877	0.006	18.266	15.602	38.341
CRR-5	213	1.81	14.1	17.8	18.503	0.002	15.608	0.003	38.973	0.007	18.252	15.595	38.351
样品													
NBS981-tv					16.923	0.003	15.482	0.003	38.678	0.007			
NBS981-sv					16.936		15.489		36.701				

备注：$(^{206}\mathrm{Pb}/^{204}\mathrm{Pb})_t = (^{206}\mathrm{Pb}/^{204}\mathrm{Pb})_{样品} - (^{238}\mathrm{U}/^{204}\mathrm{Pb})_{样品} \times (\mathrm{e}^{\lambda t}-1)$，$t = 213$ Ma。$(^{208}\mathrm{Pb}/^{204}\mathrm{Pb})_t$、$(^{207}\mathrm{Pb}/^{204}\mathrm{Pb})_t$，与 $(^{206}\mathrm{Pb}/^{204}\mathrm{Pb})_t$ 计算公式一致。$\lambda(^{238}\mathrm{U}) = 1.55\times10^{-10}\ \mathrm{yr}^{-1}$；$\lambda(^{235}\mathrm{U}) = 9.85\times10^{-10}\ \mathrm{yr}^{-1}$；$\lambda(^{235}\mathrm{Th}) = 4.95\times10^{-11}\ \mathrm{yr}^{-1}$。$\lambda(^{235}\mathrm{U}) = 9.85\times10^{-10}\ \mathrm{yr}^{-1}$

附表 3-6　那更（次）火山杂岩的锆石同位素数据

点号	点位	年龄/Ma	$^{176}\mathrm{Hf}/^{177}\mathrm{Hf}$	1σ	$^{176}\mathrm{Lu}/^{177}\mathrm{Hf}$	1σ	$^{176}\mathrm{Yb}/^{177}\mathrm{Hf}$	1σ	$\varepsilon_{\mathrm{Hf}}(t)$	$T_{\mathrm{DM1}}/\mathrm{Ma}$	$T_{\mathrm{DM2}}/\mathrm{Ma}$	$f_{\mathrm{Lu/Hf}}$
英安斑岩（DP2）												
DP2-01	灰色边	220	0.282444	0.000014	0.000544	0.000004	0.018760	0.000229	-6.8	1127	1688	-0.98
DP2-03	灰色边	220	0.282464	0.000014	0.000675	0.000008	0.023760	0.000204	-6.2	1103	1644	-0.98
DP2-04	灰色边	220	0.282472	0.000015	0.000371	0.000001	0.011977	0.000078	-5.8	1084	1624	-0.99
DP2-06	灰色边	220	0.282444	0.000013	0.000891	0.000011	0.032439	0.000517	-6.9	1138	1692	-0.97
DP2-07	灰色边	220	0.282449	0.000016	0.000806	0.000014	0.027571	0.000400	-6.7	1128	1679	-0.98
DP2-08	灰色边	220	0.282464	0.000015	0.000436	0.000001	0.014828	0.000046	-6.1	1096	1641	-0.99
DP2-09	灰色边	220	0.282437	0.000017	0.001024	0.000041	0.035711	0.001394	-7.2	1151	1707	-0.97
DP2-12	灰色边	220	0.282456	0.000015	0.000629	0.000002	0.021587	0.000146	-6.5	1113	1662	-0.98
DP2-14	灰色边	220	0.282455	0.000016	0.000569	0.000003	0.019845	0.000208	-6.5	1113	1664	-0.98
DP2-20	灰色边	220	0.282474	0.000009	0.000533	0.000004	0.018284	0.000176	-5.8	1085	1620	-0.98
DP2-32	深灰色核	228	0.282458	0.000010	0.000893	0.000004	0.030413	0.000241	-6.2	1119	1656	-0.97
DP2-33	深灰色核	228	0.282476	0.000009	0.001166	0.000011	0.040894	0.000432	-5.6	1101	1617	-0.96
DP2-34	深灰色核	228	0.282479	0.000009	0.000944	0.000006	0.032299	0.000235	-5.5	1091	1610	-0.97
DP2-35	深灰色核	228	0.282442	0.000010	0.000808	0.000035	0.029455	0.001585	-6.8	1138	1690	-0.98
DP2-36	深灰色核	228	0.282467	0.000010	0.000585	0.000005	0.019796	0.000262	-5.9	1096	1631	-0.98
DP2-37	深灰色核	228	0.282484	0.000011	0.001186	0.000017	0.040707	0.000356	-5.4	1089	1597	-0.96
DP2-38	深灰色核	228	0.282534	0.000011	0.003011	0.000029	0.109430	0.000911	-3.9	1072	1505	-0.91

续附表3-6

点号	点位	年龄/Ma	$^{176}\mathrm{Hf}/^{177}\mathrm{Hf}$	1σ	$^{176}\mathrm{Lu}/^{177}\mathrm{Hf}$	1σ	$^{176}\mathrm{Yb}/^{177}\mathrm{Hf}$	1σ	$\varepsilon_{\mathrm{Hf}}(t)$	$T_{\mathrm{DM1}}/\mathrm{Ma}$	$T_{\mathrm{DM2}}/\mathrm{Ma}$	$f_{\mathrm{Lu/Hf}}$
DP2-39	深灰色核	228	0.282471	0.000009	0.000772	0.000007	0.026794	0.000211	-5.8	1097	1626	-0.98
DP2-40	深灰色核	228	0.282491	0.000010	0.002058	0.000025	0.065713	0.000946	-5.3	1106	1592	-0.94
斑晶体流纹岩(CPR1)												
CPR1-01	灰色边	220	0.282492	0.000021	0.001222	0.000024	0.039368	0.000642	-5.3	1080	1587	-0.96
CPR1-02	灰色边	220	0.282505	0.000020	0.000992	0.000012	0.033289	0.000475	-4.8	1055	1555	-0.97
CPR1-03	灰色边	220	0.282496	0.000024	0.000835	0.000006	0.027068	0.000351	-5.0	1063	1574	-0.97
CPR1-04	灰色边	220	0.282478	0.000017	0.001429	0.000015	0.049763	0.000650	-5.8	1106	1620	-0.96
CPR1-05	灰色边	220	0.282488	0.000027	0.001107	0.000004	0.037117	0.000076	-5.4	1082	1594	-0.97
CPR1-06	灰色边	220	0.282500	0.000019	0.000695	0.000003	0.023634	0.000178	-4.9	1054	1564	-0.98
CPR1-07	灰色边	220	0.282512	0.000025	0.001144	0.000013	0.037257	0.000462	-4.5	1050	1542	-0.97
CPR1-11	灰色边	220	0.282507	0.000024	0.001154	0.000023	0.037607	0.000553	-4.7	1056	1551	-0.97
CPR1-13	灰色边	220	0.282461	0.000019	0.000830	0.000013	0.027075	0.000356	-6.3	1112	1652	-0.98
CPR1-14	灰色边	220	0.282478	0.000027	0.001207	0.000030	0.036325	0.000867	-5.8	1100	1619	-0.96
CPR1-15	灰色边	220	0.282541	0.000020	0.000974	0.000023	0.036617	0.001104	-3.5	1004	1474	-0.97
CPR1-16	深灰色核	228	0.282464	0.000024	0.001956	0.000040	0.064003	0.001150	-6.2	1142	1651	-0.94
CPR1-17	深灰色核	228	0.282528	0.000025	0.002289	0.000022	0.077884	0.000646	-4.0	1059	1510	-0.93
CPR1-18	深灰色核	228	0.282449	0.000025	0.002142	0.000028	0.071300	0.001068	-6.7	1169	1686	-0.94
CPR1-19	深灰色核	228	0.282504	0.000024	0.001424	0.000050	0.049331	0.001776	-4.7	1069	1557	-0.96
CPR1-20	深灰色核	228	0.282501	0.000020	0.001088	0.000007	0.035155	0.000374	-4.8	1063	1559	-0.97

续附表3-6

点号	点位	年龄/Ma	$^{176}\mathrm{Hf}/^{177}\mathrm{Hf}$	1σ	$^{176}\mathrm{Lu}/^{177}\mathrm{Hf}$	1σ	$^{176}\mathrm{Yb}/^{177}\mathrm{Hf}$	1σ	$\varepsilon_{\mathrm{Hf}}(t)$	$T_{\mathrm{DM1}}/\mathrm{Ma}$	$T_{\mathrm{DM2}}/\mathrm{Ma}$	$f_{\mathrm{Lu/Hf}}$
CPR1-21	深灰色核	228	0.282467	0.000025	0.002076	0.000028	0.069746	0.000807	-6.1	1141	1645	-0.94
CPR1-22	深灰色核	228	0.282488	0.000026	0.001612	0.000010	0.052536	0.000861	-5.3	1096	1593	-0.95
CPR1-23	深灰色核	228	0.282499	0.000027	0.001259	0.000042	0.041205	0.001678	-4.8	1071	1566	-0.96
CPR1-24	深灰色核	228	0.282515	0.000020	0.002123	0.000076	0.072833	0.002897	-4.4	1073	1538	-0.94
CPR1-26	深灰色核	228	0.282495	0.000016	0.001613	0.000040	0.054915	0.001497	-5.0	1086	1577	-0.95
CPR1-27	深灰色核	228	0.282505	0.000018	0.001010	0.000010	0.033938	0.000581	-4.6	1056	1551	-0.97
富晶体流纹英安岩（CRR2）												
CRR2-01	浅灰色边	213	0.282469	0.000030	0.001210	0.000014	0.035977	0.000468	-6.2	1112	1642	-0.96
CRR2-03	浅灰色边	213	0.282505	0.000028	0.001762	0.000033	0.057176	0.000832	-5.0	1077	1566	-0.95
CRR2-05	浅灰色边	213	0.282487	0.000015	0.000879	0.000002	0.028588	0.000176	-5.5	1077	1598	-0.97
CRR2-06	浅灰色边	213	0.282494	0.000017	0.001381	0.000039	0.047892	0.001155	-5.3	1082	1588	-0.96
CRR2-07	浅灰色边	213	0.282485	0.000022	0.001681	0.000012	0.056898	0.000328	-5.7	1103	1609	-0.95
CRR2-09	浅灰色边	213	0.282466	0.000022	0.002191	0.000026	0.076634	0.001052	-6.5	1146	1657	-0.93
CRR2-10	浅灰色边	213	0.282501	0.000019	0.002976	0.000069	0.108235	0.002710	-5.3	1119	1584	-0.91
CRR2-13	浅灰色边	213	0.282480	0.000016	0.000862	0.000005	0.028484	0.000127	-5.8	1086	1613	-0.97
CRR2-15	灰色幔	220	0.282462	0.000023	0.002646	0.000055	0.088925	0.001474	-6.5	1166	1665	-0.92
CRR2-16	灰色幔	220	0.282452	0.000016	0.001005	0.000008	0.034313	0.000094	-6.6	1130	1674	-0.97
CRR2-18	灰色幔	220	0.282484	0.000018	0.001225	0.000019	0.043347	0.000743	-5.5	1092	1605	-0.96
CRR2-20	灰色幔	220	0.282481	0.000017	0.001352	0.000015	0.047437	0.000720	-5.6	1099	1612	-0.96

续附表3-6

点号	点位	年龄/Ma	$^{176}Hf/^{177}Hf$	1σ	$^{176}Lu/^{177}Hf$	1σ	$^{176}Yb/^{177}Hf$	1σ	$\varepsilon_{Hf}(t)$	T_{DM1}/Ma	T_{DM2}/Ma	$f_{Lu/Hf}$
CRR2-23	灰色幔	220	0.282490	0.000020	0.002159	0.000020	0.074996	0.000725	-5.4	1110	1598	-0.93
CRR2-25	灰色幔	220	0.282457	0.000020	0.001406	0.000005	0.048389	0.000188	-6.5	1134	1665	-0.96
CRR2-26	灰色幔	220	0.282493	0.000025	0.001844	0.000066	0.066456	0.002994	-5.3	1097	1590	-0.94
CRR2-27	灰色幔	220	0.282473	0.000021	0.001157	0.000025	0.039903	0.000658	-5.9	1105	1629	-0.97
CRR2-28	灰色幔	220	0.282496	0.000019	0.001797	0.000055	0.065679	0.002436	-5.2	1091	1582	-0.95
CRR2-29	灰色幔	220	0.282491	0.000021	0.000983	0.000010	0.031805	0.000160	-5.2	1075	1587	-0.97
CRR2-30	灰色幔	220	0.282477	0.000018	0.002157	0.000059	0.077094	0.001920	-5.9	1129	1628	-0.94
CRR2-31	灰色幔	220	0.282480	0.000016	0.001108	0.000009	0.039729	0.000505	-5.7	1094	1613	-0.97
CRR2-32	深灰色核	228	0.282477	0.000027	0.001475	0.000012	0.052308	0.000468	-5.6	1108	1617	-0.96
CRR2-33	深灰色核	228	0.282484	0.000020	0.001138	0.000012	0.039776	0.000543	-5.4	1089	1599	-0.97
CRR2-34	深灰色核	228	0.282501	0.000022	0.001313	0.000014	0.046460	0.000319	-4.8	1070	1563	-0.96
CRR2-35	深灰色核	228	0.282482	0.000019	0.001254	0.000024	0.040904	0.000504	-5.4	1094	1603	-0.96
CRR2-36	深灰色核	228	0.282488	0.000022	0.002105	0.000007	0.072367	0.000524	-5.4	1112	1599	-0.94
标样												
91500-01			0.282302	0.000017	0.000286	0.0000003	0.009797	0.000062				
91500-02			0.282290	0.000018	0.000288	0.0000003	0.009765	0.000065				
91500-03			0.282284	0.000018	0.000287	0.0000003	0.009380	0.000061				
91500-04			0.282285	0.000018	0.000307	0.0000002	0.010206	0.000057				
91500-05			0.282299	0.000020	0.000295	0.0000002	0.009153	0.000037				

续附表3-6

点号	点位	年龄/Ma	$^{176}\mathrm{Hf}/^{177}\mathrm{Hf}$	1σ	$^{176}\mathrm{Lu}/^{177}\mathrm{Hf}$	1σ	$^{176}\mathrm{Yb}/^{177}\mathrm{Hf}$	1σ	$\varepsilon_{\mathrm{Hf}}(t)$	1σ	$T_{\mathrm{DM1}}/\mathrm{Ma}$	$T_{\mathrm{DM2}}/\mathrm{Ma}$	$f_{\mathrm{Lu/Hf}}$
91500-06			0.282296	0.000019	0.000303	0.0000004	0.009942	0.000037					
91500-07			0.282291	0.000014	0.000299	0.0000003	0.009835	0.000049					
91500-08			0.282300	0.000016	0.000302	0.0000003	0.009959	0.000051					
91500-09			0.282295	0.000018	0.000304	0.0000004	0.009751	0.000060					
91500-10			0.282297	0.000017	0.000308	0.0000002	0.009902	0.000044					
GJ-1-01			0.281995	0.000016	0.000258	0.0000002	0.008151	0.000042					
GJ-1-02			0.282012	0.000017	0.000258	0.0000002	0.008034	0.000030					
GJ-1-03			0.281999	0.000014	0.000259	0.0000002	0.008659	0.000050					
GJ-1-04			0.282000	0.000016	0.000259	0.0000002	0.008622	0.000048					
TEM-01			0.282669	0.000017	0.001792	0.000016	0.058404	0.000343					
TEM-02			0.282659	0.000016	0.001761	0.000030	0.056237	0.000820					
TEM-03			0.282668	0.000014	0.001343	0.000003	0.047782	0.000305					
TEM-04			0.282667	0.000016	0.001357	0.000008	0.047462	0.000230					

备注：$\varepsilon_{\mathrm{Hf}}(t) = 10000 \times \{[(^{176}\mathrm{Hf}/^{177}\mathrm{Hf})_S - (^{176}\mathrm{Lu}/^{177}\mathrm{Hf})_S \times (e^{\lambda t} - 1)]/[(^{176}\mathrm{Hf}/^{177}\mathrm{Hf})_{\mathrm{CHUR},0} - (^{176}\mathrm{Lu}/^{177}\mathrm{Hf})_{\mathrm{CHUR},0} \times (e^{\lambda t} - 1)] - 1\}$；$T_{\mathrm{DM1}} = 1/\lambda \times \ln \{1 + [(^{176}\mathrm{Hf}/^{177}\mathrm{Hf})_S - (^{176}\mathrm{Hf}/^{177}\mathrm{Hf})_{\mathrm{DM}}]/[(^{176}\mathrm{Lu}/^{177}\mathrm{Hf})_S - (^{176}\mathrm{Lu}/^{177}\mathrm{Hf})_{\mathrm{DM}}]\}$；$T_{\mathrm{DM2}} = T_{\mathrm{DM}} - (T_{\mathrm{DM}} - t) \times [(f_{cc} - f_s)/(f_{cc} - f_{\mathrm{DM}})]$；$f_{\mathrm{Lu/Hf}} = (^{176}\mathrm{Lu}/^{177}\mathrm{Hf})_S/(^{176}\mathrm{Lu}/^{177}\mathrm{Hf})_{\mathrm{CHUR}} - 1$，其中 $\lambda = 1.867 \times 10^{-11}$ a^{-1}；$(^{176}\mathrm{Lu}/^{177}\mathrm{Hf})_S$ 和 $(^{176}\mathrm{Hf}/^{177}\mathrm{Hf})_S$ 为样品的测试值；$(^{176}\mathrm{Hf}/^{177}\mathrm{Hf})_{\mathrm{CHUR},0} = 0.282785$；$(^{176}\mathrm{Lu}/^{177}\mathrm{Hf})_{\mathrm{DM}} = 0.0384$；$(^{176}\mathrm{Hf}/^{177}\mathrm{Hf})_{\mathrm{DM}} = 0.28325$；$(^{176}\mathrm{Lu}/^{177}\mathrm{Hf})_{平均地壳} = 0.015$；$f_{cc} = [(^{176}\mathrm{Lu}/^{177}\mathrm{Hf})_{平均地壳}/(^{176}\mathrm{Lu}/^{177}\mathrm{Hf})_{\mathrm{CHUR}}] - 1$；$f_s = f_{\mathrm{Lu/Hf}}$；$f_{\mathrm{DM}} = [(^{176}\mathrm{Lu}/^{177}\mathrm{Hf})_{\mathrm{DM}}/(^{176}\mathrm{Lu}/^{177}\mathrm{Hf})_{\mathrm{CHUR}}] - 1$；$t = $ 锆石结晶时间。

附 录 / 139

附表 3-7 MELTs-Excel 程序的模拟结果

样品：DP-5；侵入岩：英安玢岩；位置：那更

体系 H₂O 含量 = 0.2%

液相线/℃	1020	1000	980	960	940	920	900	880	860	840	820	800	780
液相质量占比/%	88.19	87.5	85.5	83.13	80.93	78.9	71.81	63.98	56.62	43.44	30.24	19.93	14.33
液相中 SiO₂/%	70.82	71.01	70.77	70.37	69.96	69.55	68.9	68.27	67.7	67.24	66.88	66.6	66.24

体系 H₂O 含量 = 1%

液相线/℃	1020	1000	980	960	940	920	900	880	860	840	820	800	780
液相质量占比/%	90.13	89.35	88.63	87.97	87.36	86.82	86.08	83.84	81.67	76.99	69.35	62.48	52.87
液相中 SiO₂/%	69.89	70.08	70.26	70.44	70.61	70.77	70.83	70.37	69.96	69.50	68.98	68.44	68.09

体系 H₂O 含量 = 2%

液相线/℃	1020	1000	980	960	940	920	900	880	860	840	820	800	780
液相质量占比/%	92.45	91.61	90.80	90.05	89.35	88.75	88.21	87.72	87.18	86.66	86.11	83.82	78.88
液相中 SiO₂/%	68.82	69.00	69.19	69.37	69.56	69.79	69.98	70.14	70.29	70.44	70.54	70.04	69.48

体系 H₂O 含量 = 3%

液相线/℃	1020	1000	980	960	940	920	900	880	860	840	820	800	780
液相质量占比/%	94.65	93.75	92.89	92.07	91.30	90.62	90.02	89.49	88.95	88.37	87.81	87.36	87.04
液相中 SiO₂/%	67.86	68.02	68.19	68.39	68.69	68.94	69.15	69.33	69.49	69.63	69.74	69.86	69.99

体系 H₂O 含量 = 4%

液相线/℃	1020	1000	980	960	940	920	900	880	860	840	820	800	780
液相质量占比/%	96.72	95.78	94.88	93.98	93.13	92.38	91.73	91.14	90.56	89.97	89.41	88.87	88.36
液相中 SiO₂/%	66.97	67.12	67.28	67.52	67.83	68.10	68.33	68.53	68.70	68.84	68.95	69.05	69.13

注：等压条件下，温度下降的梯度为 20℃，温度下降至接近固相线温度时停止；f_{O_2}：$\Delta NNO=0$；最小吉布斯自由能。
MELTs-Excel 程序的初始条件为 $p=2$ kbar，平衡模式。

附表 4-1 那更侵入-火山杂岩的锆石 LA-ICP-MS U-Pb 同位素数据

点号	位置	Th/ (×10⁻⁶)	U/ (×10⁻⁶)	Th/U	同位素比值						年龄/Ma			
					$^{207}Pb/^{206}Pb$	±1σ	$^{207}Pb/^{235}U$	±1σ	$^{206}Pb/^{238}U$	±1σ	$^{207}Pb/^{235}U$	±1σ	$^{206}Pb/^{238}U$	±1σ
斑状花岗岩(PG1)														
PG1_1	边部	572	592	0.97	0.0527	0.0021	0.3054	0.0119	0.0417	0.0005	270.6	9.3	263.6	3.0
PG1_2	边部	546	526	1.04	0.0502	0.0020	0.2943	0.0115	0.0423	0.0005	261.9	9.0	266.8	3.0
PG1_3	边部	729	913	0.80	0.0499	0.0016	0.2893	0.0089	0.0418	0.0004	258.0	7.0	263.7	2.6
PG1_6	边部	433	559	0.78	0.0532	0.0019	0.3079	0.0109	0.0416	0.0004	272.5	8.5	262.5	2.4
PG1_7	边部	435	568	0.77	0.0528	0.0021	0.3053	0.0117	0.0417	0.0004	270.5	9.1	263.3	2.6
PG1_8	边部	522	613	0.85	0.0512	0.0021	0.2962	0.0119	0.0417	0.0005	263.4	9.3	263.3	2.9
PG1_10	边部	761	827	0.92	0.0553	0.0024	0.3108	0.0129	0.0406	0.0004	274.8	10.0	256.7	2.7
PG1_11	边部	626	885	0.71	0.0574	0.0018	0.3301	0.0100	0.0416	0.0004	289.6	7.6	262.5	2.7
PG1_12	边部	548	420	1.31	0.0573	0.0023	0.3251	0.0126	0.0412	0.0004	285.8	9.6	260.1	2.8
PG1_13	边部	495	799	0.62	0.0523	0.0016	0.3038	0.0091	0.0421	0.0005	269.4	7.1	265.6	3.0
PG1_14	边部	731	970	0.75	0.0533	0.0013	0.3029	0.0073	0.0410	0.0004	268.7	5.7	259.1	2.3
PG1_15	边部	824	1065	0.77	0.0520	0.0013	0.2964	0.0076	0.0411	0.0004	263.6	6.0	259.9	2.3
PG1_16	边部	871	1036	0.84	0.0525	0.0013	0.2995	0.0074	0.0412	0.0004	266.0	5.8	260.2	2.6
PG1_17	边部	718	1021	0.70	0.0518	0.0015	0.2980	0.0084	0.0415	0.0004	264.8	6.6	262.3	2.5
PG1_18	边部	773	926	0.83	0.0517	0.0015	0.3016	0.0087	0.0421	0.0005	267.6	6.8	265.9	3.0
PG1_20	边部	706	831	0.85	0.0519	0.0015	0.3007	0.0086	0.0418	0.0004	267.0	6.7	264.1	2.5
PG1_21	边部	475	751	0.63	0.0517	0.0016	0.2979	0.0088	0.0417	0.0005	264.7	6.9	263.3	2.9
PG1_22	边部	730	1086	0.67	0.0485	0.0013	0.2817	0.0081	0.0418	0.0004	252.0	6.4	263.9	2.7
PG1_24	边部	555	699	0.79	0.0539	0.0016	0.3147	0.0096	0.0421	0.0004	277.8	7.4	265.9	2.3
PG1_25	边部	813	917	0.89	0.0501	0.0013	0.2906	0.0076	0.0420	0.0004	259.0	6.0	265.3	2.7
PG1_28	边部	863	968	0.89	0.0511	0.0022	0.2901	0.0124	0.0412	0.0005	258.6	9.7	260.2	3.4
PG1_29	边部	543	448	1.21	0.0464	0.0028	0.2576	0.0153	0.0403	0.0006	232.7	12.3	254.8	4.0

续附表4-1

点号	位置	Th/(×10⁻⁶)	U/(×10⁻⁶)	Th/U	同位素比值						年龄/Ma			
					$^{207}Pb/^{206}Pb$	±1σ	$^{207}Pb/^{235}U$	±1σ	$^{206}Pb/^{238}U$	±1σ	$^{207}Pb/^{235}U$	±1σ	$^{206}Pb/^{238}U$	±1σ
PG1_30	边部	437	390	1.12	0.0534	0.0030	0.3091	0.0176	0.0420	0.0008	273.5	13.7	265.3	4.7
PG1_31	边部	890	1084	0.82	0.0497	0.0022	0.2800	0.0124	0.0408	0.0005	250.7	9.9	257.7	3.1
PG1_32	边部	527	541	0.97	0.0527	0.0027	0.3021	0.0151	0.0416	0.0006	268.0	11.7	262.5	3.8
PG1_4	核部	598	854	0.70	0.0482	0.0016	0.2836	0.0091	0.0425	0.0004	253.5	7.2	268.1	2.7
PG1_5	核部	576	979	0.59	0.0491	0.0016	0.2951	0.0092	0.0432	0.0004	262.5	7.2	272.9	2.5
PG1_9	核部	644	922	0.70	0.0543	0.0018	0.3258	0.0109	0.0431	0.0005	286.4	8.4	272.2	3.0
PG1_19	核部	730	1048	0.70	0.0515	0.0016	0.3057	0.0092	0.0428	0.0004	270.8	7.1	270.1	2.4
PG1_23	核部	503	933	0.54	0.0528	0.0015	0.3164	0.0088	0.0433	0.0004	279.1	6.8	273.2	2.4
PG1_26	核部	622	947	0.66	0.0536	0.0014	0.3137	0.0082	0.0425	0.0004	277.1	6.4	268.2	2.6
花岗闪长岩(GD7)														
GD7_2	边部	135	121	1.11	0.0487	0.0035	0.2629	0.0175	0.0399	0.0007	237.0	14.1	252.2	4.1
GD7_3	边部	253	188	1.35	0.0548	0.0032	0.2870	0.0153	0.0387	0.0006	256.2	12.1	244.6	3.7
GD7_4	边部	163	194	0.84	0.0519	0.0026	0.2777	0.0136	0.0390	0.0006	248.8	10.8	246.8	3.5
GD7_5	边部	219	188	1.16	0.0533	0.0031	0.2825	0.0153	0.0390	0.0006	252.6	12.1	246.3	3.4
GD7_6	边部	82.6	105	0.79	0.0534	0.0043	0.2914	0.0228	0.0402	0.0007	259.6	17.9	253.8	4.4
GD7_9	边部	175	177	0.99	0.0518	0.0031	0.2701	0.0165	0.0380	0.0005	242.8	13.2	240.6	3.0
GD7_10	边部	120	121	0.99	0.0486	0.0053	0.2612	0.0285	0.0400	0.0007	235.6	22.9	253.0	4.5
GD7_11	边部	201	147	1.37	0.0497	0.0031	0.2648	0.0157	0.0391	0.0006	238.5	12.6	247.3	3.7
GD7_13	边部	134	164	0.82	0.0542	0.0038	0.2813	0.0179	0.0388	0.0006	251.7	14.2	245.3	3.6
GD7_15	边部	135	140	0.96	0.0469	0.0032	0.2478	0.0162	0.0387	0.0006	224.8	13.2	245.0	3.4
GD7_16	边部	150	161	0.94	0.0485	0.0030	0.2553	0.0161	0.0379	0.0005	230.9	13.1	240.0	3.3
GD7_18	边部	235	171	1.38	0.0465	0.0030	0.2436	0.0142	0.0382	0.0005	221.4	11.6	241.5	2.9
GD7_19	边部	140	115	1.22	0.0534	0.0031	0.2829	0.0150	0.0390	0.0006	252.9	11.9	246.5	4.0

续附表4-1

点号	位置	Th/(×10⁻⁶)	U/(×10⁻⁶)	Th/U	同位素比值						年龄/Ma			
					$^{207}Pb/^{206}Pb$	±1σ	$^{207}Pb/^{235}U$	±1σ	$^{206}Pb/^{238}U$	±1σ	$^{207}Pb/^{235}U$	±1σ	$^{206}Pb/^{238}U$	±1σ
GD7_20	边部	153	171	0.89	0.0534	0.0028	0.2792	0.0137	0.0383	0.0005	250.0	10.9	242.0	3.1
GD7_21	边部	80.0	92.0	0.87	0.0567	0.0045	0.2950	0.0207	0.0384	0.0007	262.5	16.2	242.7	4.3
GD7_22	边部	150	138	1.09	0.0518	0.0030	0.2832	0.0146	0.0396	0.0006	253.2	11.6	250.3	3.5
GD7_23	边部	102	115	0.89	0.0541	0.0031	0.2907	0.0156	0.0393	0.0006	259.1	12.3	248.6	3.8
GD7_24	边部	79.2	66.7	1.19	0.0511	0.0042	0.2673	0.0191	0.0384	0.0008	240.5	15.3	242.8	4.8
GD7_26	边部	83.8	87.0	0.96	0.0540	0.0036	0.2933	0.0184	0.0398	0.0007	261.2	14.4	251.4	4.3
GD7_27	边部	290	200	1.45	0.0508	0.0023	0.2765	0.0122	0.0395	0.0005	247.9	9.7	249.6	2.9
GD7_28	边部	134	109	1.22	0.0523	0.0030	0.2790	0.0152	0.0394	0.0007	249.9	12.0	249.3	4.3
GD7_29	边部	125	123	1.02	0.0541	0.0028	0.2915	0.0139	0.0395	0.0007	259.7	10.9	250.0	4.2
GD7_30	边部	218	151	1.45	0.0503	0.0026	0.2683	0.0137	0.0390	0.0006	241.4	11.0	246.7	3.9
GD7_31	边部	215	139	1.55	0.0561	0.0031	0.3061	0.0157	0.0397	0.0005	271.1	12.2	250.9	3.4
GD7_32	边部	179	152	1.18	0.0492	0.0033	0.2577	0.0165	0.0381	0.0005	232.8	13.3	241.3	2.9
GD7_33	边部	91.2	87.0	1.05	0.0516	0.0034	0.2771	0.0160	0.0400	0.0007	248.4	12.7	253.0	4.4
GD7_34	边部	106	105	1.00	0.0546	0.0030	0.2934	0.0152	0.0391	0.0006	261.3	11.9	247.2	3.8
GD7_35	边部	188	128	1.47	0.0504	0.0030	0.2717	0.0150	0.0394	0.0006	244.0	11.9	248.9	3.9
GD7_36	边部	168	143	1.18	0.0548	0.0030	0.2975	0.0153	0.0399	0.0006	264.4	12.0	252.3	3.5
GD7_37	边部	278	216	1.29	0.0519	0.0022	0.2815	0.0121	0.0392	0.0005	251.9	9.6	247.7	3.2
GD7_41	边部	215	185	1.17	0.0558	0.0026	0.3002	0.0127	0.0393	0.0006	266.5	9.9	248.3	3.5
GD7_42	边部	209	162	1.29	0.0543	0.0030	0.2928	0.0154	0.0395	0.0005	260.8	12.1	249.8	3.2
GD7_43	边部	183	170	1.07	0.0505	0.0024	0.2743	0.0130	0.0395	0.0006	246.1	10.3	249.7	3.9
GD7_45	边部	232	176	1.32	0.0550	0.0030	0.2935	0.0146	0.0394	0.0005	261.3	11.5	249.1	3.2
GD7_46	边部	86.9	98.6	0.88	0.0530	0.0034	0.2907	0.0175	0.0396	0.0007	259.1	13.8	250.1	4.2
GD7_47	边部	107	105	1.02	0.0559	0.0034	0.2974	0.0158	0.0389	0.0006	264.4	12.4	246.0	3.7

续附表4-1

点号	位置	Th/ (×10⁻⁶)	U/ (×10⁻⁶)	Th/U	同位素比值						年龄/Ma			
					$^{207}Pb/^{206}Pb$	±1σ	$^{207}Pb/^{235}U$	±1σ	$^{206}Pb/^{238}U$	±1σ	$^{207}Pb/^{235}U$	±1σ	$^{206}Pb/^{238}U$	±1σ
GD7_48	边部	167	128	1.31	0.0561	0.0032	0.2946	0.0165	0.0385	0.0006	262.2	12.9	243.7	3.6
GD7_1	核部	106	107	0.99	0.0549	0.0043	0.3073	0.0239	0.0406	0.0007	272.1	18.6	256.6	4.5
GD7_7	核部	369	245	1.51	0.0515	0.0027	0.2881	0.0158	0.0403	0.0006	257.1	12.5	254.9	3.9
GD7_8	核部	192	144	1.33	0.0490	0.0039	0.2717	0.0221	0.0405	0.0006	244.0	17.7	256.1	4.0
GD7_17	核部	112	117	0.96	0.0505	0.0030	0.2842	0.0160	0.0408	0.0006	254.0	12.6	258.0	4.0
GD7_25	核部	192	152	1.26	0.0485	0.0028	0.2712	0.0164	0.0402	0.0007	243.7	13.1	253.9	4.5
GD7_39	核部	225	142	1.59	0.0477	0.0026	0.2627	0.0139	0.0404	0.0006	236.8	11.2	255.2	3.6
GD7_44	核部	131	155	0.84	0.0581	0.0032	0.3173	0.0159	0.0404	0.0006	279.8	12.3	255.1	3.9
安山岩（AD2）														
AD2_5	边部	396	1078	0.37	0.0559	0.0023	0.3018	0.0120	0.0386	0.0005	267.8	9.4	244.2	3.0
AD2_7	边部	632	673	0.94	0.0509	0.0031	0.2627	0.0134	0.0373	0.0006	236.9	10.7	236.3	4.0
AD2_8	边部	90	220	0.41	0.0470	0.0040	0.2460	0.0195	0.0375	0.0007	223.4	15.9	237.3	4.4
AD2_10	边部	73	502	0.15	0.0518	0.0029	0.2751	0.0150	0.0382	0.0006	246.8	12.0	241.9	3.5
AD2_11	边部	374	1056	0.35	0.0545	0.0023	0.2927	0.0117	0.0387	0.0005	260.7	9.2	245.0	2.9
AD2_12	边部	241	514	0.47	0.0535	0.0029	0.2726	0.0132	0.0373	0.0006	244.8	10.6	236.1	3.6
AD2_14	边部	741	802	0.92	0.0528	0.0027	0.2721	0.0132	0.0374	0.0006	244.4	10.5	236.7	3.4
AD2_16	边部	188	337	0.56	0.0534	0.0031	0.2790	0.0158	0.0377	0.0006	249.9	12.5	238.8	3.7
AD2_17	边部	823	506	1.63	0.0555	0.0032	0.2841	0.0149	0.0372	0.0005	253.9	11.8	235.2	3.1
AD2_21	边部	52	396	0.13	0.0494	0.0030	0.2592	0.0155	0.0379	0.0005	234.1	12.5	239.9	3.1
AD2_22	边部	105	319	0.33	0.0551	0.0033	0.2932	0.0168	0.0383	0.0006	261.1	13.2	242.5	3.5
AD2_23	边部	752	1806	0.42	0.0495	0.0016	0.2611	0.0084	0.0377	0.0004	235.6	6.7	238.8	2.4
AD2_25	边部	421	454	0.93	0.0540	0.0028	0.2829	0.0141	0.0375	0.0005	252.9	11.2	237.5	3.2
AD2_6	核部	870	1823	0.48	0.0521	0.0024	0.2861	0.0105	0.0391	0.0005	255.5	8.3	247.4	3.2

续附表4-1

点号	位置	Th/(×10⁻⁶)	U/(×10⁻⁶)	Th/U	同位素比值						年龄/Ma			
					$^{207}Pb/^{206}Pb$	±1σ	$^{207}Pb/^{235}U$	±1σ	$^{206}Pb/^{238}U$	±1σ	$^{207}Pb/^{235}U$	±1σ	$^{206}Pb/^{238}U$	±1σ
AD2_9	核部	69.2	353	0.20	0.0480	0.0029	0.2584	0.0144	0.0393	0.0006	233.4	11.6	248.2	3.9
AD2_13	核部	1651	3522	0.47	0.0525	0.0018	0.2890	0.0093	0.0397	0.0005	257.8	7.4	250.7	3.1
AD2_15	核部	70.9	378	0.19	0.0571	0.0033	0.3099	0.0175	0.0393	0.0006	274.1	13.6	248.7	3.6
AD2_20	核部	49.3	179	0.28	0.0469	0.0036	0.2492	0.0167	0.0389	0.0007	225.9	13.6	245.7	4.5
AD2_24	核部	230	438	0.52	0.0491	0.0029	0.2704	0.0149	0.0397	0.0005	243.0	11.9	251.3	3.2
玄武安山岩(BA2)														
BA2_1	边部	480	1301	0.37	0.0509	0.0014	0.2666	0.0074	0.0378	0.0004	239.9	5.9	239.3	2.6
BA2_2	边部	433	668	0.65	0.0520	0.0017	0.2735	0.0088	0.0380	0.0004	245.5	7.0	240.3	2.6
BA2_3	边部	436	769	0.57	0.0500	0.0017	0.2581	0.0088	0.0375	0.0004	233.2	7.1	237.1	2.6
BA2_5	边部	421	850	0.50	0.0529	0.0015	0.2814	0.0085	0.0384	0.0004	251.7	6.7	243.2	2.7
BA2_6	边部	108	268	0.40	0.0527	0.0030	0.2786	0.0155	0.0385	0.0006	249.6	12.3	243.4	3.5
BA2_7	边部	221	468	0.47	0.0502	0.0023	0.2639	0.0114	0.0383	0.0005	237.8	9.1	242.4	3.0
BA2_9	边部	547	1122	0.49	0.0502	0.0015	0.2676	0.0075	0.0385	0.0004	240.8	6.0	243.7	2.3
BA2_10	边部	637	1287	0.50	0.0496	0.0017	0.2644	0.0101	0.0384	0.0007	238.2	8.1	242.8	4.5
BA2_14	边部	262	366	0.72	0.0493	0.0017	0.2612	0.0088	0.0382	0.0005	235.7	7.1	241.8	2.8
BA2_16	边部	183	344	0.53	0.0543	0.0018	0.2847	0.0088	0.0377	0.0004	254.4	7.0	238.4	2.3
BA2_17	边部	732	941	0.78	0.0530	0.0012	0.2756	0.0062	0.0374	0.0003	247.1	5.0	236.8	1.8
BA2_22	边部	229	293	0.78	0.0512	0.0017	0.2722	0.0090	0.0385	0.0004	244.4	7.2	243.4	2.6
BA2_12	核部	960	875	1.10	0.0511	0.0019	0.2803	0.0099	0.0395	0.0004	250.9	7.9	249.7	2.8
BA2_18	核部	433	467	0.93	0.0524	0.0025	0.2852	0.0090	0.0393	0.0004	254.8	7.1	248.7	2.2
BA2_19	核部	355	636	0.56	0.0520	0.0014	0.2827	0.0076	0.0393	0.0004	252.8	6.0	248.3	2.3
BA2_20	核部	538	1717	0.31	0.0527	0.0015	0.2831	0.0074	0.0389	0.0004	253.1	5.9	246.3	2.4
BA2_21	核部	792	1513	0.52	0.0516	0.0011	0.2783	0.0059	0.0388	0.0003	249.3	4.7	245.7	2.1

附表 4-2 那更晨入-火山杂岩的锆石微量元素数据

点号	点位	$T_{Zirc-Ti}$/℃	Ti/(×10⁻⁶)	Hf/(×10⁻⁶)	Th/(×10⁻⁶)	U/(×10⁻⁶)	P/(×10⁻⁶)	Nb/(×10⁻⁶)	Ta/(×10⁻⁶)	La/(×10⁻⁶)	Ce/(×10⁻⁶)	Pr/(×10⁻⁶)	Nd/(×10⁻⁶)	Sm/(×10⁻⁶)	Eu/(×10⁻⁶)	Gd/(×10⁻⁶)
斑状花岗岩 (PG1)																
PG1_1	边部	696	4.03	8981	572	592	2969	9.50	3.81	41.3	130	14.5	67.0	17.8	0.66	34.9
PG1_2	边部	1109	121	8951	546	526	1104	10.0	3.16	8.43	46.8	3.39	17.0	6.98	0.39	26.0
PG1_3	边部	703	4.36	8980	729	913	2218	12.7	4.93	25.5	88.6	10.2	47.3	15.1	0.53	34.3
PG1_6	边部	658	2.51	9401	433	559	5382	8.54	3.25	66.3	197	24.9	118	31.2	1.23	45.6
PG1_7	边部	641	2.02	9201	435	568	2536	8.59	3.48	28.6	89.8	10.9	50.9	14.8	0.65	28.7
PG1_8	边部	694	3.90	8970	522	613	1778	8.68	3.87	23.3	81.6	8.65	41.9	12.2	0.57	27.2
PG1_10	边部	669	2.90	9118	761	827	5081	11.3	4.51	71.3	212	26.8	127	31.9	1.32	47.4
PG1_11	边部	730	5.87	10587	626	885	9011	11.8	4.99	108	316	42.4	218	59.3	1.63	76.1
PG1_12	边部	756	7.79	9645	548	420	3729	7.82	2.66	69.6	200	22.0	102	26.6	1.26	50.1
PG1_13	边部	674	3.06	10554	495	799	2036	15.4	5.85	21.9	74.9	8.35	41.4	13.2	0.52	32.4
PG1_14	边部	667	2.82	10413	731	970	2515	13.9	5.51	32.0	106	12.4	61.8	19.0	0.76	41.4
PG1_15	边部	677	3.18	10539	824	1065	1946	13.1	5.39	24.6	84.5	9.43	47.7	16.7	0.67	43.1
PG1_16	边部	698	4.11	10823	871	1036	1923	13.7	5.72	22.2	81.0	8.44	41.0	13.5	0.56	35.9
PG1_17	边部	673	3.03	10801	718	1021	1833	13.3	5.89	20.4	74.5	8.35	42.8	14.3	0.49	35.3
PG1_18	边部	667	2.81	10130	773	926	5633	13.7	5.42	75.2	221	27.8	134	38.4	1.26	62.5
PG1_20	边部	667	2.84	10351	706	831	2196	10.9	4.46	28.8	95.4	10.1	49.4	16.0	0.69	43.7
PG1_21	边部	675	3.12	10409	475	751	2175	12.0	4.89	27.6	88.3	10.2	50.3	13.4	0.46	31.6
PG1_22	边部	692	3.80	10674	730	1086	3100	14.0	6.19	37.5	117	15.6	74.0	21.5	0.64	42.6
PG1_24	边部	670	2.92	10754	555	699	2784	9.63	3.66	26.9	93.3	10.3	51.1	15.5	0.72	42.3
PG1_25	边部	664	2.73	11180	813	917	2584	10.7	4.41	27.8	94.8	11.3	56.6	20.2	0.76	54.2
PG1_28	边部	704	4.38	10825	863	968	4474	10.9	5.72	13.7	58.6	5.06	29.0	13.6	0.80	52.9
PG1_29	边部	740	6.58	10521	543	448	4994	7.61	2.87	15.2	71.6	5.82	26.3	11.6	0.66	30.9

续附表 4-2

斑状花岗岩（PG1）

点号	点位	Th/(×10⁻⁶)	Dy/(×10⁻⁶)	Ho/(×10⁻⁶)	Er/(×10⁻⁶)	Tm/(×10⁻⁶)	Yb/(×10⁻⁶)	Lu/(×10⁻⁶)	Y/(×10⁻⁶)	Zr/(×10⁻⁶)	LREE/HREE	Th/U	Zr/Hf	Yb/Gd
PG1_1	边部	9.87	109	41.9	190	39.9	358	74	1263	496000	0.32	0.97	55.2	10.3
PG1_2	边部	8.32	99	38.0	177	37.0	334	69	1165	496000	0.11	1.04	55.4	12.9
PG1_3	边部	10.5	117	45.5	205	45.0	411	84	1389	496000	0.20	0.80	55.2	12.0
PG1_6	边部	10.7	108	38.2	170	36.0	328	67	1146	496000	0.55	0.78	52.8	7.2
PG1_7	边部	7.94	90	33.9	157	34.2	313	65	1022	496000	0.27	0.77	53.9	10.9
PG1_8	边部	8.55	98	37.9	172	37.2	336	70	1139	496000	0.21	0.85	55.3	12.4
PG1_10	边部	12.2	128	46.2	206	43.8	400	81	1400	496000	0.49	0.92	54.4	8.4
PG1_11	边部	15.7	148	50.4	220	45.6	422	86	1511	496000	0.70	0.71	46.9	5.5
PG1_12	边部	13.2	141	53.1	229	46.0	408	84	1533	496000	0.41	1.31	51.4	8.1
PG1_13	边部	10.5	124	49.8	240	54.2	501	107	1546	496000	0.14	0.62	47.0	15.4
PG1_14	边部	12.0	140	53.8	247	52.7	483	100	1598	496000	0.21	0.75	47.6	11.7
PG1_15	边部	14.0	162	64.1	287	61.1	559	113	1908	496000	0.14	0.77	47.1	13.0
PG1_16	边部	11.5	140	54.7	251	53.8	504	103	1676	496000	0.14	0.84	45.8	14.1
PG1_17	边部	11.6	137	52.9	246	52.5	494	99	1609	496000	0.14	0.70	45.9	14.0
PG1_18	边部	16.3	176	64.2	286	60.4	555	115	1938	496000	0.37	0.83	49.0	8.9
PG1_20	边部	13.7	161	61.0	279	57.5	530	110	1856	496000	0.16	0.85	47.9	12.1
PG1_21	边部	9.32	113	45.1	211	44.9	431	90	1357	496000	0.19	0.63	47.6	13.6
PG1_22	边部	11.8	139	52.0	239	50.1	464	95	1563	496000	0.24	0.67	46.5	10.9
PG1_24	边部	12.5	150	57.5	267	56.9	523	107	1723	496000	0.16	0.79	46.1	12.4
PG1_25	边部	16.2	191	70.4	324	67.7	613	123	2119	496000	0.14	0.89	44.4	11.3
PG1_28	边部	17.1	204	81.4	366	76.9	711	141	2283	496000	0.07	0.89	45.8	13.4
PG1_29	边部	10.4	124	48.1	213	44.6	404	81	1365	496000	0.14	1.21	47.1	13.1

续附表 4-2

点号	点位	T_{ZircTi}/℃	Ti/(×10⁻⁶)	Hf/(×10⁻⁶)	Th/(×10⁻⁶)	U/(×10⁻⁶)	P/(×10⁻⁶)	Nb/(×10⁻⁶)	Ta/(×10⁻⁶)	La/(×10⁻⁶)	Ce/(×10⁻⁶)	Pr/(×10⁻⁶)	Nd/(×10⁻⁶)	Sm/(×10⁻⁶)	Eu/(×10⁻⁶)	Gd/(×10⁻⁶)
PG1_30	边部	667	2.81	10592	437	390	4300	34.2	3.78	11.7	55.8	4.19	22.2	9.84	0.54	29.0
PG1_31	边部	668	2.87	10655	890	1084	7938	13.9	5.52	21.8	82.4	9.15	47.6	16.0	0.79	45.3
PG1_32	边部	724	5.53	11093	527	541	9030	8.4	3.18	23.8	79.7	7.66	38.1	13.3	0.61	40.8
PG1_4	核部	652	2.33	8977	598	854	2553	11.8	4.94	28.4	92.4	11.2	52.8	15.6	0.58	33.8
PG1_5	核部	619	1.49	9509	576	979	2341	14.3	5.57	22.2	79.8	9.16	45.9	13.6	0.60	32.6
PG1_9	核部	645	2.13	9806	644	922	2052	11.9	4.79	23.4	80.3	9.75	46.9	15.5	0.85	34.1
PG1_19	核部	699	4.16	10134	730	1048	1012	14.1	5.51	5.71	34.5	2.73	14.9	8.60	0.42	33.7
PG1_23	边部	710	4.74	11675	503	933	728	15.4	6.31	9.08	35.7	3.39	18.1	7.37	0.28	24.2
PG1_26	核部	722	5.39	10806	622	947	2446	16.8	5.58	22.9	79.4	9.76	50.0	17.6	0.69	38.3
花岗闪长岩（GD7）																
GD7_2	边部	848	18.8	6909	135	121	395	2.42	0.77	0.56	10.4	0.34	3.83	7.07	0.91	32.3
GD7_3	边部	800	12.1	7217	253	188	433	2.54	1.03	0.014	19.7	0.096	2.31	3.83	0.59	20.8
GD7_4	边部	733	6.13	8063	163	194	668	4.58	1.64	5.63	29.6	1.80	8.63	4.62	0.45	21.0
GD7_5	边部	805	12.7	7080	219	188	446	3.94	1.25	0.005	16.7	0.13	2.03	4.13	0.62	21.7
GD7_6	边部	822	14.9	7304	83	105	377	2.62	0.95	0.62	10.1	0.18	2.16	3.25	0.38	17.6
GD7_9	边部	785	10.5	7272	175	177	407	4.6	1.38	0.174	17.8	0.17	1.87	4.33	0.55	22.8
GD7_10	边部	999	60.7	7276	120	121	576	4.46	0.88	4.15	20.7	1.53	8.08	4.04	0.46	15.8
GD7_11	边部	790	11.0	7872	201	147	448	2.09	0.84	0.047	10.5	0.37	5.28	8.56	1.13	43.0
GD7_13	边部	769	8.90	8539	134	164	658	4.03	1.61	2.41	19.7	0.67	3.67	3.8	0.36	18.0
GD7_15	边部	766	8.69	9087	135	140	651	2.78	1.17	4.16	23.1	1.13	5.8	3.71	0.43	16.9
GD7_16	边部	807	13.0	8256	150	161	524	3.93	1.33	0.006	15.4	0.11	2.46	4.08	0.76	22.9
GD7_18	边部	805	12.8	7855	235	171	529	2.85	1.01	0.028	16.4	0.22	4.01	6.87	1.28	38.5
GD7_19	边部	787	10.7	8708	140	115	551	1.76	0.73	0.59	12.9	0.32	3.25	5.43	0.72	26.6

续附表 4-2

点号	点位	Tb/(×10⁻⁶)	Dy/(×10⁻⁶)	Ho/(×10⁻⁶)	Er/(×10⁻⁶)	Tm/(×10⁻⁶)	Yb/(×10⁻⁶)	Lu/(×10⁻⁶)	Y/(×10⁻⁶)	Zr/(×10⁻⁶)	LREE/HREE	Th/U	Zr/Hf	Yb/Gd
PG1_30	边部	8.98	105	42.1	189	38.1	349	72	1183	496000	0.13	1.12	46.8	12.0
PG1_31	边部	14.0	165	64.1	295	62.8	583	118	1851	496000	0.13	0.82	46.6	12.9
PG1_32	边部	13.1	157	61.2	282	58.6	543	111	1782	496000	0.13	0.97	44.7	13.3
PG1_4	核部	9.85	116	44.1	201	42.9	396	80	1328	496000	0.22	0.70	55.3	11.7
PG1_5	核部	9.84	121	45.9	210	45.3	412	86	1379	496000	0.18	0.59	52.2	12.6
PG1_9	核部	9.78	116	42.9	202	42.8	392	80	1321	496000	0.19	0.70	50.6	11.5
PG1_19	核部	12.6	156	60.0	280	58.8	550	111	1820	496000	0.05	0.70	48.9	16.3
PG1_23	核部	8.95	116	45.7	221	48.4	453	92	1375	496000	0.07	0.54	42.5	18.7
PG1_26	核部	11.1	138	52.1	243	53.5	487	100	1534	496000	0.24	0.66	45.9	12.7
花岗闪长岩(GD7)														
GD7_2	边部	10.5	116	42.4	186	37.9	333	70	1268	496000	0.03	1.11	71.8	10.3
GD7_3	边部	6.66	84	31.9	144	29.4	267	55	957	496000	0.04	1.35	68.7	12.8
GD7_4	边部	7.29	85	35.1	162	34.4	313	65	1039	496000	0.07	0.84	61.5	14.9
GD7_5	边部	7.29	92	36.2	173	37.0	343	73	1142	496000	0.03	1.16	70.1	15.8
GD7_6	边部	5.77	68	27.1	123	25.9	241	51	798	496000	0.03	0.79	67.9	13.7
GD7_9	边部	7.87	94	38.9	186	38.8	365	77	1188	496000	0.03	0.99	68.2	16.0
GD7_10	边部	5.09	59	22.5	99	20.7	187	39	662	496000	0.09	0.99	68.2	11.8
GD7_11	边部	13.9	159	58.7	252	49.8	423	85	1728	496000	0.02	1.37	63.0	9.8
GD7_13	边部	6.28	81	32.0	148	31.1	291	62	948	496000	0.05	0.82	58.1	16.2
GD7_15	边部	5.73	72	28.1	131	27.4	257	55	853	496000	0.06	0.96	54.6	15.2
GD7_16	边部	8.09	98	39.9	190	41.0	382	84	1228	496000	0.03	0.94	60.1	16.7
GD7_18	边部	12.9	147	55.1	242	49.3	437	91	1628	496000	0.03	1.38	63.1	11.4
GD7_19	边部	9.03	105	38.9	171	34.5	307	63	1136	496000	0.03	1.22	57.0	11.5

续附表 4-2

点号	点位	T_{ZircTi}/℃	Ti/(×10⁻⁶)	Hf/(×10⁻⁶)	Th/(×10⁻⁶)	U/(×10⁻⁶)	P/(×10⁻⁶)	Nb/(×10⁻⁶)	Ta/(×10⁻⁶)	La/(×10⁻⁶)	Ce/(×10⁻⁶)	Pr/(×10⁻⁶)	Nd/(×10⁻⁶)	Sm/(×10⁻⁶)	Eu/(×10⁻⁶)	Gd/(×10⁻⁶)
GD7_20	边部	813	13.7	8367	153	171	706	4.37	1.43	2.22	23.4	0.79	4.21	4.38	0.75	22.5
GD7_21	边部	897	28.4	8949	80	92	688	1.99	0.72	3.52	17.3	1.04	4.87	3.29	0.35	13.3
GD7_22	边部	754	7.66	7345	150	138	387	9.43	1.12	0.073	14.3	0.20	2.65	4.87	0.70	23.1
GD7_23	边部	806	12.8	8191	102	115	1610	1.99	0.76	18.3	50.4	5.16	25.7	7.41	0.86	22.4
GD7_24	边部	840	17.5	8289	79	67	299	1.04	0.4	0.51	10.2	0.24	2.49	3.72	0.65	18.7
GD7_26	边部	785	10.4	7342	84	87	562	1.63	0.71	2.68	13.9	0.89	5.21	4.75	0.57	22.3
GD7_27	边部	834	16.6	7195	290	200	425	2.75	1.04	0.072	13.8	0.49	7.01	11.3	1.60	61.4
GD7_28	边部	793	11.3	7731	134	109	676	1.75	0.67	3.90	18.7	1.37	8.60	7.20	1.03	33.4
GD7_29	边部	838	17.2	7397	125	123	356	2.18	0.95	0.032	9.8	0.17	2.63	5.48	0.83	27.7
GD7_30	边部	805	12.7	7549	218	151	417	2.15	0.91	0.69	16.2	0.46	5.46	8.56	1.40	44.9
GD7_31	边部	792	11.2	7664	215	139	319	1.93	0.71	0.036	13.9	0.29	4.08	6.12	1.26	36.5
GD7_32	边部	815	13.9	7261	179	152	352	2.55	0.93	0.031	11.7	0.38	4.68	8.71	1.16	42.4
GD7_33	边部	807	12.9	7911	91	87	542	1.38	0.57	1.55	13.5	0.54	3.34	2.82	0.49	14.4
GD7_34	边部	812	13.5	7855	106	105	576	1.89	0.76	3.09	18.9	0.93	5.04	3.77	0.49	15.4
GD7_35	边部	796	11.6	7731	188	128	352	1.44	0.69	0.055	13.7	0.31	5.1	7.83	1.33	39.9
GD7_36	边部	837	17.1	7477	168	143	1085	2.24	0.83	11.5	37.2	3.49	19.1	10.2	1.09	42.1
GD7_37	边部	836	16.9	7157	278	216	456	3.98	1.24	0.074	14.5	0.37	5.95	11.5	1.55	57.6
GD7_41	边部	806	12.8	8420	215	185	624	2.74	1.16	6.41	31.7	1.82	9.68	4.83	0.62	18.1
GD7_42	边部	770	9.05	7932	209	162	1131	2.23	0.80	13.1	42.4	3.91	21.4	10.6	1.25	44.9
GD7_43	边部	784	10.4	7409	183	170	458	3.91	1.18	0.055	16.7	0.11	2.36	4.73	0.74	24.5
GD7_45	边部	778	9.73	7870	232	176	487	2.04	0.92	1.44	18.7	0.68	6.82	8.00	1.02	41.0
GD7_46	边部	783	10.3	8174	87	99	689	1.99	0.83	5.52	22.0	1.69	7.96	3.36	0.43	14.2
GD7_47	边部	816	14.1	7174	107	105	339	1.78	0.87	0.076	8.18	0.19	3.03	5.63	0.76	27.1

续附表 4-2

点号	点位	Tb/(×10⁻⁶)	Dy/(×10⁻⁶)	Ho/(×10⁻⁶)	Er/(×10⁻⁶)	Tm/(×10⁻⁶)	Yb/(×10⁻⁶)	Lu/(×10⁻⁶)	Y/(×10⁻⁶)	Zr/(×10⁻⁶)	LREE/HREE	Th/U	Zr/Hf	Yb/Gd
GD7_20	边部	7.65	94	39.7	196	41.1	388	86	1218	496000	0.04	0.89	59.3	17.2
GD7_21	边部	4.81	56	21.9	99	20.7	191	40	644	496000	0.07	0.87	55.4	14.4
GD7_22	边部	7.99	94	36.9	168	35.8	327	68	1119	496000	0.03	1.09	67.5	14.2
GD7_23	边部	6.91	78	30.0	143	30.2	288	61	931	496000	0.16	0.89	60.6	12.9
GD7_24	边部	6.43	73	27.0	117	23.5	216	44	792	496000	0.03	1.19	59.8	11.6
GD7_26	边部	7.33	87	32.0	141	29.1	265	53	940	496000	0.04	0.96	67.6	11.9
GD7_27	边部	19.5	225	79.8	337	65.8	569	110	2324	496000	0.02	1.45	68.9	9.3
GD7_28	边部	10.5	118	43.9	185	36.9	328	65	1244	496000	0.05	1.22	64.2	9.8
GD7_29	边部	9.16	105	39.8	173	35.8	326	64	1146	496000	0.02	1.02	67.1	11.8
GD7_30	边部	14.1	161	58.5	246	49.4	440	86	1694	496000	0.03	1.45	65.7	9.8
GD7_31	边部	12.3	137	52.6	220	44.3	387	77	1502	496000	0.03	1.55	64.7	10.6
GD7_32	边部	13.9	155	56.5	243	48.5	431	87	1610	496000	0.02	1.18	68.3	10.2
GD7_33	边部	5.05	61	22.4	103	21.5	199	40	680	496000	0.05	1.05	62.7	13.8
GD7_34	边部	5.17	61	23.4	108	23.1	208	44	709	496000	0.07	1.00	63.1	13.5
GD7_35	边部	12.9	144	51.6	221	43.9	381	75	1500	496000	0.03	1.47	64.2	9.5
GD7_36	边部	12.9	144	51.8	222	44.5	388	76	1505	496000	0.08	1.18	66.3	9.2
GD7_37	边部	18.4	212	76.8	334	65.4	578	115	2282	496000	0.02	1.29	69.3	10.0
GD7_41	边部	6.27	74	28.2	128	26.9	250	51	843	496000	0.09	1.17	58.9	13.8
GD7_42	边部	14.0	159	57.7	242	47.9	415	81	1631	496000	0.09	1.29	62.5	9.2
GD7_43	边部	8.57	105	42.4	195	40.7	375	78	1258	496000	0.03	1.07	66.9	15.3
GD7_45	边部	13.2	151	56.1	237	47.9	420	82	1605	496000	0.03	1.32	63.0	10.2
GD7_46	边部	4.83	57	21.7	98	20.8	190	38	638	496000	0.09	0.88	60.7	13.4
GD7_47	边部	8.65	100	37.3	167	33.6	304	63	1094	496000	0.02	1.02	69.1	11.2

续附表 4-2

点号	点位	T_{ZircTi}/°C	Ti/(×10⁻⁶)	Hf/(×10⁻⁶)	Th/(×10⁻⁶)	U/(×10⁻⁶)	P/(×10⁻⁶)	Nb/(×10⁻⁶)	Ta/(×10⁻⁶)	La/(×10⁻⁶)	Ce/(×10⁻⁶)	Pr/(×10⁻⁶)	Nd/(×10⁻⁶)	Sm/(×10⁻⁶)	Eu/(×10⁻⁶)	Gd/(×10⁻⁶)
GD7_48	边部	804	12.6	7373	167	128	325	1.66	0.72	0.051	10.5	0.35	5.81	10.2	1.49	47.5
GD7_1	核部	782	10.2	7314	106	107	368	2.01	0.84	0.059	11.8	0.11	1.25	3.36	0.50	15.1
GD7_7	核部	819	14.5	7842	369	245	2366	4.13	1.26	32.3	91.5	9.38	41.5	12.8	0.78	32.6
GD7_8	边部	818	14.4	7898	192	144	408	2.18	1.01	0.82	16.5	0.39	2.57	2.42	0.56	15.6
GD7_17	边部	782	10.2	8230	112	117	2749	2.82	1.13	45.4	112	12.3	56.8	13.7	0.88	25.8
GD7_25	核部	891	27.1	6071	192	152	391	2.90	0.91	1.09	12.6	0.64	5.81	7.79	1.03	41.5
GD7_39	核部	821	14.8	7391	225	142	369	2.40	0.75	0.11	16.9	0.42	5.76	9.76	1.60	46.7
GD7_44	核部	818	14.4	8410	131	155	524	3.09	1.33	3.63	21.7	1.16	5.85	4.08	0.54	18.0
安山岩（AD2）																
AD2_5	边部	634	1.58	12486	396	1078	232	9.70	4.27	0.001	8.57	0.004	0.49	2.08	0.27	18.4
AD2_7	边部	611	1.15	10330	632	673	312	0.30	0.37	0.078	26.0	0.40	8.44	12.48	1.38	60.8
AD2_8	边部	668	2.46	10484	90.1	220	107	0.25	0.24	0.002	4.63	0.04	0.72	0.85	0.39	6.51
AD2_10	边部	627	1.43	10791	73.0	502	358	2.03	2.77	0.007	3.93	0.01	0.26	1.10	0.07	9.17
AD2_11	边部	639	1.69	12014	374	1056	395	9.26	4.78	0.023	12.6	0.01	0.65	2.26	0.43	22.3
AD2_12	边部	678	2.76	10190	241	514	840	4.20	1.82	7.95	32.2	3.12	17.71	6.70	0.35	15.3
AD2_14	边部	717	4.37	9332	741	802	281	5.69	1.85	0.25	28.9	0.22	2.62	4.70	0.85	24.3
AD2_16	边部	644	1.79	10807	188	337	189	2.52	1.37	0.58	15.6	0.32	1.46	1.98	0.30	11.0
AD2_17	边部	619	1.29	11328	823	506	82.5	2.26	1.64	0.34	17.7	0.59	3.88	4.10	0.90	13.0
AD2_21	边部	653	2.02	10554	51.8	396	243	1.17	1.37	0.01	2.50	0.02	0.03	0.80	0.05	6.03
AD2_22	边部	643	1.78	11702	105	319	126	0.30	0.37	0.003	3.46	0.01	0.39	0.50	0.47	5.28
AD2_23	边部	630	1.50	12283	752	1806	474	20.3	7.51	0.22	14.6	0.15	1.06	3.20	0.48	27.7
AD2_25	边部	708	3.96	8329	421	454	320	2.92	1.05	1.01	19.9	0.65	6.72	9.49	1.88	41.0
AD2_6	核部	666	2.39	10573	870	1823	387	10.2	4.73	0.23	19.6	0.49	5.01	5.79	0.86	31.2

续附表 4-2

点号	点位	Tb/(×10⁻⁶)	Dy/(×10⁻⁶)	Ho/(×10⁻⁶)	Er/(×10⁻⁶)	Tm/(×10⁻⁶)	Yb/(×10⁻⁶)	Lu/(×10⁻⁶)	Y/(×10⁻⁶)	Zr/(×10⁻⁶)	LREE/HREE	Th/U	Zr/Hf	Yb/Gd
GD7_48	边部	14.5	161	58.4	248	48.0	416	82	1657	496000	0.03	1.31	67.3	8.8
GD7_1	核部	5.12	62	24.2	112	23.4	218	47	737	496000	0.03	0.99	67.8	14.4
GD7_7	核部	9.83	112	42.0	184	37.1	330	67	1238	496000	0.23	1.51	63.3	10.1
GD7_8	核部	5.41	66	25.2	114	24.0	213	44	753	496000	0.05	1.33	62.8	13.7
GD7_17	核部	7.09	78	30.2	136	28.2	265	56	893	496000	0.39	0.96	60.3	10.3
GD7_25	核部	13.2	155	55.4	239	47.0	417	82	1610	496000	0.03	1.26	81.7	10.0
GD7_39	核部	15.0	163	59.7	249	49.1	438	84	1718	496000	0.03	1.59	67.1	9.4
GD7_44	核部	6.11	75	29.0	136	28.8	273	58	873	496000	0.06	0.84	59.0	15.2
安山岩（AD2）														
AD2_5	边部													
AD2_7	边部	8.16	118	50.8	254	55.8	532	113	1511	496000	0.01	2.27	39.7	28.8
AD2_8	边部	19.8	223	78.5	342	69.4	619	127	2327	496000	0.03	0.83	48.0	10.2
AD2_10	边部	2.43	31.4	12.6	64.6	15.5	160	41.2	415	496000	0.02	1.05	47.3	24.5
AD2_11	边部	4.83	71.0	29.9	151	33.8	311	65.9	897	496000	0.01	0.73	46.0	33.9
AD2_12	边部	9.46	131	56.9	287	65.7	617	138	1720	496000	0.01	1.94	41.3	27.7
AD2_14	边部	5.04	61.0	25.9	120	26.3	246	53.4	775	496000	0.12	2.30	48.7	16.0
AD2_16	边部	9.11	111	44.1	208	46.2	425	91.3	1383	496000	0.04	3.08	53.2	17.5
AD2_17	边部	4.15	49.1	20.0	100	22.5	212	47.1	638	496000	0.04	1.84	45.9	19.2
AD2_21	边部	3.76	39.8	15.2	70.8	16.4	163	35.9	469	496000	0.08	1.38	43.8	12.6
AD2_22	边部	2.89	39.9	18.3	94.6	22.2	222	49.4	558	496000	0.01	0.86	47.0	36.8
AD2_23	边部	1.92	26.9	11.4	57.6	14.0	151	37.7	362	496000	0.02	0.80	42.4	28.6
AD2_25	边部	13.0	183	80.2	383	83.4	798	165	2291	496000	0.01	2.70	40.4	28.8
AD2_6	核部	12.5	144	50.9	227	46.6	420	87.1	1528	496000	0.04	2.78	59.6	10.3

续附表 4-2

点号	点位	T_{Zir-Ti}/℃	Ti/(×10⁻⁶)	Hf/(×10⁻⁶)	Th/(×10⁻⁶)	U/(×10⁻⁶)	P/(×10⁻⁶)	Nb/(×10⁻⁶)	Ta/(×10⁻⁶)	La/(×10⁻⁶)	Ce/(×10⁻⁶)	Pr/(×10⁻⁶)	Nd/(×10⁻⁶)	Sm/(×10⁻⁶)	Eu/(×10⁻⁶)	Gd/(×10⁻⁶)
AD2_9	核部	807	11.08	11908	69.2	353	109	0.53	0.74	0.003	2.08	0.002	0.16	0.47	0.05	3.29
AD2_13	核部	714	4.23	10364	1651	3522	379	18.7	7.10	0.52	27.2	0.25	2.02	4.34	0.64	29.7
AD2_15	核部	623	1.35	11077	70.9	378	133	0.66	0.81	0.001	2.07	0.003	0.12	0.53	0.03	2.17
AD2_20	核部	757	6.75	9260	49.3	179	59.3	4.58	1.52	0.003	2.36	0.004	0.10	0.29	0.05	2.21
AD2_24	核部	1179	153	10361	230	438	3028	4.06	1.38	27.2	74.3	8.98	44.6	12.9	1.03	28.6
玄武安山岩（BA2）																
BA2_1	边部	594	0.90	10104	480	1301	404	6.22	3.67	0.86	12.4	0.35	2.19	2.78	0.26	17.1
BA2_2	边部	684	2.97	10296	433	668	1185	5.22	2.03	7.33	41.1	2.61	13.43	5.65	0.46	20.2
BA2_3	边部	681	2.87	10595	436	769	928	5.47	2.33	8.07	37.7	2.81	12.01	4.84	0.41	17.2
BA2_5	边部	727	4.89	10654	421	850	340	7.32	3.61	0.27	11.3	0.51	3.66	4.26	0.87	20.9
BA2_6	边部	664	2.34	9884	108	268	1271	1.15	0.69	14.1	39.4	3.64	15.61	3.83	0.33	8.79
BA2_7	边部	709	4.00	9091	221	468	187	1.71	0.97	0.04	10.0	0.05	0.55	0.93	0.29	6.52
BA2_9	边部	701	3.66	10524	547	1122	574	8.99	3.65	1.47	13.6	0.63	3.75	3.76	0.51	23.6
BA2_10	边部	713	4.21	11761	637	1287	946	12.5	4.87	3.08	20.1	1.16	5.78	3.76	0.54	25.8
BA2_14	边部	706	3.88	8418	262	366	449	5.54	1.55	0.48	19.9	0.26	2.11	3.30	0.83	22.6
BA2_16	边部	709	3.99	9296	183	344	741	1.83	0.79	1.54	11.8	0.52	3.03	3.20	0.47	15.7
BA2_17	边部	637	1.65	9647	732	941	1423	7.45	3.28	6.94	42.1	1.92	9.41	5.04	0.58	23.5
BA2_22	边部	689	3.16	10127	229	293	710	5.46	2.45	6.06	29.6	1.92	9.19	4.00	0.46	18.0
BA2_12	核部	777	8.29	8052	960	875	867	6.69	1.78	0.06	45.2	0.61	9.44	17.06	4.24	88.3
BA2_18	核部	828	13.54	9740	433	467	688	7.62	2.47	0.70	20.9	0.42	4.10	7.04	1.18	41.1
BA2_19	核部	726	4.85	8242	355	636	1725	1.69	0.67	3.87	18.8	1.31	8.96	7.68	1.66	34.9
BA2_20	核部	758	6.83	9485	538	1717	855	10.1	1.98	0.06	7.80	0.12	1.48	3.20	0.43	24.0
BA2_21	核部	690	3.21	11351	792	1513	596	15.7	5.96	0.20	15.9	0.31	2.16	3.88	0.87	27.2

续附表 4-2

点号	点位	Tb/(×10⁻⁶)	Dy/(×10⁻⁶)	Ho/(×10⁻⁶)	Er/(×10⁻⁶)	Tm/(×10⁻⁶)	Yb/(×10⁻⁶)	Lu/(×10⁻⁶)	Y/(×10⁻⁶)	Zr	LREE/HREE	Th/U	Zr/Hf	Yb/Gd
AD2_9	核部	1.32	20.5	9.23	50.7	12.6	129	31.2	294	496000	0.01	0.72	41.7	39.0
AD2_13	核部	10.8	141	54.7	257	57.1	542	112	1673	496000	0.03	2.64	47.9	18.3
AD2_15	核部	1.24	17.8	8.28	46.1	11.6	120	29.8	281	496000	0.01	0.82	44.8	55.4
AD2_20	核部	0.80	11.0	5.38	29.8	7.87	87.0	22.3	181	496000	0.02	3.02	53.6	39.3
AD2_24	核部	8.76	106	41.0	194	42.5	389	80.5	1232	496000	0.19	2.95	47.9	13.6
玄武安山岩（BA2）														
BA2_1	边部	7.37	102	42.3	204	45.3	428	93.6	1297	496000	0.02	1.69	49.1	25.0
BA2_2	边部	6.69	82.8	31.6	146	31.7	298	62.2	988	496000	0.10	2.57	48.2	14.8
BA2_3	边部	5.90	73.4	30.0	144	31.9	313	67.4	941	496000	0.10	2.35	46.8	18.2
BA2_5	边部	8.17	108	44.6	208	46.0	427	90.2	1346	496000	0.02	2.03	46.6	20.4
BA2_6	边部	2.76	31.6	13.0	65.6	14.9	147	33.8	419	496000	0.24	1.67	50.2	16.7
BA2_7	边部	2.27	30.1	12.3	60.6	14.1	146	34.6	404	496000	0.04	1.76	54.6	22.4
BA2_9	边部	9.36	126	51.7	245	54.3	509	107	1569	496000	0.02	2.46	47.1	21.6
BA2_10	边部	10.4	139	58.9	280	61.0	571	119	1713	496000	0.03	2.56	42.2	22.1
BA2_14	边部	8.92	120	50.5	247	56.7	544	120	1543	496000	0.02	3.59	58.9	24.1
BA2_16	边部	6.40	82.5	34.3	169	38.3	374	83.7	1027	496000	0.03	2.31	53.4	23.8
BA2_17	边部	9.61	121	51.0	249	56.5	542	119	1546	496000	0.06	2.27	51.4	23.0
BA2_22	边部	6.90	89.7	37.4	185	41.6	404	88.3	1130	496000	0.06	2.23	49.0	22.4
BA2_12	核部	31.1	377	150	684	149	1385	298	4382	496000	0.02	3.76	61.6	15.7
BA2_18	核部	16.2	200	82.0	377	82.0	761	159	2354	496000	0.02	3.09	50.9	18.5
BA2_19	核部	12.4	139	54.0	247	53.7	496	109	1592	496000	0.04	2.52	60.2	14.2
BA2_20	核部	10.9	149	62.9	307	68.6	639	138	1879	496000	0.01	5.09	52.3	26.6
BA2_21	核部	12.3	161	65.9	315	68.7	634	134	1963	496000	0.02	2.64	43.7	23.3

附表 4-3　那更侵入-火山杂岩的全岩主量元素和微量元素数据

样品编号	斑状花岗岩（263 Ma）								花岗闪长岩（247 Ma）					
	PG1	PG2	PG3	PG4	PG5	PG6	PG7	PG8	GD1	GD2	GD3	GD4	GD5	GD6
钻孔编号	ZK3903	ZK3903	ZK3906	ZK3906	ZK3906	ZK3906	ZK4702	ZK4702	ZK8701	ZK8701	ZK8701	ZK8701	ZK8701	ZK8701
纬度	N35°47'4"	N35°47'4"	N35°46'58"	N35°46'58"	N35°46'58"	N35°46'58"	N35°46'57"	N35°46'57"	N35°47'22"	N35°47'22"	N35°47'22"	N35°47'22"	N35°47'22"	N35°47'22"
经度	E98°47'6"	E98°47'6"	E98°45'59"	E98°45'59"	E98°45'59"	E98°45'59"	E98°45'49"	E98°45'49"	E98°45'35"	E98°45'35"	E98°45'35"	E98°45'35"	E98°45'35"	E98°45'35"
主量元素/%														
SiO_2	71.41	68.87	71.72	73.22	72.93	72.59	72.43	71.95	60.78	61.60	61.42	61.76	61.53	61.53
TiO_2	0.23	0.22	0.29	0.22	0.24	0.23	0.23	0.24	0.67	0.65	0.65	0.69	0.68	0.66
Al_2O_3	13.66	13.60	13.96	13.45	13.56	13.50	13.56	13.56	15.25	15.47	15.43	15.34	15.44	15.32
Fe_2O_3	0.41	0.25	0.52	0.61	0.59	0.39	0.43	0.04	1.21	1.20	1.06	1.27	1.29	1.14
FeO	0.91	1.29	1.36	0.95	1.08	1.24	1.19	0.99	4.18	4.19	4.55	4.23	4.28	4.35
$Fe_2O_3^T$	1.42	1.68	2.03	1.67	1.79	1.77	1.76	1.14	5.86	5.86	6.12	5.97	6.05	5.97
MnO	0.04	0.14	0.05	0.04	0.07	0.07	0.05	0.08	0.11	0.10	0.10	0.13	0.12	0.09
MgO	0.53	0.74	0.58	0.45	0.37	0.51	0.50	0.33	2.86	2.96	2.84	2.90	2.93	2.87
CaO	1.39	2.84	1.62	1.34	1.52	1.55	1.65	1.73	5.15	5.03	4.94	5.12	5.09	5.08
Na_2O	1.62	0.18	2.77	2.86	2.62	2.61	2.81	2.72	2.98	3.08	2.98	3.02	3.04	3.03
K_2O	6.23	6.64	5.11	5.21	5.23	5.35	5.21	5.32	3.02	3.08	2.97	3.06	3.01	3.05
P_2O_5	0.07	0.06	0.08	0.08	0.09	0.08	0.09	0.09	0.16	0.15	0.15	0.14	0.17	0.18
LOI	2.80	4.48	1.53	1.02	2.18	2.16	1.75	2.31	2.58	1.45	1.84	1.47	1.88	2.17
总计	99.40	99.45	99.72	99.56	100.58	100.42	100.02	99.47	99.42	99.43	99.44	99.60	99.95	99.95
$T_{zircsat}$/°C	774	773	799	788	813	789	798	795	646	646	632	647	645	630
微量元素/（×10⁻⁶）														
Rb	279	400	230	215	221	207	196	214	112	117	117	110	114	119
Ba	656	726	726	663	663	711	722	711	679	704	723	682	694	716
Th	31.5	30.0	28.7	23.0	24.6	24.0	24.4	22.8	12.9	14.7	13.9	13.1	14.3	14.4
U	10.5	5.71	4.75	4.32	4.55	4.35	4.40	4.68	2.26	1.44	1.67	2.11	1.94	1.86

续附表 4-3

样品编号	斑状花岗岩(263 Ma)								花岗闪长岩(247 Ma)					
微量元素/(×10⁻⁶)	PG1	PG2	PG3	PG4	PG5	PG6	PG7	PG8	GD1	GD2	GD3	GD4	GD5	GD6
Pb	29.8	30.9	30.1	26.6	21.2	24.3	22.9	22.2	16.1	16.9	16.0	16.3	16.8	16.4
Ta	2.08	2.14	2.12	2.46	1.71	1.71	1.73	1.85	1.36	1.36	1.37	1.32	1.29	1.34
Nb	26.3	26.7	27.0	25.6	24.5	22.2	23.4	23.2	22.4	22.5	22.8	22.3	22.9	23.4
Sr	93.0	90.1	154	141	101	139	148	129	346	351	348	344	353	349
Zr	123	130	178	159	154	174	179	162	39.7	38.6	29.8	39.8	38.3	30.4
Hf	4.27	4.42	5.01	4.42	3.90	4.75	4.78	4.55	1.83	1.80	1.58	1.91	1.84	1.62
Li	13.4	19.0	15.8	14.5	8.78	13.29	11.78	7.59	22.2	26.8	14.6	20.3	21.5	23.9
Be	2.46	2.90	3.21	2.64	2.04	2.09	2.41	2.11	1.81	1.96	1.92	1.86	1.90	1.93
Sc	4.11	4.45	4.26	5.30	5.18	5.12	5.81	5.75	14.7	15.6	14.8	15.3	14.9	15.1
V	13.3	14.4	21.6	12.5	14.7	13.7	14.4	14.9	97.5	100	102	102	101	99.6
Cr	3.69	4.04	6.63	22.5	32.6	30.2	23.1	27.0	40.1	44.5	43.1	43.6	41.8	42.9
Co	1.80	0.97	2.42	2.25	1.99	2.62	2.79	2.93	12.8	12.8	13.1	12.9	13.2	13.0
Ni	1.04	1.00	1.32	6.54	11.7	10.1	8.43	8.42	4.91	4.96	4.63	4.77	4.91	4.82
Cu	0.81	0.85	0.66	2.33	2.48	2.40	3.27	2.61	5.75	6.88	5.66	6.25	5.91	6.53
Zn	43.6	41.9	33.5	24.4	23.5	21.2	43.7	25.8	68.2	70.2	68.9	70.1	68.2	69.1
Ga	16.1	17.3	18.0	17.3	16.5	16.5	17.6	17.9	18.2	18.3	18.5	18.4	18.6	18.1
Mo	0.27	0.77	1.18	0.55	0.47	0.41	0.51	1.02	0.36	0.36	0.51	0.45	0.41	0.40
Cd	0.08	0.08	0.04	0.18	0.18	0.15	0.14	0.21	0.10	0.06	0.07	0.09	0.08	0.08
In	0.03	0.03	0.03	0.02	0.02	0.01	0.01	0.02	0.06	0.06	0.05	0.06	0.06	0.06
Sb	1.09	0.91	1.03	0.09	0.75	0.54	0.16	1.38	0.43	0.14	0.23	0.31	0.36	0.42
Cs	13.5	17.6	15.6	6.40	6.46	6.26	5.40	8.36	7.82	6.70	7.59	7.58	7.29	6.25
W	1.58	2.96	1.89	1.08	3.07	4.53	1.56	2.52	0.79	0.64	0.55	0.70	0.74	0.72
Tl	2.08	2.86	2.34	1.10	1.35	1.20	1.04	1.50	0.70	0.76	0.73	0.74	0.75	0.72

续附表4-3

样品编号	斑状花岗岩 (263 Ma)								花岗闪长岩 (247 Ma)					
	PG1	PG2	PG3	PG4	PG5	PG6	PG7	PG8	GD1	GD2	GD3	GD4	GD5	GD6
Bi	0.07	0.07	0.07	0.08	0.08	0.04	0.03	0.09	0.04	0.06	0.05	0.05	0.05	0.06
La	59.6	56.8	56.8	48.6	49.7	49.6	50.6	54.4	41.3	51.9	41.8	41.5	48.8	50.5
Ce	108	103	107	90.8	91.0	92.2	95.1	102.3	76.6	94.5	77.6	78.4	92.8	78.1
Pr	11.5	10.7	11.2	9.27	9.40	9.42	9.85	10.6	8.91	10.2	8.71	8.82	9.94	8.83
Nd	39.1	37.9	37.9	31.2	31.4	31.6	33.4	35.7	33.2	36.9	32.5	34.6	36.7	32.9
Sm	6.47	6.57	6.65	5.10	5.05	5.08	5.48	5.79	6.22	6.54	5.97	6.25	6.47	6.12
Eu	0.64	0.71	0.79	0.76	0.73	0.76	0.83	0.86	1.16	1.15	1.19	1.18	1.13	1.14
Gd	5.42	5.96	5.31	5.90	5.35	5.62	6.21	6.60	5.54	6.12	5.54	5.56	5.49	5.52
Tb	0.87	1.00	0.81	0.72	0.67	0.68	0.76	0.79	1.02	1.06	0.96	1.08	1.09	1.12
Dy	4.29	5.29	4.50	3.96	3.45	3.62	4.14	4.23	5.37	5.77	5.37	5.41	5.67	5.72
Ho	0.71	0.93	0.92	0.74	0.71	0.70	0.77	0.79	1.06	1.08	1.01	0.99	1.03	1.07
Er	2.03	2.72	2.62	2.16	2.04	2.05	2.24	2.30	2.99	3.07	2.94	3.01	3.04	3.06
Tm	0.34	0.50	0.38	0.32	0.30	0.31	0.33	0.33	0.55	0.54	0.51	0.58	0.63	0.65
Yb	2.22	3.30	2.64	2.16	2.08	2.08	2.26	2.27	3.36	3.27	3.19	3.38	3.31	3.18
Lu	0.33	0.46	0.38	0.31	0.28	0.30	0.31	0.32	0.45	0.48	0.45	0.46	0.47	0.46
Y	21.0	27.9	28.1	23.9	22.2	23.3	24.3	24.8	30.6	31.0	29.0	30.9	31.7	29.7
ΣREE	242	236	238	202	202	204	212	227	188	223	188	191	217	198
LREE/HREE	13.9	10.7	12.5	11.4	12.6	12.3	11.5	11.9	8.23	9.41	8.40	8.34	9.45	8.55
$(La/Yb)_N$	19.3	12.3	15.5	16.2	17.2	17.1	16.1	17.2	8.82	11.4	9.40	8.81	10.6	11.4
δCe	1.01	1.02	1.04	1.05	1.03	1.05	1.05	1.04	0.979	1.01	1.00	1.00	1.03	0.907
δEu	0.33	0.35	0.41	0.42	0.43	0.44	0.44	0.42	0.60	0.56	0.63	0.61	0.58	0.60

续附表 4-3

样品编号	花岗闪长岩 (247 Ma)					安山岩 (240 Ma)				玄武安山岩 (240 Ma)			
	GD7	GD8	GD9	GD10	GD11	AD1	AD2	AD3	AD4	BA1	BA2	BA3	BA4
钻孔编号	ZK3102	ZK3102	ZK3102	ZK3102	ZK4702	outcrop	outcrop	outcrop	outcrop	outcrop	outcrop	outcrop	outcrop
纬度	N35°46'55"	N35°46'55"	N35°46'55"	N35°46'55"	N35°46'57"	N35°46'51"	N35°46'55"	N35°46'52"	N35°46'49"	N35°46'53"	N35°46'55"	N35°46'50"	N35°46'47"
经度	E98°46'5"	E98°46'5"	E98°46'5"	E98°46'5"	E98°45'49"	E98°48'30"	E98°48'38"	E98°48'40"	E98°48'42"	E98°48'33"	E98°48'41"	E98°48'47"	E98°48'50"
主量元素/%													
SiO_2	61.44	61.49	61.80	64.66	61.80	56.39	55.85	55.76	56.12	54.22	52.55	53.46	53.69
TiO_2	0.71	0.70	0.61	0.59	0.67	0.74	0.70	0.72	0.73	0.77	0.77	0.78	0.76
Al_2O_3	15.50	15.39	14.99	15.06	15.53	18.25	16.99	17.87	18.17	20.35	19.71	19.89	19.93
Fe_2O_3	1.09	1.16	0.26	0.29	1.05	0.87	1.13	1.14	0.58	0.76	1.03	0.86	1.35
FeO	4.32	4.29	4.38	4.25	4.40	5.19	4.36	4.41	5.36	5.49	4.62	5.12	4.83
$Fe_2O_3^{T}$	5.89	5.92	5.13	5.02	5.94	6.64	5.98	6.04	6.54	6.86	6.16	6.55	6.72
MnO	0.10	0.11	0.09	0.09	0.10	0.14	0.10	0.12	0.13	0.11	0.10	0.12	0.13
MgO	2.61	2.78	2.16	2.27	2.85	3.50	3.10	3.04	3.45	2.71	2.64	2.68	2.69
CaO	4.67	4.79	3.56	3.90	4.72	7.44	8.00	7.88	7.52	9.22	9.63	9.47	9.51
Na_2O	3.13	3.05	2.57	3.23	3.11	2.27	1.92	1.97	2.18	1.95	2.07	2.01	2.02
K_2O	2.92	3.01	3.49	3.49	3.01	0.35	0.38	0.42	0.39	0.21	0.36	0.29	0.33
P_2O_5	0.18	0.17	0.16	0.15	0.16	0.13	0.13	0.15	0.12	0.14	0.14	0.15	0.16
LOI	2.30	1.90	5.03	1.04	1.52	4.14	6.29	6.23	4.63	3.41	5.27	4.59	3.84
总计	99.46	99.31	99.59	99.50	99.42	99.98	99.43	100.21	99.98	99.95	99.41	99.99	99.78
$T_{zircsat}$/°C	785	776	792	784	777	713	765	718	768	709	741	737	712
微量元素/$(×10^{-6})$													
Rb	93.5	97.6	118	119	111	13.70	10.20	11.60	12.80	6.58	13.20	12.46	11.91
Ba	694	687	716	713	697	191	393	287	319	177	232	216	229

续附表4-3

样品编号	花岗闪长岩（247 Ma）					安山岩（240 Ma）				玄武安山岩（240 Ma）			
	GD7	GD8	GD9	GD10	GD11	AD1	AD2	AD3	AD4	BA1	BA2	BA3	BA4
Th	10.6	10.9	11.1	10.4	10.0	5.69	5.95	5.14	5.46	4.24	4.52	4.45	4.39
U	1.64	1.23	1.81	1.75	1.51	0.76	0.76	0.74	0.74	0.69	0.61	0.65	0.67
Pb	20.6	14.0	16.9	14.1	12.2	15.0	14.4	14.9	12.9	23.7	11.1	17.6	18.1
Ta	1.05	0.94	0.93	1.09	0.98	0.76	0.76	0.79	0.71	0.60	0.62	0.61	0.65
Nb	21.8	20.9	19.4	21.6	20.9	12.20	11.50	10.24	10.57	10.20	9.65	9.83	10.12
Sr	346	323	256	284	332	351	477	389	453	440	490	465	475
Zr	226	210	197	208	210	86	184	96	173	91	160	142	104
Hf	5.21	4.71	4.41	4.89	4.84	2.49	5.43	2.89	5.21	2.57	4.67	3.62	3.89
Li	13.5	13.2	25.0	16.2	18.8	61.0	31.0	32.9	34.8	39.8	43.9	40.6	41.5
Be	1.93	1.72	1.99	2.00	1.73	1.23	1.45	1.29	1.17	1.25	1.08	1.16	1.22
Sc	18.2	16.6	13.3	14.3	17.4	21.7	18.8	18.4	19.2	26.7	25.1	23.7	24.3
V	102	95.0	80.1	79.2	106	103.0	84.1	95.6	98.7	117.0	99.2	105.3	96.8
Cr	70.0	60.0	32.7	75.5	62.3	52.8	47.5	25.6	25.9	24.3	22.4	23.8	24.9
Co	15.7	14.3	10.5	11.9	13.5	16.4	14.6	15.8	13.5	11.7	12.6	11.9	12.2
Ni	11.7	9.31	4.34	18.8	10.7	12.60	11.80	9.40	8.80	7.21	6.43	7.15	6.72
Cu	8.39	7.94	5.39	6.72	6.02	18.50	13.90	15.20	13.20	8.14	14.70	9.45	10.78
Zn	59.3	57.3	50.7	51.2	54.7	108.0	71.3	87.4	86.4	132.0	69.7	75.8	92.5
Ga	20.5	19.2	17.4	19.6	19.1	20.1	19.1	20.3	19.7	20.9	20.2	20.5	20.8
Mo	0.83	2.29	0.79	0.68	0.96	0.67	1.25	0.72	0.69	0.40	0.60	0.51	0.43
Cd	0.15	0.17	0.22	0.39	0.28	0.146	0.092	0.106	0.128	0.235	0.068	0.138	0.162
In	0.05	0.04	0.04	0.05	0.05	0.127	0.055	0.074	0.086	0.165	0.056	0.081	0.069
Sb	0.17	0.08	0.48	0.51	0.15	0.407	0.654	0.526	0.618	1.210	0.547	0.628	0.749
Cs	5.34	5.83	10.2	5.00	6.38	20.00	12.30	10.40	14.60	10.80	11.60	11.50	11.30
W	2.09	1.61	1.53	1.11	0.89	0.452	0.941	0.778	0.696	0.239	0.938	0.824	0.745

续附表4-3

样品编号	花岗闪长岩(247 Ma)					安山岩(240 Ma)				玄武安山岩(240 Ma)			
	GD7	GD8	GD9	GD10	GD11	AD1	AD2	AD3	AD4	BA1	BA2	BA3	BA4
Tl	0.53	0.55	0.93	0.59	0.62	0.146	0.099	0.317	0.278	0.231	0.138	0.211	0.189
Bi	0.05	0.04	0.04	0.13	0.11	0.075	0.021	0.018	0.025	0.029	0.024	0.027	0.022
La	45.7	45.2	33.4	41.2	42.1	29.4	30.3	28.3	27.1	22.6	23.9	23.2	23.7
Ce	86.8	83.9	68.7	80.3	79.4	55.6	57.1	56.1	56.8	44.3	47.1	46.8	46.2
Pr	9.02	8.54	7.59	8.58	8.30	6.56	6.65	6.59	6.62	5.50	5.69	5.64	5.90
Nd	32.1	29.9	26.1	30.8	29.2	25.7	25.4	24.1	21.9	22.4	23.2	22.8	22.7
Sm	5.50	5.00	4.59	5.33	5.01	5.11	4.84	5.02	4.90	4.84	4.98	4.93	4.88
Eu	1.26	1.16	0.92	1.12	1.14	1.21	1.26	1.19	1.16	1.33	1.30	1.35	1.38
Gd	6.44	5.94	4.67	6.18	5.88	4.87	4.52	4.83	4.75	4.71	4.99	4.86	4.82
Tb	0.79	0.72	0.65	0.76	0.73	0.94	0.87	0.93	0.97	0.99	1.00	0.99	1.03
Dy	4.39	4.00	3.39	4.26	4.08	5.25	4.91	5.18	5.04	5.90	6.45	6.25	6.21
Ho	0.83	0.78	0.70	0.81	0.78	1.04	0.94	1.01	0.98	1.25	1.29	1.27	1.27
Er	2.41	2.23	2.02	2.34	2.27	2.80	2.68	2.76	2.73	3.52	3.80	3.74	3.71
Tm	0.35	0.33	0.29	0.33	0.33	0.500	0.477	0.510	0.510	0.620	0.694	0.650	0.640
Yb	2.34	2.16	1.97	2.26	2.19	3.01	3.02	2.95	2.98	4.00	4.67	4.42	4.28
Lu	0.33	0.31	0.28	0.32	0.32	0.413	0.423	0.450	0.430	0.550	0.700	0.640	0.690
Y	25.5	24.7	22.7	26.0	25.7	29.8	27.1	28.4	27.5	35.3	37.2	36.4	36.7
∑REE	198	190	155	185	182	142.40	143.39	139.92	136.87	122.51	129.76	127.54	127.41
LREE/HREE	10.1	10.6	10.1	9.69	9.97	6.57	7.04	6.51	6.44	4.69	4.50	4.59	4.63
$(La/Yb)_N$	14.0	15.0	12.2	13.1	13.8	7.01	7.20	6.88	6.52	4.05	3.67	3.77	3.97
δCe	1.05	1.05	1.06	1.05	1.04	0.98	0.99	1.01	1.04	0.97	0.99	1.00	0.96
δEu	0.65	0.65	0.61	0.60	0.64	0.74	0.82	0.74	0.74	0.85	0.80	0.84	0.87

注：LOI=烧失量；全铁表达为 $Fe_2O_3{}^T$；$\delta Eu = Eu_N/(Sm_N \times Gd_N)^{1/2}$；$\delta Ce = Ce_N/(La_N \times Pr_N)^{1/2}$；主量元素和微量元素的分析精度普遍优于 5%。

附表 4-4　那更侵入-火山杂岩的全岩 Sr-Nd 同位素数据

样品编号	年龄/Ma	Rb/(×10⁻⁶)	Sr/(×10⁻⁶)	87Rb/86Sr	87Sr/86Sr	±2σ	(87Sr/86Sr)i	Sm/(×10⁻⁶)	Nd/(×10⁻⁶)	147Sm/144Nd	143Nd/144Nd	±2σ	(143Nd/144Nd)i	εNd(t)	TDM1-Nd/Ma	TDM2-Nd/Ma
斑状花岗岩																
PG4	262	240	112	6.231	0.729682	0.000005	0.7081	6.14	33.14	0.112	0.512134	0.000007	0.511941	−7.2	1524	1603
PG5	262	235	85.6	7.956	0.736309	0.000004	0.7087	4.77	29.35	0.098	0.512115	0.000008	0.511946	−7.1	1366	1598
PG6	262	231	115	5.819	0.729167	0.000004	0.7090	5.86	31.81	0.111	0.512130	0.000008	0.511939	−7.2	1518	1607
PG7	262	213	107	5.780	0.727702	0.000005	0.7077	5.59	30.55	0.111	0.512116	0.000008	0.511926	−7.5	1530	1629
PG8	262	212	88.2	6.979	0.731382	0.000005	0.7072	4.88	28.03	0.105	0.512103	0.000008	0.511922	−7.6	1472	1635
花岗闪长岩																
GD7	247	96.3	280	0.996	0.712240	0.000004	0.7088	5.75	30.43	0.114	0.512197	0.000008	0.512015	−6.0	1460	1508
GD8	247	111	286	1.120	0.712452	0.000004	0.7086	6.07	31.50	0.116	0.512204	0.000009	0.512018	−5.9	1483	1504
GD9	247	112	218	1.488	0.715682	0.000003	0.7105	5.09	26.74	0.115	0.512183	0.000008	0.512000	−6.3	1494	1533
GD10	247	113	226	1.452	0.713817	0.000004	0.7088	5.66	29.04	0.118	0.512175	0.000009	0.511987	−6.5	1550	1553
GD11	247	111	276	1.159	0.711773	0.000004	0.7078	5.60	30.00	0.113	0.512205	0.000008	0.512025	−5.8	1428	1493
安山岩																
AD1	240	13.7	363	0.109	0.708887	0.000019	0.7084	5.09	24.90	0.124	0.511984	0.000005	0.511790	−10.5	1965	1624
AD2	240	10.3	484	0.061	0.708785	0.000012	0.7086	5.07	24.80	0.124	0.511994	0.000006	0.511800	−10.3	1949	1610
AD3	240	11.7	394	0.086	0.708940	0.000022	0.7086	5.05	23.50	0.130	0.512012	0.000006	0.511819	−10.2	1908	1585
AD4	240	12.8	467	0.079	0.708916	0.000018	0.7086	5.08	22.60	0.136	0.512052	0.000007	0.511858	−9.6	1857	1533
玄武安山岩																
BA1	240	8.39	437	0.056	0.708795	0.000014	0.7086	4.95	23.10	0.130	0.512035	0.000009	0.511832	−9.7	2012	1568
BA2	240	13.1	482	0.079	0.708881	0.000017	0.7086	5.03	23.70	0.128	0.511987	0.000007	0.511786	−10.6	2068	1630
BA3	240	12.3	471	0.075	0.708743	0.000021	0.7085	5.11	23.50	0.131	0.512016	0.000006	0.511810	−10.1	2093	1597
BA4	240	11.7	472	0.072	0.708887	0.000018	0.7086	5.09	24.80	0.124	0.512038	0.000008	0.511844	−9.5	1885	1552

备注：初始同位素比值根据 $t=240$ Ma 校正。校正公式如下：$(^{87}\text{Sr}/^{86}\text{Sr})_i=(^{87}\text{Sr}/^{86}\text{Sr})_{样品}-^{87}\text{Rb}/^{86}\text{Sr}(e^{\lambda t}-1)$；$(^{143}\text{Nd}/^{144}\text{Nd})_i=(^{143}\text{Nd}/^{144}\text{Nd})_{样品}-^{147}\text{Sm}/^{144}\text{Nd}(e^{\lambda t}-1)$，$\lambda=1.42\times10^{-11}\,\text{a}^{-1}$；$(^{143}\text{Nd}/^{144}\text{Nd})_i=$ $(^{143}\text{Nd}/^{144}\text{Nd})_{样品}-(^{147}\text{Sm}/^{144}\text{Nd})_m\times(e^{\lambda t}-1)$，$\varepsilon_{\text{Nd}}(t)=[(^{143}\text{Nd}/^{144}\text{Nd})_{样品}/(^{143}\text{Nd}/^{144}\text{Nd})_{\text{CHUR}}(t)-1]\times10^4$，$(^{143}\text{Nd}/^{144}\text{Nd})_{\text{CHUR}}(t)=(^{143}\text{Nd}/^{144}\text{Nd})_{\text{CHUR}}-(^{147}\text{Sm}/^{144}\text{Nd})_{\text{CHUR}}\times(e^{\lambda t}-1)$，$(^{143}\text{Nd}/^{144}\text{Nd})_{\text{CHUR}}=0.512638$，$(^{147}\text{Sm}/^{144}\text{Nd})_{\text{CHUR}}=0.1967$（CHUR 表示球粒陨石均一储库）；$T_{\text{DM1-Nd}}=1/\lambda\times\ln\{1+$ $[(^{143}\text{Nd}/^{144}\text{Nd})_{样品}-0.51315]/[(^{147}\text{Sm}/^{144}\text{Nd})_{样品}-0.21317]\}$，$\lambda_{\text{Sm-Nd}}=6.54\times10^{-12}\,\text{a}^{-1}$。

附表 4-5 那更晨入—火山杂岩的锆石 Hf 同位素数据

点号	点位	年龄/Ma	$^{176}Hf/^{177}Hf$	1σ	$^{176}Lu/^{177}Hf$	1σ	$^{176}Yb/^{177}Hf$	1σ	$\varepsilon_{Hf}(t)$	T_{DM1}/Ma	T_{DM2}/Ma	$f_{Lu/Hf}$
斑状花岗岩(PG1)												
PG1_Z1	边部	262	0.282531	0.000017	0.001489	0.000009	0.048839	0.000309	-3.02	1033	1478	-0.96
PG1_Z2	边部	262	0.282567	0.000022	0.001502	0.000015	0.050219	0.000345	-1.71	981	1395	-0.95
PG1_Z3	边部	262	0.282520	0.000018	0.001637	0.000015	0.054524	0.000700	-3.41	1052	1503	-0.95
PG1_Z6	边部	262	0.282511	0.000023	0.002285	0.000048	0.073821	0.001258	-3.84	1083	1529	-0.93
PG1_Z7	边部	262	0.282545	0.000015	0.001046	0.000005	0.034738	0.000211	-2.42	1001	1441	-0.97
PG1_Z13	边部	262	0.282530	0.000016	0.001173	0.000025	0.038656	0.000934	-2.99	1025	1475	-0.96
PG1_Z21	边部	262	0.282540	0.000018	0.001442	0.000029	0.047446	0.000773	-2.67	1019	1457	-0.96
PG1_Z5	核部	271	0.282542	0.000021	0.001612	0.000032	0.051189	0.000865	-2.43	1020	1448	-0.95
PG1_Z12	核部	271	0.282519	0.000022	0.002376	0.000057	0.072164	0.001609	-3.38	1074	1506	-0.93
PG1_Z8	核部	271	0.282519	0.000014	0.001404	0.000008	0.043321	0.000276	-3.24	1047	1497	-0.96
PG1_Z23	核部	271	0.282541	0.000014	0.001021	0.000013	0.031339	0.000373	-2.35	1006	1444	-0.97
花岗闪长岩(GD7)												
GD7_Z4	边部	247	0.282588	0.000017	0.001132	0.000005	0.037874	0.000201	-1.25	942	1354	-0.97
GD7_Z9	边部	247	0.282582	0.000019	0.001192	0.000007	0.040691	0.000163	-1.46	951	1366	-0.96
GD7_Z15	边部	247	0.282569	0.000018	0.001555	0.000004	0.051520	0.000274	-1.99	980	1401	-0.95
GD7_Z23	边部	247	0.282554	0.000019	0.001350	0.000009	0.044976	0.000324	-2.49	996	1433	-0.96
GD7_Z7	核部	256	0.282604	0.000025	0.001320	0.000008	0.041158	0.000155	-0.56	925	1316	-0.96
GD7_Z8	核部	256	0.282612	0.000021	0.001182	0.000028	0.035022	0.000737	-0.25	909	1295	-0.96
GD7_Z17	核部	256	0.282603	0.000018	0.001327	0.000013	0.044665	0.000461	-0.56	926	1318	-0.96
GD7_Z25	核部	256	0.282619	0.000022	0.001391	0.000009	0.043482	0.000464	-0.03	905	1283	-0.96
GD7_Z39	核部	256	0.282592	0.000023	0.001132	0.000011	0.039308	0.000269	-0.92	936	1339	-0.97
安山岩(AD2)												
AD2_Z7	边部	240	0.282560	0.000023	0.003034	0.000043	0.080770	0.001056	-2.73	1036	1445	-0.91
AD2_Z8	边部	240	0.282563	0.000016	0.001620	0.000037	0.052435	0.001403	-2.39	992	1423	-0.95
AD2_Z10	边部	240	0.282426	0.000015	0.001967	0.000029	0.055457	0.000789	-7.30	1200	1734	-0.94
AD2_Z11	边部	240	0.282538	0.000013	0.000969	0.000013	0.026318	0.000269	-3.16	1010	1472	-0.97

续附表4-5

点号	点位	年龄/Ma	$^{176}\mathrm{Hf}/^{177}\mathrm{Hf}$	1σ	$^{176}\mathrm{Lu}/^{177}\mathrm{Hf}$	1σ	$^{176}\mathrm{Yb}/^{177}\mathrm{Hf}$	1σ	$\varepsilon_{\mathrm{Hf}}(t)$	T_{DM1}/Ma	T_{DM2}/Ma	$f_{\mathrm{Lu/Hf}}$
AD2_Z12	边部	240	0.282557	0.000013	0.001134	0.000012	0.032412	0.000375	-2.54	989	1433	-0.97
AD2_Z22	边部	240	0.282474	0.000014	0.001787	0.000015	0.053075	0.000367	-5.57	1124	1624	-0.95
AD2_Z25	边部	240	0.282512	0.000029	0.001815	0.000012	0.048262	0.000283	-4.23	1071	1539	-0.95
AD2_Z6	核部	249	0.282649	0.000015	0.001030	0.000024	0.027971	0.000659	0.96	855	1218	-0.97
AD2_Z9	核部	249	0.282637	0.000014	0.001280	0.000048	0.033122	0.001145	0.49	878	1248	-0.96
AD2_Z13	核部	249	0.282599	0.000013	0.000453	0.000022	0.013038	0.000745	-0.72	912	1325	-0.99
AD2_Z15	核部	249	0.282595	0.000012	0.000406	0.000008	0.011493	0.000294	-0.87	917	1334	-0.99
AD2_Z20	核部	249	0.282658	0.000014	0.000645	0.000015	0.018170	0.000476	1.32	834	1195	-0.98
AD2_Z24	核部	249	0.282618	0.000013	0.000501	0.000016	0.014234	0.000505	-0.07	887	1283	-0.98
玄武安山岩(BA2)												
BA2_Z2	边部	240	0.282496	0.000011	0.001776	0.000047	0.059751	0.001188	-4.77	1093	1574	-0.95
BA2_Z3	边部	240	0.282596	0.000014	0.001083	0.000017	0.035010	0.000210	-1.13	932	1344	-0.97
BA2_Z5	边部	240	0.282591	0.000013	0.001484	0.000052	0.051262	0.001413	-1.35	948	1358	-0.96
BA2_Z7	边部	240	0.282547	0.000012	0.001348	0.000024	0.038512	0.000636	-2.90	1008	1456	-0.96
BA2_Z9	边部	240	0.282464	0.000010	0.001395	0.000005	0.051694	0.000582	-5.85	1127	1643	-0.96
BA2_Z10	边部	240	0.282521	0.000009	0.001683	0.000020	0.058350	0.000363	-3.88	1055	1518	-0.95
BA2_Z12	核部	248	0.282604	0.000016	0.004761	0.000041	0.141461	0.001255	-1.28	1020	1359	-0.86
BA2_Z18	核部	248	0.282627	0.000023	0.002101	0.000022	0.056923	0.000631	-0.05	913	1281	-0.94
BA2_Z19	核部	248	0.282635	0.000013	0.000283	0.000004	0.007880	0.000154	0.56	858	1242	-0.99
BA2_Z20	核部	248	0.282661	0.000011	0.001331	0.000011	0.046031	0.000463	1.29	845	1196	-0.96
BA2_Z21	核部	248	0.282648	0.000010	0.000549	0.000015	0.017311	0.000316	0.97	845	1216	-0.98

注：$\varepsilon_{\mathrm{Hf}}(t) = 10000 \times \{[(^{176}\mathrm{Hf}/^{177}\mathrm{Hf})_\mathrm{S} - (^{176}\mathrm{Lu}/^{177}\mathrm{Hf})_\mathrm{S} \times (e^{\lambda t} - 1)] / [(^{176}\mathrm{Hf}/^{177}\mathrm{Hf})_{\mathrm{CHUR},0} - (^{176}\mathrm{Lu}/^{177}\mathrm{Hf})_{\mathrm{CHUR}} \times (e^{\lambda t} - 1)] - 1\}$；$T_{\mathrm{DM1}} = 1/\lambda \times \ln\{1 + [(^{176}\mathrm{Hf}/^{177}\mathrm{Hf})_\mathrm{S} - (^{176}\mathrm{Hf}/^{177}\mathrm{Hf})_\mathrm{DM}] / [(^{176}\mathrm{Lu}/^{177}\mathrm{Hf})_\mathrm{S} - (^{176}\mathrm{Lu}/^{177}\mathrm{Hf})_\mathrm{DM}]\}$；$T_{\mathrm{DM2}} = T_{\mathrm{DM}} - (T_{\mathrm{DM}} - t) \times [(f_{\mathrm{cc}} - f_\mathrm{s})/(f_{\mathrm{cc}} - f_{\mathrm{DM}})]$；$f_{\mathrm{Lu/Hf}} = (^{176}\mathrm{Lu}/^{177}\mathrm{Hf})_\mathrm{S} / (^{176}\mathrm{Lu}/^{177}\mathrm{Hf})_{\mathrm{CHUR}} - 1$，其中 $\lambda = 1.867 \times 10^{-11}$ a^{-1}；$(^{176}\mathrm{Hf}/^{177}\mathrm{Hf})_\mathrm{S}$ 和 $(^{176}\mathrm{Lu}/^{177}\mathrm{Hf})_\mathrm{S}$ 为样品的测试值；$(^{176}\mathrm{Lu}/^{177}\mathrm{Hf})_{\mathrm{CHUR},0} = 0.0336$，$(^{176}\mathrm{Hf}/^{177}\mathrm{Hf})_{\mathrm{CHUR},0} = 0.282785$；$(^{176}\mathrm{Lu}/^{177}\mathrm{Hf})_\mathrm{DM} = 0.0384$，$(^{176}\mathrm{Hf}/^{177}\mathrm{Hf})_\mathrm{DM} = 0.28325$；$(^{176}\mathrm{Lu}/^{177}\mathrm{Hf})_{\text{平均地壳}} = 0.015$；$f_{\mathrm{cc}} = [(^{176}\mathrm{Lu}/^{177}\mathrm{Hf})_{\text{平均地壳}}/(^{176}\mathrm{Lu}/^{177}\mathrm{Hf})_{\mathrm{CHUR}}] - 1$；$f_\mathrm{s} = f_{\mathrm{Lu/Hf}}$；$f_{\mathrm{DM}} = [(^{176}\mathrm{Lu}/^{177}\mathrm{Hf})_\mathrm{DM}/(^{176}\mathrm{Lu}/^{177}\mathrm{Hf})_{\mathrm{CHUR}}] - 1$；$t =$ 锆石结晶时间。

附表 5-1　那更黄铁矿和白铁矿的电子探针数据

单位：%

样品	矿物	S	Fe	Mn	Co	Ni	Cu	Zn	As	Ag	Sn	Sb	Te	Au	Pb	Bi	总计
ZK0705-H131	Py1	53.3	45.8	0.00	0.00	0.00	0.00	0.00	0.21	0.01	0.00	0.04	0.00	0.02	0.05	0.09	99.6
ZK0705-H131	Py1	54.2	45.7	0.00	0.00	0.03	0.02	0.00	0.20	0.04	0.00	0.03	0.00	0.00	0.13	0.04	100.4
ZK0705-H131	Py1	54.4	46.4	0.00	0.00	0.00	0.02	0.00	0.18	0.04	0.03	0.04	0.00	0.00	0.06	0.14	101.3
ZK0705-H131	Py1	54.3	45.8	0.02	0.00	0.02	0.07	0.00	0.22	0.02	0.00	0.04	0.00	0.00	0.06	0.16	100.7
ZK0705-H131	Py1	54.5	45.9	0.00	0.00	0.01	0.07	0.00	0.22	0.04	0.01	0.00	0.03	0.00	0.04	0.11	100.9
ZK0705-H131	Py1	52.5	45.3	0.00	0.00	0.02	0.06	0.01	0.21	0.04	0.00	0.02	0.01	0.00	0.10	0.18	98.4
ZK0705-H131	Py1	53.6	45.4	0.00	0.00	0.03	0.04	0.00	0.18	0.03	0.00	0.06	0.04	0.00	0.13	0.12	99.5
ZK0705-H131	Py1	53.5	45.3	0.00	0.00	0.01	0.00	0.00	0.21	0.00	0.00	0.00	0.00	0.00	0.07	0.10	99.3
ZK0705-H131	Py1	53.2	45.3	0.00	0.00	0.01	0.07	0.00	0.22	0.03	0.00	0.03	0.00	0.00	0.06	0.11	99.1
ZK0705-H131	Py1	54.6	45.9	0.00	0.00	0.01	0.00	0.04	0.20	0.00	0.00	0.02	0.01	0.00	0.03	0.11	100.9
ZK0705-H131	Py1	54.2	45.6	0.01	0.00	0.01	0.02	0.08	0.20	0.00	0.00	0.00	0.00	0.00	0.03	0.18	100.3
ZK3907-H90	Py2	54.3	46.4	0.00	0.00	0.00	0.08	0.01	0.21	0.01	0.00	0.00	0.02	0.00	0.03	0.10	101.1
ZK3907-H90	Py2	54.5	45.6	0.00	0.00	0.00	0.00	0.01	0.20	0.03	0.00	0.00	0.00	0.00	0.03	0.08	100.5
ZK3907-H90	Py2	54.6	45.5	0.00	0.00	0.01	0.03	0.04	0.18	0.00	0.00	0.00	0.00	0.00	0.05	0.17	100.6
ZK3907-H90	Py2	54.4	45.7	0.00	0.00	0.00	0.02	0.01	0.26	0.01	0.00	0.00	0.00	0.04	0.08	0.14	100.7
ZK3907-H90	Py2	54.1	46.0	0.00	0.00	0.01	0.03	0.00	0.66	0.00	0.00	0.00	0.01	0.00	0.00	0.13	101.0
ZK3907-H90	Py2	54.6	46.5	0.00	0.00	0.01	0.00	0.06	0.20	0.00	0.00	0.00	0.00	0.00	0.00	0.19	101.6
ZK3907-H90	Py2	54.6	46.0	0.00	0.00	0.01	0.00	0.06	0.23	0.02	0.00	0.00	0.00	0.00	0.00	0.12	101.0
ZK3907-H90	Py2	54.4	46.4	0.00	0.00	0.00	0.00	0.09	0.22	0.00	0.00	0.00	0.00	0.00	0.03	0.05	101.2
ZK3907-H90	Py2	54.2	45.9	0.00	0.00	0.00	0.00	0.03	0.56	0.01	0.00	0.00	0.00	0.00	0.00	0.13	100.9
ZK3907-H90	Py2	54.7	46.1	0.00	0.00	0.02	0.00	0.03	0.21	0.00	0.00	0.00	0.00	0.00	0.02	0.07	101.1
ZK0704-H6	Py3	54.6	45.9	0.02	0.00	0.02	0.03	0.06	0.22	0.00	0.00	0.01	0.03	0.00	0.00	0.17	101.1

续附表5-1

样品	矿物	S	Fe	Mn	Co	Ni	Cu	Zn	As	Ag	Sn	Sb	Te	Au	Pb	Bi	总计
ZK0704-H6	Py3	55.0	46.1	0.00	0.00	0.01	0.00	0.04	0.19	0.00	0.00	0.01	0.04	0.00	0.03	0.11	101.5
ZK0704-H6	Py3	54.7	45.6	0.01	0.00	0.01	0.01	0.06	0.22	0.02	0.00	0.02	0.00	0.00	0.00	0.15	100.8
ZK0704-H6	Py3	54.8	46.0	0.00	0.00	0.00	0.00	0.01	0.31	0.00	0.00	0.00	0.00	0.00	0.03	0.15	101.3
ZK0704-H6	Py3	54.6	46.2	0.00	0.00	0.00	0.00	0.02	0.36	0.02	0.00	0.00	0.00	0.00	0.01	0.11	101.3
ZK0704-H6	Py3	53.8	45.9	0.00	0.00	0.00	0.04	0.00	1.63	0.00	0.00	0.00	0.01	0.00	0.03	0.15	101.6
ZK0704-H6	Py3	54.6	45.7	0.00	0.00	0.00	0.00	0.06	0.18	0.00	0.00	0.00	0.00	0.00	0.00	0.14	100.7
ZK0704-H6	Py3	54.7	46.4	0.00	0.00	0.00	0.02	0.00	0.21	0.00	0.00	0.00	0.03	0.00	0.05	0.12	101.4
ZK0704-H6	Py3	54.5	46.5	0.00	0.00	0.00	0.02	0.00	0.48	0.00	0.00	0.00	0.02	0.00	0.07	0.15	101.7
ZK0704-H6	Py3	54.5	46.3	0.03	0.00	0.00	0.05	0.00	0.31	0.01	0.00	0.01	0.00	0.00	0.08	0.07	101.4
ZK0704-H6	Py3	54.0	45.6	0.00	0.00	0.00	0.08	0.02	1.22	0.00	0.00	0.00	0.00	0.00	0.00	0.16	101.1
ZK3203-H39	Py4	54.6	45.8	0.00	0.00	0.00	0.00	0.05	0.18	0.00	0.00	0.00	0.00	0.04	0.04	0.13	100.8
ZK3203-H39	Py4	54.3	45.6	0.00	0.00	0.01	0.00	0.04	0.19	0.04	0.00	0.00	0.00	0.00	0.06	0.17	100.4
ZK3203-H39	Py4	54.5	46.3	0.01	0.00	0.00	0.05	0.00	0.22	0.02	0.00	0.01	0.00	0.00	0.05	0.15	101.3
ZK3203-H39	Py4	54.4	45.6	0.00	0.00	0.00	0.00	0.05	0.20	0.00	0.00	0.00	0.00	0.00	0.00	0.15	100.3
ZK3203-H39	Py4	54.5	45.6	0.00	0.00	0.00	0.01	0.00	0.21	0.00	0.00	0.00	0.00	0.00	0.00	0.12	100.5
ZK3203-H39	Py4	54.3	45.5	0.00	0.00	0.00	0.00	0.00	0.18	0.02	0.00	0.00	0.00	0.00	0.11	0.05	100.2
ZK3203-H39	Py4	54.4	45.7	0.00	0.00	0.04	0.06	0.05	0.19	0.00	0.00	0.00	0.00	0.00	0.01	0.11	100.6
ZK3203-H39	Py4	54.4	46.4	0.01	0.00	0.02	0.00	0.00	0.18	0.00	0.00	0.00	0.00	0.00	0.02	0.08	101.2
ZK3203-H39	Py4	54.2	46.5	0.00	0.00	0.01	0.02	0.02	0.20	0.00	0.00	0.00	0.00	0.00	0.00	0.11	101.1
ZK3203-H39	Py4	54.2	45.9	0.00	0.00	0.01	0.01	0.00	0.22	0.00	0.00	0.00	0.00	0.00	0.09	0.07	100.5
ZK4001-H14	Mcl	54.5	45.1	0.00	0.00	0.02	0.00	0.00	0.22	0.01	0.00	0.01	0.02	0.00	0.00	0.09	100.0
ZK4001-H14	Mcl	54.8	45.5	0.02	0.00	0.00	0.00	0.06	0.22	0.00	0.02	0.18	0.00	0.00	0.18	0.11	101.1

续附表5-1

样品	矿物	S	Fe	Mn	Co	Ni	Cu	Zn	As	Ag	Sn	Sb	Te	Au	Pb	Bi	总计
ZK4001-H14	Mc1	55.2	45.9	0.00	0.00	0.00	0.01	0.01	0.20	0.00	0.00	0.00	0.02	0.00	0.00	0.12	101.4
ZK4001-H14	Mc1	54.1	45.2	0.02	0.00	0.00	0.01	0.00	0.16	0.00	0.00	0.24	0.00	0.04	0.03	0.14	100.0
ZK4001-H14	Mc1	55.0	45.5	0.00	0.00	0.01	0.00	0.00	0.19	0.03	0.00	0.00	0.00	0.00	0.00	0.05	100.7
ZK4001-H14	Mc1	54.1	45.9	0.00	0.00	0.00	0.03	0.00	0.21	0.00	0.00	0.01	0.02	0.02	0.00	0.15	100.5
ZK4001-H14	Mc1	54.3	45.2	0.00	0.00	0.00	0.14	0.00	0.20	0.03	0.00	0.01	0.00	0.00	0.00	0.07	100.0
ZK4001-H14	Mc1	54.1	45.6	0.00	0.00	0.00	0.07	0.00	0.22	0.00	0.00	0.03	0.01	0.00	0.05	0.10	100.1
ZK4001-H14	Mc1	54.1	45.5	0.02	0.00	0.00	0.00	0.38	0.22	0.00	0.00	0.01	0.01	0.00	0.05	0.14	100.5
ZK4001-H14	Mc1	53.9	45.6	0.01	0.00	0.00	0.09	0.02	0.20	0.05	0.00	0.09	0.02	0.00	0.07	0.10	100.2
ZK4001-H14	Mc2	53.9	42.9	0.06	0.00	0.00	0.24	0.00	0.35	0.26	0.00	0.28	0.00	0.02	0.06	0.14	98.2
ZK4001-H14	Mc2	52.1	44.0	0.09	0.00	0.01	0.08	0.05	1.50	0.05	0.00	0.59	0.01	0.00	0.00	0.13	98.6
ZK4001-H14	Mc2	53.6	44.2	0.05	0.00	0.02	0.13	0.00	0.33	0.39	0.00	0.37	0.00	0.00	0.00	0.14	99.2
ZK3203-H39	Mc2	53.7	45.7	0.01	0.00	0.04	0.03	0.01	0.19	0.08	0.00	0.85	0.00	0.00	0.36	0.11	101.1
ZK3203-H39	Mc2	53.7	45.2	0.00	0.00	0.01	0.07	0.02	0.20	0.03	0.00	0.94	0.00	0.00	0.13	0.06	100.3
ZK3203-H39	Mc2	53.9	45.4	0.00	0.00	0.03	0.02	0.00	0.21	0.03	0.00	0.20	0.00	0.00	0.05	0.13	100.0
ZK3203-H39	Mc2	53.3	45.5	0.00	0.00	0.05	0.07	0.04	0.22	0.05	0.00	0.00	0.00	0.00	0.04	0.19	99.5
ZK3203-H39	Mc2	53.5	45.3	0.09	0.00	0.00	0.06	0.04	0.43	0.02	0.00	0.76	0.00	0.00	0.02	0.14	100.4
ZK3203-H39	Mc2	53.2	44.4	0.00	0.00	0.00	0.06	0.00	0.27	0.02	0.01	0.94	0.00	0.00	0.17	0.12	99.2
ZK3203-H39	Mc2	54.1	45.5	0.00	0.00	0.00	0.07	0.00	0.22	0.02	0.00	0.19	0.00	0.00	0.26	0.18	100.5
ZK3203-H39	Mc2	54.3	45.5	0.00	0.00	0.00	0.00	0.00	0.18	0.03	0.00	0.00	0.00	0.04	0.02	0.17	100.2
ZK3203-H39	Mc2	53.6	45.2	0.00	0.00	0.00	0.00	0.00	0.20	0.01	0.00	0.43	0.00	0.00	0.18	0.11	99.7
ZK3203-H39	Mc2	53.9	45.5	0.00	0.00	0.00	0.05	0.05	0.21	0.02	0.00	0.74	0.00	0.02	0.00	0.19	100.6

附表 5-2 那更黄铁矿和白铁矿的 LA-ICP-MS 微量元素（×10^{-6}）数据

样品	矿物	Mn	Co	Ni	Cu	Zn	As	Ag	In	Sn	Sb	W	Hg	Tl	Pb
ZK0705-H131	Py1	0.68	0.61	9.90	3.08	b.d.l.	b.d.l.	3.70	b.d.l.	b.d.l.	6.12	1.00	0.57	11.9	6.66
ZK0705-H131	Py1	0.56	0.80	11.8	7.10	b.d.l.	b.d.l.	10.0	b.d.l.	b.d.l.	5.20	1.12	0.51	9.08	67.9
ZK0705-H131	Py1	0.30	b.d.l.	1.21	0.95	b.d.l.	b.d.l.	7.85	b.d.l.	b.d.l.	26.3	1.69	0.48	11.2	3.48
ZK0705-H131	Py1	1.67	0.33	3.92	43.2	b.d.l.	b.d.l.	95.2	b.d.l.	0.47	152	0.86	0.44	30.1	8.07
ZK0705-H131	Py1	0.86	0.78	8.25	5.16	b.d.l.	b.d.l.	6.49	b.d.l.	b.d.l.	6.25	1.67	0.42	9.46	5.75
ZK0705-H131	Py1	0.74	0.68	11.1	2.16	b.d.l.	3.05	0.97	b.d.l.	b.d.l.	4.34	0.19	0.39	7.76	3.03
ZK0705-H131	Py1	0.17	1.55	23.6	1.01	b.d.l.	b.d.l.	6.96	b.d.l.	b.d.l.	29.7	1.69	0.39	9.61	6.16
ZK0705-H131	Py1	14.1	0.69	10.8	1.42	b.d.l.	2.03	21.2	0.06	0.52	305	2.27	0.82	103	71.6
ZK0705-H131	Py1	0.42	1.31	46.1	35.9	b.d.l.	b.d.l.	21.5	b.d.l.	b.d.l.	7.21	0.49	0.63	5.83	8.98
ZK0705-H131	Py1	3.15	1.31	61.1	23.4	b.d.l.	b.d.l.	13.5	b.d.l.	1.69	4.84	b.d.l.	0.41	1.23	13.8
ZK0705-H131	Py1	1.83	b.d.l.	b.d.l.	b.d.l.	4.71	b.d.l.	15.4	b.d.l.	2.67	2.13	5.20	0.22	19.5	9.06
ZK0705-H131	Py1	0.30	b.d.l.	b.d.l.	b.d.l.	1.19	b.d.l.	4.96	b.d.l.	0.99	0.71	5.67	b.d.l.	15.6	0.67
ZK0705-H131	Py1	3.13	b.d.l.	b.d.l.	b.d.l.	4.90	b.d.l.	2.09	b.d.l.	0.69	0.51	7.52	0.22	5.39	5.57
ZK0705-H131	Py1	852	b.d.l.	b.d.l.	5.52	24.9	b.d.l.	41.1	b.d.l.	1.00	5.22	16.7	0.15	0.23	83.3
ZK0705-H131	Py1	7.34	b.d.l.	b.d.l.	3.74	7.99	b.d.l.	49.2	b.d.l.	2.38	4.97	16.5	b.d.l.	12.2	96.9
ZK0705-H131	Py1	88.1	b.d.l.	b.d.l.	1.39	4.34	b.d.l.	15.9	b.d.l.	0.22	0.85	15.3	0.17	0.34	14.7
ZK0705-H131	Py1	b.d.l.	b.d.l.	b.d.l.	b.d.l.	0.70	b.d.l.	2.32	b.d.l.	b.d.l.	0.86	9.52	b.d.l.	0.28	1.18
ZK0705-H131	Py1	0.53	b.d.l.	b.d.l.	b.d.l.	1.03	b.d.l.	9.04	b.d.l.	0.69	1.20	17.1	b.d.l.	0.27	7.02
ZK0705-H131	Py1	59.0	b.d.l.	b.d.l.	5.80	17.3	1.23	24.0	b.d.l.	0.58	6.97	11.4	0.15	1.89	58.6
ZK3907-H90	Py2	30.8	1.25	40.9	109	b.d.l.	1.89	80.6	0.07	18.6	40.1	0.15	0.24	0.99	165
ZK3907-H90	Py2	20.1	2.00	97.0	111	b.d.l.	b.d.l.	57.6	0.05	11.2	25.3	0.26	0.19	1.09	106
ZK3907-H90	Py2	15.9	2.13	132	86.3	b.d.l.	b.d.l.	74.4	0.07	18.5	37.1	0.10	0.29	0.81	176
ZK3907-H90	Py2	9.57	1.08	37.1	173	b.d.l.	1.12	133	0.16	45.6	88.2	0.24	0.32	1.62	389
ZK3907-H90	Py2	3.39	0.78	27.1	230	b.d.l.	b.d.l.	158	0.15	44.1	78.7	0.14	0.34	1.85	362
ZK3907-H90	Py2	79.0	1.51	85.0	197	b.d.l.	28.4	171	0.26	66.6	209	0.38	0.27	1.67	677

续附表5-2

样品	矿物	Mn	Co	Ni	Cu	Zn	As	Ag	In	Sn	Sb	W	Hg	Tl	Pb
ZK3907-H90	Py2	104	1.73	101	202	b.d.l.	33.0	179	0.28	76.7	245	0.49	0.28	1.96	541
ZK3907-H90	Py2	50.2	1.83	93.1	155	b.d.l.	22.0	130	0.20	50.8	157	0.20	0.26	3.60	557
ZK3907-H90	Py2	53.1	1.71	112	156	b.d.l.	22.0	130	0.18	52.7	164	0.30	0.26	2.47	596
ZK3907-H90	Py2	37.5	0.92	78.0	221	b.d.l.	24.9	229	0.36	92.1	287	0.52	0.40	2.86	881
ZK3907-H90	Py2	40.1	0.97	80.1	209	b.d.l.	24.4	228	0.39	93.9	291	0.63	0.34	2.67	919
ZK3907-H90	Py2	32.0	1.04	79.2	172	b.d.l.	14.3	185	0.30	77.5	223	0.40	0.22	2.23	719
ZK3907-H90	Py2	42.4	0.71	49.8	114	b.d.l.	5.56	119	0.18	51.1	111	0.35	0.27	1.50	434
ZK3907-H90	Py2	40.2	0.69	51.1	124	b.d.l.	8.44	124	0.19	53.8	124	0.44	0.28	1.54	585
ZK3907-H90	Py2	67.7	1.50	99.9	172	b.d.l.	17.1	173	0.27	67.5	199	0.49	0.34	1.93	862
ZK0704-H6	Py3	b.d.l.	b.d.l.	b.d.l.	125	15.2	6768	620	0.06	17.8	447	b.d.l.	1.53	0.62	793
ZK0704-H6	Py3	b.d.l.	b.d.l.	b.d.l.	51.5	24.8	871	264	b.d.l.	13.5	220	b.d.l.	b.d.l.	1.86	355
ZK0704-H6	Py3	b.d.l.	b.d.l.	b.d.l.	7.45	b.d.l.	1755	34.8	b.d.l.	b.d.l.	41.0	b.d.l.	b.d.l.	0.30	50
ZK0704-H6	Py3	2665	b.d.l.	b.d.l.	116	b.d.l.	6811	10841	4.03	1202	35.2	0.04	0.67	0.04	6704
ZK0704-H6	Py3	0.44	1.79	b.d.l.	66.4	b.d.l.	33966	9835	3.61	1061	487	b.d.l.	0.57	0.65	108479
ZK0704-H6	Py3	2.39	b.d.l.	b.d.l.	1155	107	4996	4526	b.d.l.	4.66	2819	b.d.l.	16.5	1.73	2700
ZK0704-H6	Py3	11.8	b.d.l.	b.d.l.	2.51	b.d.l.	8166	4.82	b.d.l.	b.d.l.	8.08	b.d.l.	b.d.l.	b.d.l.	7.72
ZK0704-H6	Py3	b.d.l.	b.d.l.	b.d.l.	1.96	b.d.l.	6848	70.9	0.06	10.4	1.97	0.02	b.d.l.	b.d.l.	192
ZK0704-H6	Py3	b.d.l.	b.d.l.	b.d.l.	0.62	b.d.l.	6055	0.07	b.d.l.	b.d.l.	b.d.l.	b.d.l.	b.d.l.	b.d.l.	b.d.l.
ZK0704-H6	Py3	b.d.l.	b.d.l.	b.d.l.	39.4	b.d.l.	3646	96.4	b.d.l.	1.10	108	b.d.l.	b.d.l.	1.30	247
ZK3203-H39	Py4	139	b.d.l.	b.d.l.	39.6	27.2	308	59.6	0.07	25.0	27.2	0.41	0.39	1.05	232
ZK3203-H39	Py4	611	b.d.l.	b.d.l.	36.9	17.1	2158	102	0.03	9.84	24.5	0.07	b.d.l.	1.63	464
ZK3203-H39	Py4	36.5	b.d.l.	b.d.l.	33.1	1.81	279	88.9	b.d.l.	4.93	12.4	0.03	b.d.l.	0.71	299
ZK3203-H39	Py4	31.5	b.d.l.	b.d.l.	472	6.42	35.0	4308	0.50	151	117	0.07	0.26	1.64	1059
ZK3203-H39	Py4	612	b.d.l.	b.d.l.	31.7	77.4	2443	61.5	26.2	8008	34.0	2.78	b.d.l.	0.61	585
ZK3203-H39	Py4	1739	b.d.l.	b.d.l.	308	146	269	10278	0.25	81.6	194	0.58	0.34	0.59	1394
ZK3203-H39	Py4	235	b.d.l.	b.d.l.	18.4	33.9	408	27.8	b.d.l.	8.00	41.8	0.03	b.d.l.	0.56	173

续附表5-2

样品	矿物	Mn	Co	Ni	Cu	Zn	As	Ag	In	Sn	Sb	W	Hg	Tl	Pb
ZK3203-H39	Py4	211	b.d.l.	b.d.l.	21.0	27.6	1469	27.6	0.21	57.6	38.0	0.21	0.33	0.23	323
ZK3203-H39	Py4	10.8	b.d.l.	b.d.l.	15.7	b.d.l.	1001	7.15	b.d.l.	4.29	39.5	b.d.l.	b.d.l.	0.18	94
ZK3203-H39	Py4	3347	b.d.l.	b.d.l.	44.3	153	1670	75.85	2.40	661	54.9	1.70	b.d.l.	0.15	223
ZK3203-H39	Py4	673	b.d.l.	b.d.l.	192	18.9	59.3	4085	0.35	107	1232	0.14	0.46	0.79	1541
ZK3203-H39	Py4	237	b.d.l.	b.d.l.	201	22.9	49.3	2901	0.09	34.4	269	0.07	b.d.l.	0.58	556
ZK3203-H39	Py4	201	b.d.l.	b.d.l.	156	17.4	48.6	2306	0.22	68.6	243	0.09	0.38	1.62	827
ZK3203-H39	Py4	18.8	b.d.l.	b.d.l.	17.4	b.d.l.	1596	19.3	b.d.l.	1.77	20.5	b.d.l.	b.d.l.	1.70	115
ZK3203-H39	Py4	b.d.l.	b.d.l.	b.d.l.	22.5	b.d.l.	34.56	19.2	b.d.l.	3.51	20.9	b.d.l.	b.d.l.	1.69	99
ZK3203-H39	Py4	327	b.d.l.	b.d.l.	807	b.d.l.	6.65	905	0.09	42.0	359	0.29	0.81	4.72	1108
ZK3203-H39	Py4	0.32	b.d.l.	b.d.l.	954	b.d.l.	4.46	1034	0.75	210	423	0.16	0.78	5.72	1225
ZK3203-H39	Py4	0.30	b.d.l.	b.d.l.	1013	b.d.l.	b.d.l.	988	0.33	112	427	0.15	0.62	5.88	1368
ZK4001-H14	Mc1	1025	b.d.l.	b.d.l.	85.3	4.09	42.8	316	0.19	63.6	758	2.05	0.68	3.56	1492
ZK4001-H14	Mc1	15.4	b.d.l.	b.d.l.	98.8	6.55	45.5	468	0.32	73.7	512	1.55	0.41	3.35	1692
ZK4001-H14	Mc1	16.4	b.d.l.	b.d.l.	176	16.4	26.4	413	0.35	102	479	1.42	b.d.l.	16.8	1364
ZK4001-H14	Mc1	20.0	b.d.l.	b.d.l.	170	736	54.9	372	0.37	95.7	1014	0.42	1.21	10.1	1978
ZK4001-H14	Mc1	357	b.d.l.	b.d.l.	151	50.4	49.2	401	0.25	86.8	1021	0.88	1.10	4.02	2705
ZK4001-H14	Mc1	266	b.d.l.	b.d.l.	52.2	5.72	163	197	b.d.l.	8.08	620	0.38	1.09	2.28	493
ZK4001-H14	Mc1	114	b.d.l.	b.d.l.	111	107	162	231	b.d.l.	11.1	544	0.05	0.73	2.49	551
ZK4001-H14	Mc1	379	0.45	b.d.l.	45.0	b.d.l.	398	213	0.12	23.5	2042	0.32	1.71	5.45	615
ZK4001-H14	Mc1	654	b.d.l.	b.d.l.	49.5	7.80	120	207	0.88	180	1115	0.68	1.38	12.9	1114
ZK4001-H14	Mc1	2472	b.d.l.	b.d.l.	79.6	9.88	101	261	0.07	19.8	1560	0.34	0.96	12.4	1210
ZK4001-H14	Mc1	468	0.59	b.d.l.	107	289	2723	234	0.04	14.4	2427	0.60	1.42	7.96	4456
ZK4001-H14	Mc1	2429	b.d.l.	b.d.l.	72.2	44.0	792	238	0.04	9.94	2433	0.35	1.10	6.09	1341
ZK4001-H14	Mc1	1071	b.d.l.	b.d.l.	108	255	7246	287	0.05	15.3	2432	0.21	1.64	8.04	3567
ZK4001-H14	Mc1	559	0.55	b.d.l.	174	3861	30353	352	0.15	24.4	2997	0.65	1.52	9.06	56782
ZK4001-H14	Mc1	546	0.29	b.d.l.	139	920	7567	255	0.09	13.5	2866	0.35	1.32	10.9	14874

续附表5-2

样品	矿物	Mn	Co	Ni	Cu	Zn	As	Ag	In	Sn	Sb	W	Hg	Tl	Pb
ZK4001-H14	Mc1	725	b.d.l.	b.d.l.	143	1019	8108	235	0.08	14.7	3269	0.37	1.51	8.74	15815
ZK4001-H14	Mc1	1126	0.43	b.d.l.	77.9	12.5	768	196	0.03	9.14	2516	0.67	1.04	5.26	1308
ZK4001-H14	Mc1	366	b.d.l.	b.d.l.	152	671	4297	206	0.66	133	2151	0.70	1.08	3.94	8039
ZK4001-H14	Mc1	1066	b.d.l.	b.d.l.	62.3	3.84	338	175	0.17	46.8	1192	1.33	0.87	13.8	1159
ZK4001-H14	Mc1	458	b.d.l.	b.d.l.	56.2	b.d.l.	70.3	226	0.12	18.0	675	2.32	0.81	15.3	1479
ZK4001-H14	Mc1	368	b.d.l.	b.d.l.	99.1	245	1817	223	0.08	28.0	890	1.13	1.55	14.5	3096
ZK4001-H14	Mc1	799	b.d.l.	b.d.l.	52.1	11.7	189	164	0.12	34.8	330	1.50	1.11	17.5	1335
ZK4001-H14	Mc1	1285	b.d.l.	b.d.l.	103	68.2	283	553	0.12	24.0	1275	0.19	0.97	8.09	1025
ZK4001-H14	Mc1	127	b.d.l.	b.d.l.	111	68.8	137	522	0.19	50.2	1444	b.d.l.	1.13	4.16	3295
ZK4001-H14	Mc1	796	0.45	b.d.l.	66.5	53.9	3081	196	0.10	39.8	3789	0.02	0.53	1.63	1349
ZK4001-H14	Mc1	225	b.d.l.	b.d.l.	71.5	140	2398	545	0.33	91.5	2718	b.d.l.	1.87	1.81	2764
ZK4001-H14	Mc1	506	b.d.l.	b.d.l.	132	282	216	570	0.03	9.90	4203	0.06	1.20	1.07	2071
ZK4001-H14	Mc1	832	0.56	b.d.l.	104	619	1461	339	0.35	95.3	2086	0.51	1.11	5.73	2241
ZK4001-H14	Mc2	30638	b.d.l.	b.d.l.	26.8	b.d.l.	9406	628	b.d.l.	6.39	9742	b.d.l.	15.6	30.4	171
ZK4001-H14	Mc2	21121	b.d.l.	b.d.l.	54.9	b.d.l.	13357	750	0.03	5.44	11805	0.14	25.3	44.4	224
ZK4001-H14	Mc2	5226	b.d.l.	b.d.l.	139	b.d.l.	17066	1026	b.d.l.	4.94	19438	b.d.l.	44.4	48.6	218
ZK4001-H14	Mc2	15217	b.d.l.	b.d.l.	75.8	b.d.l.	14224	884	b.d.l.	6.52	8926	b.d.l.	21.1	62.0	204
ZK4001-H14	Mc2	11773	b.d.l.	b.d.l.	46.1	b.d.l.	18764	481	0.01	4.98	6928	b.d.l.	14.7	23.5	209
ZK3203-H39	Mc2	10312	b.d.l.	b.d.l.	94.7	b.d.l.	11888	846	0.02	3.80	9370	b.d.l.	27.3	24.9	297
ZK3203-H39	Mc2	7956	b.d.l.	b.d.l.	94.6	b.d.l.	11978	894	0.02	4.40	9880	b.d.l.	26.6	28.1	270
ZK3203-H39	Mc2	26482	b.d.l.	b.d.l.	2152	5.69	1622	2069	0.23	57.4	4266	0.05	14.2	46.4	474
ZK3203-H39	Mc2	4468	b.d.l.	b.d.l.	1781	b.d.l.	1037	1492	b.d.l.	10.2	6120	b.d.l.	9.61	40.3	159
ZK3203-H39	Mc2	32716	b.d.l.	b.d.l.	1702	1.94	20832	590	b.d.l.	2.96	7343	b.d.l.	15.7	12.5	135
ZK3203-H39	Mc2	40837	b.d.l.	b.d.l.	1938	1.51	3432	2897	0.11	23.5	6873	0.19	9.75	34.2	2374

注：b.d.l.=低于检出限。

附表 5-3 那更黄铁矿和白铁矿的 LA-MC-ICP-MS 原位硫同位素（‰）数据

样品	点号	矿物	$\delta^{34}S_{CDT}$	Std error	样品	点号	矿物	$\delta^{34}S_{CDT}$	Std error	样品	点号	矿物	$\delta^{34}S_{CDT}$	Std error
ZK0705-H131	1	Py1	2.62	0.05	ZK0705-H131	27	Py2	-0.56	0.05	ZK3101-H118	53	Py4	0.49	0.04
ZK0705-H131	2	Py1	1.36	0.05	ZK3101-H118	28	Py3	7.56	0.04	ZK3101-H118	54	Mc1	1.51	0.05
ZK0705-H131	3	Py1	1.64	0.05	ZK3101-H118	29	Py3	6.75	0.05	ZK3101-H118	55	Mc1	1.90	0.05
ZK0705-H131	4	Py1	1.97	0.05	ZK3101-H118	30	Py3	6.28	0.05	ZK3101-H118	56	Mc1	1.75	0.05
ZK0705-H131	5	Py1	1.54	0.05	ZK3101-H118	31	Py3	5.54	0.05	ZK3101-H118	57	Mc1	1.92	0.05
ZK0705-H131	6	Py1	2.21	0.05	ZK3101-H118	32	Py3	5.47	0.05	ZK3101-H118	58	Mc1	2.72	0.05
ZK0705-H131	7	Py1	2.95	0.05	ZK3101-H118	33	Py3	4.62	0.05	ZK3101-H118	59	Mc1	1.07	0.05
ZK0705-H131	8	Py1	4.67	0.05	ZK3101-H118	34	Py3	6.31	0.05	ZK3101-H118	60	Mc1	2.17	0.05
ZK0705-H131	9	Py1	4.67	0.04	ZK3101-H118	35	Py3	6.80	0.05	ZK3101-H118	61	Mc1	3.07	0.05
ZK0705-H131	10	Py1	3.76	0.05	ZK3101-H118	36	Py3	6.70	0.05	ZK3101-H118	62	Mc1	1.12	0.05
ZK0705-H131	11	Py1	3.25	0.05	ZK3101-H118	37	Py3	5.55	0.04	ZK3101-H118	63	Mc1	2.76	0.05
ZK0705-H131	12	Py1	4.53	0.05	ZK3101-H118	38	Py3	7.16	0.05	ZK3101-H118	64	Mc1	2.03	0.05
ZK0705-H131	13	Py1	5.47	0.05	ZK3101-H118	39	Py3	6.16	0.05	ZK3101-H118	65	Mc1	2.48	0.05
ZK0705-H131	14	Py1	3.97	0.05	ZK3101-H118	40	Py4	0.42	0.05	ZK3101-H118	66	Mc1	1.64	0.04
ZK0705-H131	15	Py1	2.11	0.05	ZK3101-H118	41	Py4	-0.50	0.05	ZK4001-H14	67	Mc2	8.14	0.05
ZK0705-H131	16	Py2	0.84	0.05	ZK3101-H118	42	Py4	0.15	0.05	ZK4001-H14	68	Mc2	6.58	0.05
ZK0705-H131	17	Py2	0.29	0.05	ZK3101-H118	43	Py4	0.74	0.04	ZK4001-H14	69	Mc2	4.74	0.05
ZK0705-H131	18	Py2	0.73	0.05	ZK3101-H118	44	Py4	0.33	0.05	ZK4001-H14	70	Mc2	5.84	0.05
ZK0705-H131	19	Py2	0.10	0.05	ZK3101-H118	45	Py4	-1.09	0.05	ZK4001-H14	71	Mc2	7.09	0.05
ZK0705-H131	20	Py2	0.19	0.06	ZK3101-H118	46	Py4	1.04	0.05	ZK4001-H14	72	Mc2	8.50	0.05
ZK0705-H131	21	Py2	0.50	0.05	ZK3101-H118	47	Py4	0.67	0.05	ZK4001-H14	73	Mc2	6.39	0.05
ZK0705-H131	22	Py2	-0.17	0.05	ZK3101-H118	48	Py4	0.42	0.05	ZK4001-H14	74	Mc2	6.41	0.05
ZK0705-H131	23	Py2	0.93	0.05	ZK3101-H118	49	Py4	-0.25	0.05	ZK4001-H14	75	Mc2	6.00	0.05
ZK0705-H131	24	Py2	-0.60	0.05	ZK3101-H118	50	Py4	0.45	0.05	ZK4001-H14	76	Mc2	4.62	0.05
ZK0705-H131	25	Py2	-0.72	0.05	ZK3101-H118	51	Py4	0.35	0.05	ZK4001-H14	77	Mc2	4.89	0.05
ZK0705-H131	26	Py2	-0.52	0.05	ZK3101-H118	52	Py4	0.31	0.05					

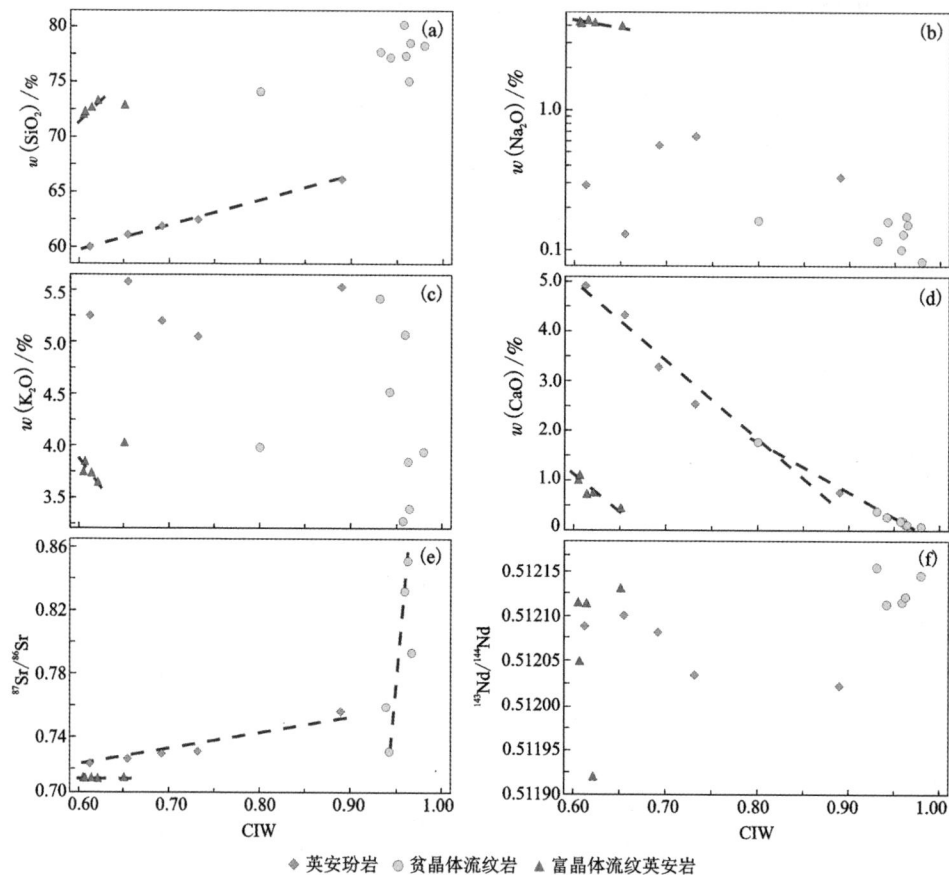

（a）~（d）CIW 与某些主量元素的二元协变图；（e）CIW–^{87}Sr/^{86}Sr；（f）CIW–^{143}Nd/^{144}Nd。

附图 3-1 蚀变作用对主量元素及 Sr-Nd 同位素影响程度的风化指数（CIW）判断图解

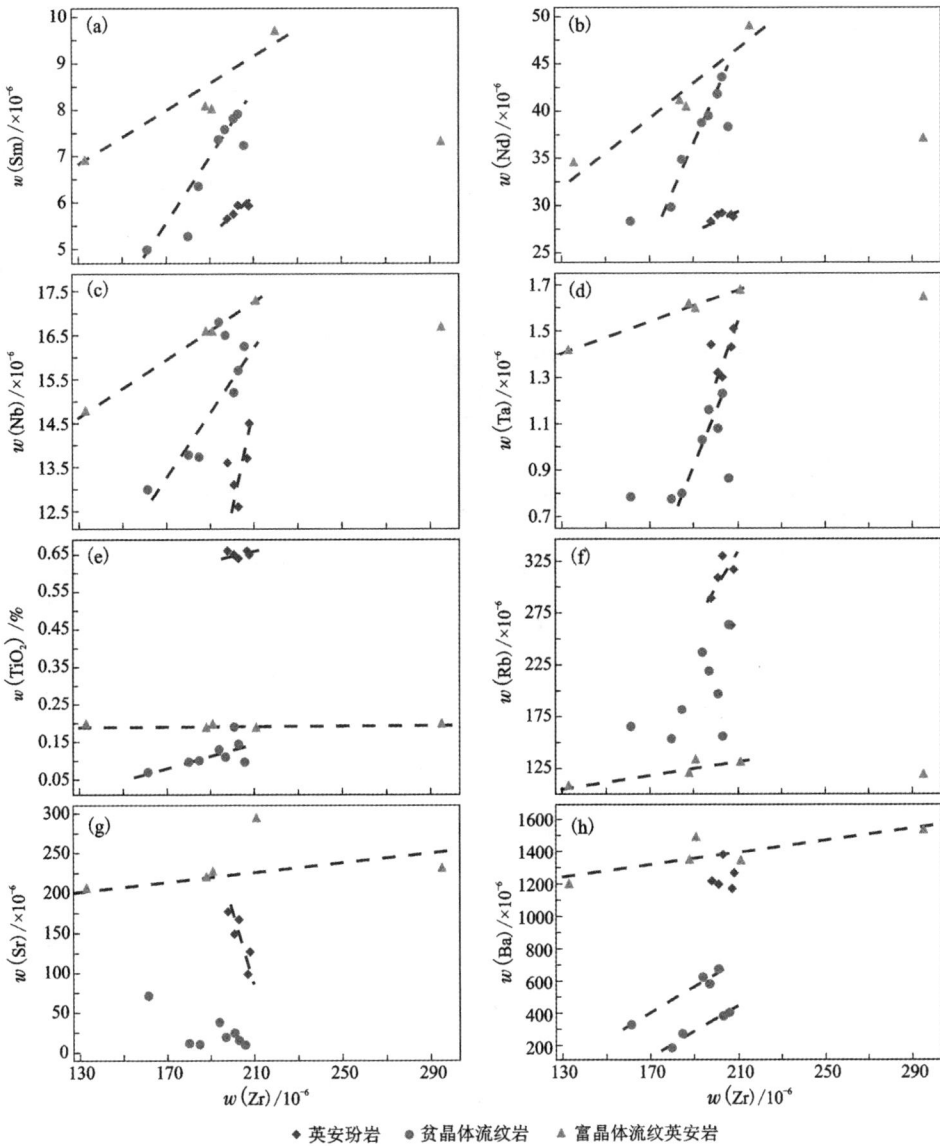

附图 3-2　微量元素与 Zr 的二元协变图(评估蚀变对微量元素的影响)

（a）贫晶体流纹岩中的萤石脉；（b）含富 CO_2 和富 CH_4 流体包裹体的方解石脉；
（c）含富 CO_2 和富 CH_4 流体包裹体的萤石脉。

附图 3-3　那更地区的野外热液脉体及激光拉曼分析数据

扫一扫，看彩图

图书在版编目(CIP)数据

东昆仑那更银矿岩浆演化与成矿过程的矿物微区技术
示踪／陈晓东,李斌著. —长沙:中南大学出版社,2022.9
(中南大学地球科学学术文库)
ISBN 978-7-5487-4989-9

Ⅰ. ①东… Ⅱ. ①陈… ②李… Ⅲ. ①银矿床—岩浆发
育--研究—青海②银矿床—矿物成因—研究—青海 Ⅳ.
①P618.520.624.4

中国版本图书馆 CIP 数据核字(2022)第 121607 号

东昆仑那更银矿岩浆演化与成矿过程的矿物微区技术示踪
DONGKUNLUN NAGENG YINKUANG YANJIANG YANHUA YU
CHENGKUANG GUOCHENG DE KUANGWU WEIQU JISHU SHIZONG

陈晓东 李 斌 著

□出 版 人	吴湘华
□责任编辑	伍华进
□责任印制	唐 曦
□出版发行	中南大学出版社
	社址:长沙市麓山南路　　　　邮编:410083
	发行科电话:0731-88876770　　传真:0731-88710482
□印　　装	湖南省众鑫印务有限公司

□开　　本　710 mm×1000 mm 1/16　□印张 12.25　□字数 237 千字
□互联网+图书　二维码内容　图片 23 张
□版　　次　2022 年 9 月第 1 版　　□印次 2022 年 9 月第 1 次印刷
□书　　号　ISBN 978-7-5487-4989-9
□定　　价　78.00 元